INVOLUTIONSSYSTEME
IN DER EBENE DES DREIECKS

INVOLUTIONSSYSTEME IN DER EBENE DES DREIECKS

VON

DR. PHIL. H. BERLINER
PRIVATDOZENT AN DER UNIVERSITÄT BERN

Springer Fachmedien Wiesbaden GmbH 1914

Alle Rechte vorbehalten.

Copyright, 1914, by Springer Fachmedien Wiesbaden
Ursprünglich erschienen bei Friedr. Vieweg & Sohn, Braunschweig, Germany 1914.
ISBN 978-3-663-19902-1   ISBN 978-3-663-20243-1 (eBook)
DOI 10.1007/978-3-663-20243-1

VORWORT.

In der vorliegenden Arbeit im ersten Abschnitt zeigte ich, daß in der Ebene eines Dreiecks um jeden Punkt und auf jeder Geraden Systeme von Involutionen vom Grade 2^n und $2^n \cdot 3$, wo n jeden positiven ganzzahligen Wert annehmen soll, vom Dreieck erzeugt werden, und stellte einige Sätze über diese Involutionen auf. Dieselben Involutionen verleiten nun zu den Begriffen der n-ten Repräsentanten und n-ten Koinzidenz-Repräsentanten (eines mit seinem n-ten Repräsentanten zusammenfallenden Elementes), die im zweiten Abschnitt behandelt werden. Im dritten Abschnitt versuchte ich mit Hilfe der in den ersten beiden Abschnitten gefundenen Resultate auf einem neuen Wege zu den Kurven dritter Ordnung mit isoliertem Doppelpunkt (und zugleich zu den dualen Gebilden, zu den Kurven dritter Klasse mit isolierter Doppeltangente) zu gelangen, indem ich eine solche Kurve als Ort derjenigen Punkte definiere, die einem Punkte zugepaart sind in den auf den sämtlichen durch diesen Punkt gehenden Geraden von einem Dreieck erzeugten Punktinvolutionen zweiten Grades. Auf diesem Wege, ohne irgend einen Satz über Kurven dritter Ordnung vorauszusetzen, ergeben sich für die genannten Kurven fast alle bekannten visuellen Haupteigenschaften der allgemeinen Kurven dritter Ordnung und außerdem eine Reihe neuer Sätze und Konstruktionen, die nur für die genannten Kurven allein gelten. Dabei war vorausgesetzt, daß alle Ecken des zugrunde gelegten Dreiecks reell seien; und in der vorliegenden Arbeit ist auch durchweg nur von einem reellen Grunddreieck die Rede.

Es liegt nun aber nahe, daß, wenn ein solches Dreieck zugrunde gelegt wird, dessen eine Ecke reell und die beiden anderen konjugiert imaginär sind, durch die von einem solchen Dreieck erzeugten Involutionen zweiten Grades in der nämlichen Weise Kurven dritter Ordnung mit (reellem) Knotenpunkt entstehen werden.

Es möge hier noch folgendes erwähnt werden.

Auch zu den Kurven vierter Ordnung mit dreifachem Punkt und zu den dualen Gebilden kann man mittels der von einem Dreieck erzeugten Involutionen zweiten Grades in einfacher Weise gelangen. Sind nämlich in der Ebene eines Dreiecks ABC ein auf keiner Seite von ABC liegender Punkt P und eine weder durch P noch durch eine der Ecken von ABC gehende Gerade l gegeben, und bestimmt man auf jedem Strahle von P den Punkt, der dem Schnittpunkte des Strahles mit l zugepaart ist in der von ABC auf diesem Strahle erzeugten Punktinvolution zweiten Grades, so ist der Ort aller dieser Punkte eine Kurve vierter Ordnung und sechster, fünfter oder vierter Klasse, je nachdem l keine Tangente, eine einfache Tangente oder eine Wendetangente der zu P bezüglich ABC zugehörigen Kurve dritter Ordnung p^3 (siehe Satz 33, S. 163) ist. Die so erzeugte Kurve vierter Ordnung hat P zum dreifachen Punkt und die P mit den Schnittpunkten von l und p^3 verbindenden Geraden zu den Tangenten in P, ist ABC umschrieben und geht durch die Berührungspunkte der beiden aus P an den Polarkegelschnitt von l (bezüglich ABC) gehenden Tangenten und durch diejenigen beiden Punkte des Polarkegelschnitts von P (bezüglich ABC) hindurch, welche mit den beiden Schnittpunkten des letzteren Polarkegelschnitts und l auf zwei Strahlen von P liegen.

Wird nun der Punkt P festgehalten, so entspricht jedem von A, B, C verschiedenen Punkt Q der Ebene von ABC ein Punkt, der zu Q zugepaart ist in der von ABC auf der Geraden PQ erzeugten Punktinvolution zweiten Grades; den Punkten einer beliebigen Geraden aber entsprechen im allgemeinen die Punkte einer Kurve vierter Ordnung. Auf diese Weise gelangt man zu einer eindeutigen involutorischen geometrischen Verwandtschaft vierten Grades. Hierauf gedenke ich demnächst näher einzugehen.

Die ersten 12 Paragraphen der vorliegenden Arbeit habe ich im Mai vorigen Jahres als Habilitationsschrift der philosophischen Fakultät der Universität Bern eingereicht. Die §§ 13 und 14 sind erst nach erfolgter Habilitation hinzugefügt.

Bern, im Januar 1914.

Dr. H. Berliner.

Inhaltsverzeichnis.

	Seite
Vorwort	V
Verzeichnis der Konstruktionsaufgaben	X
Einleitung (Nr. 1—3)	1—4

Erster Abschnitt.
Vom Dreieck erzeugte Involutionen.

§ 1. Die vom Dreieck im Gebilde erster Stufe erzeugten Involutionen zweiten und dritten Grades. Perspektivität der vom Dreieck um den Pol und auf der Polare erzeugten Involutionen (Nr. 4—6)   9—11

§ 2. Die im Polarkegelschnitt induzierten Involutionen. Charakteristische Eigenschaft der vom Dreieck im Gebilde erster Stufe erzeugten Involution zweiten Grades. Repräsentanten. Projektivität der Involution zweiten Grades zum Gebilde der Repräsentanten. Perspektivität der vom Dreieck in verschiedenen Gebilden erster Stufe erzeugten Involutionen. Die durch das Dreieck in Gebilden erster Stufe festgelegten Sinne (Nr. 7—11)   12—17

§ 3. Einige Eigenschaften der im Polarkegelschnitt induzierten Involution dritten Grades. Charakteristische Eigenschaft der vom Dreieck im Gebilde erster Stufe erzeugten Involution dritten Grades (Nr. 12—18)   20—28

§ 4. Repräsentanten und Repräsentationsgruppen. Die vom Dreieck im Gebilde erster Stufe erzeugten Involutionen (2^n)-ten und $(2^n \cdot 3)$-ten Grades. Perspektivität dieser Involutionen in verschiedenen Gebilden. Involutorische Lage des Büschels der Repräsentanten um Pol zu der Punktreihe der Repräsentanten auf der Polare oder auf einer von drei ausgezeichneten Tangenten des Polarkegelschnitts der Polare (Nr. 19—23)   28—37

Zweiter Abschnitt.
Der Prozeß der Repräsentantenbildung.

§ 5. Die n-ten Repräsentanten. Definition der Ordinatenwinkel. Eine Beziehung zwischen den Ordinatenwinkeln eines Elementes und seines n-ten Repräsentanten. Projektivität des Büschels der Repräsentanten um Pol zu der Punktreihe der Repräsentanten auf einer Tangente des Polarkegelschnitts der Polare. Eine Beziehung zwischen den ersten und zweiten Repräsentanten. Ein Zusammenhang zwischen den beiden Polen einer durch einen Punkt gehenden Geraden in bezug auf das Dreieck und

	Seite
den Polarkegelschnitt des Punktes. n-te, primitive n-te Koinzidenz-Repräsentanten und je ihre Anzahl. Eine zahlentheoretische Folgerung (Nr. 24—32)	42—65
§ 6. Vorkommen zweier Elemente eines Tripels der Involution dritten Grades unter den Repräsentanten des dritten Elementes des nämlichen Tripels. n-te Repräsentationen; n-te, primitive n-te Koinzidenz-Repräsentationen und je ihre Anzahl (Nr. 33—38)	66—74
§ 7. Einteilung der Elemente im Gebilde erster Stufe in drei Klassen hinsichtlich des Prozesses der Repräsentantenbildung. Eine zahlentheoretische Folgerung. Einteilung der Elemente der ersten beiden Klassen in je zwei Arten (Nr. 39—45)	78—89

Dritter Abschnitt.

Über eine neue, spezielle Erzeugungsart der Kurven dritter Ordnung mit isoliertem Doppelpunkt bzw. dritter Klasse mit isolierter Doppeltangente.

§ 8. Der Ort p^3 derjenigen Punkte, welche einem gegebenen Punkte P zugepaart sind in den von ABC auf den sämtlichen durch P gehenden Geraden erzeugten Involutionen zweiten Grades, und das duale Gebilde P^3. Konstruktionen. Kriterium der Realität und der Lage der beiden weitern Schnittpunkte von p^3 mit einer durch einen gegebenen Punkt von p^3 gehenden Geraden und das duale für P^3 (Nr. 46—51)	92—96
§ 9. Kriterium der geradlinigen Lage dreier Punkte von p^3 und des Konvergierens dreier Strahlen von P^3 in einen Punkt. Zweites Kriterium der Realität und der Lage der beiden weitern Schnittpunkte von p^3 mit einer durch einen gegebenen Punkt von p^3 gehenden Geraden und das duale für P^3. Konstruktionen. Eine Reihe bekannter Sätze über die Kurven dritter Ordnung als Folgerungen aus den Aussagen I, II, III. Eine Relation zwischen den Ordinatenwinkeln dreier in einer Geraden liegender Punkte von p^3 (Nr. 52—69)	99—130
§ 10. Der aus einem gegebenen Kegelschnitt abgeleitete Kegelschnitt. Kriterium der Realität und der Lage der vier weitern Schnittpunkte von p^3 mit einem durch zwei gegebene Punkte von p^3 gehenden Kegelschnitt und das duale für P^3. Kriterium dafür, daß sechs Punkte von p^3 auf einem Kegelschnitt liegen und das duale für P^3. Eine Relation zwischen den Ordinatenwinkeln von sechs auf einem Kegelschnitt liegenden Punkten von p^3. Einige Folgerungen. Konstruktionen, darunter solche von Oskulationskegelschnitten (Nr. 70—76)	133—158
§ 11. Nachweis dafür, daß jede Gerade mit p^3 drei Punkte gemein hat. Zusammenhang zwischen p^3 und P^3. Konstruktion der drei Schnittpunkte einer Geraden mit p^3. p^3 und P^3 als Enveloppen von Kegelschnittsystemen. Zusammenhang zwi-	

	Seite

schen der Tangente eines Punktes P_i von p^3 und dem Berührungspunkt des entsprechenden Strahles p_i von P^3. p^3 und P^3 als Erzeugnisse projektiver Gebilde. Identität der Kurven dritter Ordnung mit isoliertem Doppelpunkt bzw. dritter Klasse mit isolierter Doppeltangente mit p^3 bzw. P^3 (Nr. 77—82) . 160—171

§ 12. Kriterium der Realität und der Lage der drei Schnittpunkte von p^3 mit einer durch keine Ecke von ABC gehenden Geraden. Zusammenhang zwischen den drei auf einer Geraden liegenden Punkten von p^3 und den drei durch P gehenden Strahlen des jener Geraden in bezug auf ABC zugehörigen Büschels dritter Ordnung. Konstruktionen, darunter solche der Asymptotenrichtungen und der Asymptoten selbst. Kriterium der Art von p^3 hinsichtlich ihrer unendlich fernen Punkte. Ein positives Kriterium der Realität und der Lage der drei Schnittpunkte von p^3 mit einer Geraden (Nr. 83—87) . . . . 172—177

§ 13. Der aus dem Polarkegelschnitt abgeleitete Kegelschnitt. Kriterium der Realität und der Lage der drei Schnittpunkte von p^3 mit einer beliebigen Geraden, und das duale für P^3. Direkte Konstruktion des abgeleiteten Kegelschnitts. Konstruktionen (Nr. 88—91) . . . . 178—183

§ 14. Der einer Geraden l mittels eines Büschels von abgeleiteten Kegelschnitten zugeordnete Kegelschnitt L^2. Direkte Bestimmung desselben Kegelschnitts. Ein Satz über die Punktetripel von p^3, die mit einem gegebenen Punkte in je einer Geraden liegen, und der duale für P^3. Kriterium dafür, daß ein Punkt p^3 angehört, und das duale für P^3. Kriterium dafür, daß zwei Punkte einander zugepaart sind in der von ABC auf ihrer Verbindungsgeraden erzeugten Involution zweiten Grades, und das duale. Kriterium der Realität und der Lage der vier Schnittpunkte einer Geraden und der von P^3 eingehüllten Kurve bzw. der vier aus einem Punkte an p^3 gehenden Tangenten. Ein negatives Kriterium der Imaginärität der sämtlichen Schnittpunkte einer Geraden und der von P^3 eingehüllten Kurve, und dual. Kriterium dafür, daß die Tangenten in vier gegebenen Punkten von p^3 in einen Punkt konvergieren, und das duale für P^3. Sätze über die Strahlentripel, Strahlenpaare und Strahlenquadrupel von P^3, deren Berührungspunkte mit einem gegebenen Berührungspunkte, bzw. mit einem gegebenen Rückkehrpunkte von P^3, bzw. mit einem ganz beliebigen Punkte, der aber kein Berührungspunkt von P^3 ist, in je einer Geraden liegen. Die einem Punkte bezüglich der von P^3 eingehüllten Kurve vierter Ordnung zugeordnete Kurve dritter Ordnung. Konstruktionen der vier aus einem Punkte an p^3 gehenden Tangenten (Nr. 92—104) . . . . 188—211

Verzeichnis der Konstruktionsaufgaben.

Seite

1. Die drei Schnittpunkte einer beliebigen Geraden und p^3*) zu finden: Aufgabe 23 im Texte 165
   2. Konstruktion 183
2. Die drei Schnittpunkte einer Geraden l und p^3 zu finden, wenn einer der drei durch P gehenden Strahlen des l zugehörigen Strahlenbüschels L^3 bekannt ist: Aufgabe 24 im Texte. 2 Konstruktionen 175
3. Die beiden weiteren Schnittpunkte einer durch einen gegebenen Punkt von p^3 gehenden Geraden und p^3 zu finden: Aufgabe 1 im Texte 96
   2. Konstruktion 113
   3. Konstruktion 184
4. Den dritten Schnittpunkt einer durch zwei gegebene Punkte von p^3 gehenden Geraden und p^3 zu finden: Aufgabe 4 im Texte. 2 Konstruktionen. 113
   3. Konstruktion 185
5. Die durch zwei Punkte von p^3 gehende Gerade zu ziehen, wenn die Punkte selbst nicht gegeben sind, sondern die sie mit P verbindenden Geraden: Aufgabe 6 im Texte 116
6. Die Tangente in einem gegebenen Punkte von p^3 zu ziehen: Aufgabe 3 im Texte. 98
   2. und 3. Konstruktion 116
   4. Konstruktion 167
   5., 6., 7. und 8. Konstruktion 186
7. Dieselbe Aufgabe, wenn der Punkt selbst nicht gegeben ist, sondern die ihn mit P verbindende Gerade: Aufgabe 7 im Texte 117
8. Die beiden aus einem p^3 angehörenden Punkte an p^3 gehenden Tangenten zu ziehen: Aufgabe 2 im Texte. 98
   2. und 3. Konstruktion 115
   4. Konstruktion 186

---

*) Unter p^3 ist eine beliebige Kurve dritter Ordnung mit isoliertem Doppelpunkt zu verstehen, von der nur dieser Doppelpunkt, der etwa P heißen möge, und diejenigen drei Punkte, deren Tangenten durch die Wendepunkte der Kurve gehen, gegeben zu sein brauchen (jene Tangenten selbst und ebenso die Wendepunkte brauchen aber nicht gegeben zu sein).

Verzeichnis der Konstruktionsaufgaben.   XI

Seite

9. Dieselbe Aufgabe, wenn der Punkt selbst nicht gegeben ist, sondern die ihn mit P verbindende Gerade: Aufgabe 8 im Texte 117
10. Den Tangentialpunkt eines Punktes von p^3 zu finden: Aufgabe 5 und 5 a im Texte. 3 Konstruktionen 114
    4., 5. und 6. Konstruktion sind in der 6., 7. und 8. Konstruktion der 6. Aufgabe (der 3. im Texte) enthalten 187
11. Die vier weiteren Schnittpunkte eines durch zwei gegebene Punkte von p^3 gehenden Kegelschnitts und p^3 zu finden: Aufgabe 10 im Texte 144
12. Spezielle Konstruktion des sechsten Schnittpunktes eines durch fünf gegebene Punkte von p^3 gehenden Kegelschnitts und p^3 zu finden: Aufgabe 9 im Texte 143
13. Denjenigen Kegelschnitt zu konstruieren, der durch drei gegebene Punkte von p^3 gehen und in einem derselben p^3 dreipunktig berühren soll: Aufgabe 11 im Texte 145
14. Denjenigen Kegelschnitt zu konstruieren, der durch zwei gegebene Punkte von p^3 gehen und in einem derselben p^3 vierpunktig berühren soll: Aufgabe 12 im Texte 145
15. Denjenigen Kegelschnitt zu konstruieren, der durch zwei gewisse Punkte von p^3 gehen und in einem derselben p^3 fünfpunktig berühren soll: Aufgabe 13 im Texte 147
16. Vier Punkte von p^3 seien gegeben; es soll ein solcher Punkt auf p^3 gefunden werden, der ein Berührungspunkt eines durch die vier gegebenen Punkte gehenden Kegelschnitts und p^3 sein soll: Aufgabe 14 im Texte 148
17. Drei Punkte von p^3 seien gegeben; es soll ein solcher Punkt auf p^3 gefunden werden, der ein einfacher Berührungspunkt eines p^3 in einem der drei gegebenen Punkte (einfach) berührenden und durch die beiden übrigen Punkte gehenden Kegelschnitts und p^3 sein soll: Aufgabe 17 im Texte. 2 Konstruktionen 151
18. Zwei Punkte von p^3 seien gegeben; es soll derjenige Punkt auf p^3 gefunden werden, der zusammen mit den gegebenen Punkten solche drei Punkte bildet, in denen p^3 einen und denselben Kegelschnitt berühren kann: Aufgabe 16 im Texte 150
19. Ein Punkt von p^3 sei gegeben; es soll derjenige Punkt auf p^3 gefunden werden, der ein einfacher Berührungspunkt eines p^3 im gegebenen Punkte vierpunktig berührenden Kegelschnitts und p^3 ist: Aufgabe 15 im Texte 150
20. Drei Punkte von p^3 seien gegeben; es soll ein solcher Punkt auf p^3 gefunden werden; in dem p^3 von einem durch die drei gegebenen Punkte gehenden Kegelschnitt dreipunktig berührt werden soll: Aufgabe 18 im Texte 153
21. Ein Punkt von p^3 sei gegeben; es soll ein solcher Punkt auf p^3 gefunden werden, der zugleich mit dem gegebenen Punkte je ein dreipunktiger Berührungspunkt von p^3 mit einem und demselben Kegelschnitt sein soll: Aufgabe 19 im Texte 155

22. Zwei Punkte von p^3 seien gegeben; es soll ein solcher Punkt auf p^3 gefunden werden, in dem p^3 von einem durch die zwei gegebenen Punkte gehenden Kegelschnitt vierpunktig berührt werden soll: Aufgabe 20 im Texte 156
23. Ein Punkt von p^3 sei gegeben; es soll ein solcher Punkt auf p^3 gefunden werden, der ein vierpunktiger Berührungspunkt eines p^3 im gegebenen Punkte (einfach) berührenden Kegelschnitts und p^3 sein soll: Aufgabe 21 im Texte 158
24. Den Gegenpunkt von vier gegebenen Punkten von p^3 zu finden: Aufgabe 22 im Texte 159
25. Die vier aus einem beliebigen Punkte an p^3 gehenden Tangenten zu ziehen: Aufgabe 25 im Texte. 2 Konstruktionen 211

Berichtigungen.

S. 72, Z. 6 v. u. und S. 73, Z. 1 v. o. lies: $(-1)^{\nu_1^{s-2} \cdot k}$ statt $(-1)^{p_1^{s-2} \cdot k}$

S. 160, Z. 1 v. o. lies: Satz 27 statt Satz 24.

Einleitung.

1. In der Ebene eines Dreiecks ABC, in dem den Ecken A, B, C die Seiten a, b, c gegenüberliegen, **wird jedem auf keiner der Seiten liegenden Punkte P, als Pol, eine durch keine Ecke gehende Gerade p, als Polare, zugeordnet; und umgekehrt.** Die Polare p schneidet (Fig. 1) die Seiten a, b, c

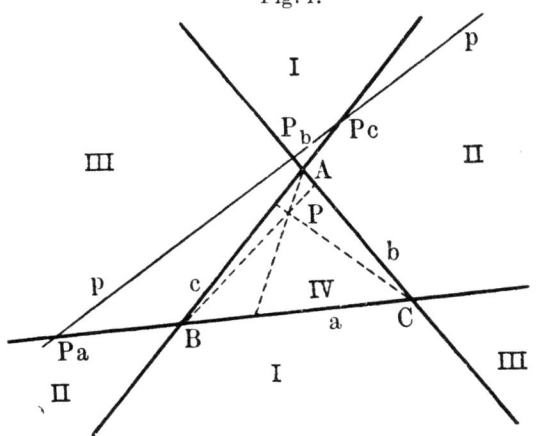

Fig. 1.

der Reihe nach in denjenigen Punkten P_a, P_b, P_c, welche bezw. von den Schnittpunkten der den Pol P mit den Gegenecken verbindenden Geraden $PA \equiv p_A$, $PB \equiv p_B$, $PC \equiv p_C$ mit den Gegenseiten durch die je zwei übrigen Ecken harmonisch getrennt sind.

Eine unmittelbare Folge hiervon ist, daß von den sechs Strecken, welche von den Ecken des Dreiecks ABC auf den Seiten desselben begrenzt werden, die drei, die von der Polare p nicht getroffen werden, dasjenige Gebiet der Ebene begrenzen, innerhalb dessen der Pol P liegt. Es werden also von den vier Gebieten (Fig. 1), in welche das Dreieck ABC die Ebene teilt

Berliner, Habilitationsschrift. 1

und von welchen jedes von drei jener sechs Strecken begrenzt wird (wobei keine zwei dieser drei Strecken einer und derselben Seite angehören), nicht diejenigen drei Gebiete, in welche die Polare p eindringt, sondern das vierte, in welches p nicht eindringt, den Pol P enthalten.

Allen auf einer Seite des Dreiecks ABC liegenden Punkten ist die nämliche Seite, als Polare, zugeordnet und allen durch eine Ecke gehenden Geraden die nämliche Ecke, als Pol[1]).

2[2]). Sind der auf keiner Seite von ABC liegende Punkt P und die durch keine Ecke gehende Gerade p Pol und Polare in bezug auf ABC und durchläuft

eine Gerade g den Strahlenbüschel um P, so beschreibt der Pol G von g eine zu $P(g)$ projektive Punktreihe zweiter Ordnung $p^2(G)$. Der Träger p^2 dieser Punktreihe, der Polarkegelschnitt von P in bezug auf ABC, geht durch die Ecken von ABC und wird in diesen von den A mit $P_a \equiv ap$, B mit $P_b \equiv bp$, C mit $P_c \equiv cp$ verbindenden Geraden tangiert, welche drei Verbindungsgeraden der Reihe nach von $p_A \equiv AP$, $p_B \equiv BP$, $p_C \equiv CP$ durch je zwei Seiten von ABC harmonisch getrennt sind.

ein Punkt Q die Punktreihe auf p, so beschreibt die Polare q von Q einen zu $p(Q)$ projektiven Strahlenbüschel zweiter Ordnung $P^2(q)$. Der Träger P^2 dieses Büschels, der Polarkegelschnitt von p in bezug auf ABC, wird von den Seiten a, b, c von ABC tangiert, und zwar in den Schnittpunkten dieser Seiten mit p_A, p_B, p_C, also in ap_A, bp_B, cp_C, welche drei Schnittpunkte der Reihe nach von P_a, P_b, P_c durch je zwei Ecken von ABC harmonisch getrennt sind.

P und p sind Zentrum und Achse derjenigen beiden perspektiven Dreiecke, von denen das eine das Grunddreieck ABC ist und das andere entweder das aus den Tangenten von p^2 in den Ecken von ABC gebildete Dreieck, oder das aus den Berührungspunkten von P^2 mit den Seiten von ABC; ferner sind P und p Pol und Polare auch in bezug auf die beiden Polarkegelschnitte p^2 und P^2, und die Involutionen der in bezug auf p^2 und P^2

---

[1]) Vgl. meine Dissertation (von Bern): Theorie der Polaren in bezug auf Dreiecke, Nr. 6 (Leipzig 1912).
[2]) Hierzu vgl. Satz 4 (S. 46), Satz 13 und 14 (S. 61, 62) meiner Dissertation.

konjugierten Elemente um P und auf p sind mit den vom Dreieck ABC um P und auf p erzeugten elliptischen Involutionen zweiten Grades $(P)^2$ und $(p)^2$ (s. weiter unten Nr. 4) identisch. Es liegt daher der Pol P innerhalb der Polarkegelschnitte p^2 und P^2 und die Polare p ganz außerhalb derselben; p^2 und P^2 berühren sich doppelt, ihre Berührungspunkte sind nämlich die beiden konjugiert-imaginären Doppelpunkte der Involution $(p)^2$ und ihre gemeinschaftlichen Tangenten die beiden konjugiert-imaginären Doppelstrahlen der Involution $(P)^2$.

Weil kein Punkt innerhalb eines solchen der vier Dreiecksgebiete von ABC liegen kann, in welches seine Polare in bezug auf ABC eindringt (Nr. 1), so kann kein Punkt des Polarkegelschnitts p^2, welcher Punkt Pol einer durch P gehenden Geraden ist, innerhalb des P enthaltenden Dreiecksgebietes liegen; p^2 verläuft daher nur in den drei übrigen Dreiecksgebieten, und das vierte, P enthaltende Dreiecksgebiet nebst seiner Begrenzung (nur die Ecken A, B, C ausgenommen) gehört ganz dem Innern von p^2 an, da P, wie wir eben sahen, ein innerer Punkt von p^2 ist.

Weil ferner ein Kegelschnitt nebst allen von ihm eingeschlossenen Punkten in dem einen der beiden von irgend zwei seiner Tangenten gebildeten vollkommenen Winkel enthalten ist und mithin auch in dem einen der vier von irgend drei seiner Tangenten begrenzten Dreiecksgebiete, so muß der Polarkegelschnitt P^2, der von den Seiten von ABC tangiert wird und von dem P ein innerer Punkt ist, nebst allen von ihm eingeschlossenen Punkten in demjenigen der vier Dreiecksgebiete von ABC enthalten sein, innerhalb dessen P liegt; die drei übrigen Dreiecksgebiete gehören daher ganz dem Äußern von P^2 an, und sämtliche Tangenten von P^2, also alle Polaren der auf p liegenden Punkte, müssen in das vierte, P enthaltende Dreiecksgebiet eindringen.

Von den beiden Polarkegelschnitten p^2 und P^2 liegt demnach der letztere ganz innerhalb des ersteren.

Ist aber P ein auf einer Seite von ABC, etwa auf der Seite a, liegender, jedoch von B und C verschiedener Punkt und durchläuft eine Gerade g

Ist l irgendeine durch eine Ecke von ABC, etwa durch die Ecke A, gehende, jedoch von den Dreieckseiten b und c verschiedene Gerade und durch-

1*

den Strahlenbüschel um P, so beschreibt der Pol G von g eine zu $P(g)$ projektive Punktreihe erster Ordnung, deren Träger durch die Ecke A geht und von P durch die Dreiecksseiten b und c harmonisch getrennt ist (diese Punktreihe liegt zu $P(g)$ weder perspektiv noch involutorisch). Außer dieser Punktreihe kann noch auch die von der Dreiecksseite a getragene Punktreihe als Erzeugnis der Pole des Strahlenbüschels $P(g)$ aufgefaßt werden, da, wenn g nach a kommt, jeder Punkt von a als der Pol G von g angesehen werden kann; der Polarkegelschnitt p^2 von P in bezug auf ABC artet also dann in ein Geradenpaar aus, nämlich in die Dreiecksseite a und den Träger der ersteren Punktreihe.

Der Polarkegelschnitt einer Ecke von ABC in bezug auf dieses Dreieck artet in dasjenige Geradenpaar aus, das aus den beiden durch jene Ecke gehenden Dreiecksseiten besteht.

läuft ein Punkt Q die Punktreihe auf l, so beschreibt die Polare q von Q einen zu $l(Q)$ projektiven Strahlenbüschel erster Ordnung, dessen Grundpunkt auf der Dreiecksseite a liegt und von l durch B und C harmonisch getrennt ist (dieser Strahlenbüschel liegt zu $l(Q)$ weder perspektiv noch involutorisch). Außer diesem Strahlenbüschel kann noch auch der Strahlenbüschel um A als Erzeugnis der Polaren der Punktreihe $l(Q)$ aufgefaßt werden, da, wenn Q nach A kommt, jede durch A gehende Gerade als die Polare q von Q angesehen werden kann; der Polarkegelschnitt L^2 von l in bezug auf ABC artet also dann in ein Punktepaar aus, nämlich in die Ecke A und den Grundpunkt des ersteren Strahlenbüschels.

Der Polarkegelschnitt einer Seite von ABC in bezug auf dieses Dreieck artet in dasjenige Punktepaar aus, das aus den beiden auf jener Seite liegenden Ecken von ABC besteht.

3[1]). Wir setzen nun ein für allemal voraus, daß alle drei Ecken des Grunddreiecks ABC reell seien, und in der Folge wird nur von einem reellen Grunddreieck die Rede sein. Der Definition von Pol und Polare zufolge wird in bezug auf ein

---

[1]) Diese Nummer darf übergangen werden, wenn man sich nur auf das Reelle beschränken will.

solches Dreieck jedem reellen Punkte, als Pol, eine reelle Gerade, als Polare, entsprechen und jedem auf keiner Seite des Dreiecks liegenden imaginären Punkte eine durch keine Ecke desselben gehende imaginäre Gerade, und umgekehrt; nur ein auf einer Dreieckseite liegender imaginärer Punkt wird eine reelle Polare besitzen, nämlich jene Dreieckseite selbst, und nur eine durch eine Ecke gehende imaginäre Gerade einen reellen Pol, nämlich jene Ecke selbst.

Ist nun ein imaginärer Punkt irgendeiner, von den Seiten des Grunddreiecks ABC verschiedenen reellen Geraden l durch die ihn darstellende reelle elliptische Punktinvolution auf l, verbunden mit einem bestimmten Sinne auf l gegeben[1]), so induziert diese elliptische Punktinvolution, weil die Punktreihe der Pole auf l zu dem Strahlenbüschel erster oder zweiter Ordnung (je nachdem l durch eine Ecke des Grunddreiecks ABC geht oder nicht) der Polaren projektiv ist (Nr. 2), im Büschel der Polaren der Punkte von l eine elliptische Strahleninvolution, in der die Strahlenpaare aus je zwei Polaren eines Punktepaares der Punktinvolution auf l bestehen; einer der beiden konjugiertimaginären Doppelstrahlen dieser induzierten elliptischen Strahleninvolution, und zwar der mit demjenigen Sinne im Büschel der Polaren verbundene, welchem Sinne der mit dem gegebenen imaginären Punkte verbundene Sinn in der projektiven Punktreihe der Pole auf l entspricht, wird dann die Polare des gegebenen imaginären Punktes in bezug auf ABC sein.

Wir haben also:

Ist ein auf irgendeiner, von den Seiten von ABC verschiedenen reellen Geraden g liegender imaginärer Punkt P durch die ihn darstellende reelle, elliptische Punktinvolution verbunden mit einem bestimmten Sinne auf g gegeben, so wird die imaginäre Polare p von P durch diejenige reelle elliptische Tangenteninvolution

Ist eine durch irgendeinen, von den Ecken von ABC verschiedenen reellen Punkt Q gehende imaginäre Gerade l durch die sie darstellende reelle elliptische Strahleninvolution, verbunden mit einem bestimmten Sinne im Büschel um Q gegeben, so wird der imaginäre Pol L von l durch diejenige reelle elliptische Punktinvolu-

---

[1]) Siehe v. Staudt, Beiträge zur Geometrie der Lage, Nr. 116, S. 76.

um den Polarkegelschnitt G^2 von g bzw., wenn g durch eine Ecke von ABC geht, durch diejenige reelle elliptische Strahleninvolution um den von g durch die beiden übrigen Ecken von ABC harmonisch getrennten Punkt, deren Paare aus je zwei Polaren eines Punktepaares der Punktinvolution auf g bestehen, und durch denjenigen Sinn im Tangentenbüschel um G^2 bzw. im Strahlenbüschel um den von g durch die zwei Ecken harmonisch getrennten Punkt, welchem Sinne der mit P verbundene Sinn in der projektiven Punktreihe der Pole auf g entspricht, dargestellt.

Diese reelle Darstellung der imaginären Polare p von P ist nur dann die einfachste, wenn g durch eine Ecke von ABC geht; ist dies aber nicht der Fall, so ist die einfachste reelle Darstellung von p durch die reelle elliptische Involution der in bezug auf G^2, den Polarkegelschnitt von g, konjugierten Strahlen um das Zentrum jener Tangenteninvolution um G^2 und durch denjenigen Sinn im Büschel um dieses Zentrum, welcher zu dem mit dem imaginären Punkte P verbundenen Sinne auf (der ganz außerhalb G^2 verlaufenden (Nr. 2) und also nicht durch das innerhalb

tion auf dem Polarkegelschnitt q^2 von Q bzw., wenn Q auf einer Seite von ABC liegt, auf der von Q durch die beiden anderen Seiten von ABC harmonisch getrennten Geraden, deren Punktepaare aus je zwei Polen eines Strahlenpaares der Strahleninvolution um Q bestehen, und durch denjenigen Sinn auf dem Polarkegelschnitt q^2 bzw. auf der von Q durch die zwei Seiten harmonisch getrennten Geraden, welchem Sinne der mit l verbundene Sinn in dem projektiven Büschel der Polaren um Q entspricht, dargestellt.

Diese reelle Darstellung des imaginären Pols L von l ist nur dann die einfachste, wenn Q auf einer Seite von ABC liegt; ist dies aber nicht der Fall, so ist die einfachste reelle Darstellung von L durch die reelle elliptische Involution der in bezug auf q^2, den Polarkegelschnitt von Q, konjugierten Punkte auf der Achse jener Punktinvolution auf q^2 und durch denjenigen Sinn auf dieser Achse, welcher zu dem mit der imaginären Geraden l verbundenen Sinne im Büschel um (den innerhalb q^2 und also nicht auf der ganz außerhalb q^2 verlaufenden

| G^2 liegende Zentrum jener elliptischen Tangenteninvolution um G^2 gehenden Geraden) g | Achse jener elliptischen Punktinvolution auf q^2 liegenden Punkt) Q |

entgegengesetzt ist (wobei ein durch irgend drei Strahlen x, y, z eines Büschels erster Ordnung festgelegter Sinn und ein durch irgend drei Punkte T, U, V einer durch den Grundpunkt des Büschels nicht gehenden Geraden festgelegter Sinn als einander entgegengesetzt angesehen werden, wenn der Sinn der Spuren von x, y, z auf der Geraden zum Sinne TUV entgegengesetzt ist)[1]), wenn mit

| der aus dem Zentrum jener Tangenteninvolution um G^2 an G^2 gehenden imaginären Tangente p derjenige Sinn im Büschel um das Zentrum verbunden wird, welcher Sinn auf jeder Tangente von G^2 den nämlichen Sinn hervorruft (durch den Schnitt dieser Tangente mit dem Büschel um das innerhalb G^2 liegende Zentrum) wie der mit p im Büschel der Tangenten von G^2 verbundene Sinn. | dem imaginären Schnittpunkte L von q^2 und der Achse jener Punktinvolution auf q^2 derjenige Sinn auf dieser Achse verbunden wird, welcher Sinn auf dieser ganz außerhalb q^2 verlaufenden Achse aus dem mit L auf q^2 verbundenen Sinne durch Projektion aus irgendeinem Punkte von q^2 hervorgeht. |

Denn die imaginären Doppelpunkte jener elliptischen Punktinvolution auf q^2 rechts liegen bekanntlich auf der Involutionsachse und sind zugleich die Doppelpunkte der Involution der in bezug auf q^2 konjugierten Punkte auf dieser Achse. Ferner muß, wie die Anschauung lehrt, ein auf q^2 fest gewählter Sinn auf dieser **ganz außerhalb q^2 verlaufenden Achse** durch Projektion von einem jeden auf q^2 liegenden Punkte aus den nämlichen Sinn hervorrufen wie durch Projektion von einem jeden innerhalb q^2 liegenden Punkte aus, insbesondere also von dem innerhalb q^2 liegenden Punkte Q aus. Wenn aber eine Gerade r den Strahlenbüschel um Q in dem mit der imaginären Geraden l verbundenen Sinne beschreibt und ihr Pol R also den Polarkegelschnitt q^2

---

[1]) Siehe v. Staudt, Beiträge zur Geometrie der Lage, Nr. 48, S. 30.

von Q in dem mit L, dem imaginären Pole von l, verbundenen Sinne, so dreht sich, wie wir später (Nr. 26) zeigen werden, die von Q aus den Pol R projizierende Gerade um Q in demjenigen Sinne, welcher zu dem mit l verbundenen Sinne entgegengesetzt ist; mithin ruft der mit L auf q^2 verbundene Sinn durch Projektion von irgendeinem auf q^2 liegenden Punkte aus ebenso wie durch Projektion von Q aus auf der Achse jener Punktinvolution denjenigen Sinn hervor, welcher zu dem mit l im Strahlenbüschel um Q verbundenen Sinne entgegengesetzt ist.

Wenn also g durch keine Ecke von ABC geht, so ist die Polare p von P eine der beiden aus dem Zentrum der genannten Tangenteninvolution um G^2 an G^2 gehenden konjugiert-imaginären Tangenten, und zwar die mit demjenigen Sinne im Strahlenbüschel um das Zentrum verbundene imaginäre Tangente, welcher Sinn zu dem mit P auf g verbundenen Sinne entgegengesetzt ist.

Wenn also Q auf keiner Seite von ABC liegt, so ist der Pol L von l einer der beiden konjugiert-imaginären Schnittpunkte von q^2 mit der Achse der genannten Punktinvolution auf q^2, und zwar der mit demjenigen Sinne auf der Achse verbundene imaginäre Schnittpunkt, welcher Sinn zu dem mit l im Strahlenbüschel um Q verbundenen Sinne entgegengesetzt ist.

Erster Abschnitt.
Vom Dreieck erzeugte Involutionen.

§ 1.

4. In der Ebene des Dreiecks $ABC \equiv abc$ werden durch das letztere

um jeden auf keiner Seite des Dreiecks liegenden Punkt P drei Strahlen bestimmt, nämlich die drei Ecktransversalen p_A, p_B und p_C, welche P der Reihe nach mit den Ecken A, B und C verbinden. Durch diese drei Strahlen wird nun eine ternäre zyklische Projektivität um P festgelegt, nämlich

$$p_A p_B p_C \barwedge p_B p_C p_A.$$

auf jeder durch keine Ecke des Dreiecks gehenden Geraden p drei Punkte bestimmt, nämlich die drei Punkte P_a, P_b und P_c, in welchen p der Reihe nach von den Seiten a, b und c geschnitten wird. Durch diese drei Punkte wird nun eine ternäre zyklische Projektivität auf p festgelegt, nämlich

$$P_a P_b P_c \barwedge P_b P_c P_a.$$

Wir wollen nun die beiden aus dieser zyklischen Projektivität hervorgehenden Involutionen, nämlich: die **gemeine elliptische Involution**, in welcher die Paare aus je einem Elemente eines Zyklus der Projektivität und dem zu ihm vierten harmonischen in bezug auf die beiden anderen Elemente desselben Zyklus bestehen[1]), und deren Doppelelemente mit den Koinzidenzelementen der Projektivität identisch sind, in welcher Involution also

$p_A p_A'$, $p_B p_B'$, $p_C p_C'$
drei Strahlenpaare bilden, wo p_A' von p_A durch p_B und p_C und durch p_B' und p_C', p_B' von

$P_a P_a'$, $P_b P_b'$, $P_c P_c'$
drei Punktepaare bilden, wo P_a' von P_a durch P_b und P_c und durch P_b' und P_c', P_b' von

---
[1]) Vgl. Sturm, Geometrische Verwandschaften, Bd. I, Nr. 75.

p_B durch p_C und p_A und durch p'_C und p'_A, p'_C von p_C durch p_A und p_B und durch p'_A und p'_B harmonisch getrennt sind,

P_b durch P_c und P_a und durch P'_c und P'_a, P'_c von P_c durch P_a und P_b und durch P'_a und P'_b harmonisch getrennt sind,

und die Involution dritten Grades, welche von den Zyklen derselben Projektivität gebildet wird, die vom Dreieck ABC

um den Punkt P erzeugten Strahleninvolutionen zweiten und dritten Grades nennen und sie mit $(P)^2$ und $(P)^3$ bezeichnen.

auf der Geraden p erzeugten Punktinvolutionen zweiten und dritten Grades nennen und sie mit $(p)^2$ und $(p)^3$ bezeichnen.

Die Punktinvolution $(p)^3$ wird aus den Punkten, aus denen $(p)^2$ durch je eine rechtwinklige Strahleninvolution projiziert wird, durch je eine Involution der regelmäßigen Dreistrahlen projiziert, d. h. durch je eine solche Involution dritten Grades, deren Tripel aus je drei Strahlen, welche miteinander Winkel von 60° bilden, bestehen[1]). Dasselbe gilt, wenn an Stelle von $(p)^3$ und $(p)^2$ die Schnitte von $(P)^3$ und $(P)^2$ durch irgendeine Gerade treten.

Die beiden Involutionen $(P)^2$ und $(P)^3$ und ebenso $(p)^2$ und $(p)^3$ sind hiernach in folgender Weise untereinander verbunden. Die in der Involution zweiten Grades den Elementen irgendeines Tripels der Involution dritten Grades zugepaarten Elemente bilden das zu jenem Tripel harmonische in der letzteren Involution; und zwar werden die beiden Tripel den nämlichen Sinn haben. Ermittelt man zu irgendeinem Paare in der (elliptischen) Involution zweiten Grades diejenigen beiden immer einzig vorhandenen Paare, welche zusammen ebenso harmonisch beschaffen sind wie die drei Paare $p_A p'_A$, $p_B p'_B$, $p_C p'_C$[2]), so bilden die Elemente dieser drei Paare auf eine Weise zwei Tripel in der Involution dritten Grades, und zwar zwei harmonische. Überhaupt, wenn sechs Elemente drei Paare in der Involution zweiten Grades und zugleich zwei Tripel in der Involution dritten Grades bilden, müssen die drei Paare ebenso harmonisch beschaffen sein wie $p_A p'_A$, $p_B p'_B$, $p_C p'_C$ und aus dem ersten und vierten bzw. zweiten und fünften bzw. dritten und sechsten (in der natürlichen Anordnung

---

[1]) Siehe Sturm, Geometrische Verwandschaften, Bd. I, Nr. 142.
[2]) Siehe meine Dissertation, IV. Abschnitt, Nr. 15.

in einem der beiden Sinne im Gebilde) Elemente bestehen und die zwei Tripel zueinander harmonisch sein und aus dem ersten, dritten und fünften bzw. zweiten, vierten und sechsten Elemente bestehen.

Anmerkung. Wenn in einem Gebilde erster Stufe zwei ebenso wie $(P)^2$ und $(P)^3$ untereinander verbundene Involutionen zweiten und dritten Grades sich vorfinden und eine von ihnen mit der von ABC im Gebilde erzeugten Involution gleichen Grades identisch ist, so muß dasselbe, wie man leicht einsieht, auch von der zweiten Involution gelten.

5. Sind der Punkt P und die Gerade p Pol und Polare in bezug auf ABC, so sind dann und nur dann die von ABC um P erzeugten Strahleninvolutionen $(P)^2$ und $(P)^3$ zu den auf p erzeugten Punktinvolutionen $(p)^2$ und $(p)^3$ derart perspektiv, daß jedes der beiden von ABC direkt herrührenden Tripel $p_A p_B p_C$ und $P_a P_b P_c$ von $(P)^3$ bzw. $(p)^3$ mit dem zum anderen Tripel harmonischen, also mit dem in der Involution zweiten Grades zum anderen zugepaarten Tripel inzidiert; und zwar inzidiert jedes Element der ersteren beiden Tripel mit demjenigen Elemente, welches in der Involution zweiten Grades zu dem dem ersteren Elemente dual gegenüberstehenden zugepaart ist, so daß p_A, p_B, p_C, p'_A, p'_B, p'_C der Reihe nach durch P'_a, P'_b, P'_c, P_a, P_b, P_c gehen[1]).

6. Um einen auf einer Seite von ABC liegenden, aber von den Ecken verschiedenen Punkt

Auf einer durch eine Ecke von ABC gehenden, aber von den Seiten verschiedenen Geraden

wird von ABC nur eine parabolische Involution erzeugt,

in welcher allen Strahlen die durch den Punkt gehende Seite zugeordnet ist.

in welcher allen Punkten die auf der Geraden liegende Ecke zugeordnet ist.

Denn in diesem Falle sind zwei der drei durch den Punkt gehenden Ecktransversalen von ABC in der Seite zusammengefallen bzw. zwei der drei Schnittpunkte der Geraden mit den Seiten von ABC in der Ecke.

---

[1]) Siehe meine Dissertation, Nr. 5, S. 15.

Die beiden von ABC

| um einen seiner Ecken | auf einer seiner Seiten |

erzeugten Involutionen zweiten und dritten Grades sind in der Weise unbestimmt, daß

| jede beliebige durch diese Ecke gehende Gerade zusammen mit den beiden Seiten als die drei durch diesen Punkt (Ecke) gehenden Ecktransversalen von ABC | jeder beliebige auf dieser Seite liegende Punkt zusammen mit den beiden Ecken als die drei Schnittpunkte dieser Geraden (Seite) mit den Seiten von ABC |

und somit als die die ternäre zyklische Projektivität und die beiden aus dieser hervorgehenden Involutionen bestimmenden angesehen werden können.

§ 2.

7. Die beiden von ABC um einen auf keiner Dreiecksseite liegenden Punkt P erzeugten Strahleninvolutionen $(P)^2$ $(P)^3$ induzieren nun in dem Polarkegelschnitt p^2 von P, weil der Büschel der Polaren um P zu der Punktreihe der Pole auf p^2 projektiv ist (Nr. 2), zwei ebenso wie $(P)^2$ und $(P)^3$ untereinander verbundene Punktinvolutionen $(p^2)^2$ und $(p^2)^3$, in welchen die Gruppen aus je den Polen[1]) der in $(P)^2$ bzw. $(P)^3$ Gruppen bildenden Strahlen gebildet werden und welche Punktinvolutionen, weil die Pole der drei durch P gehenden Ecktransversalen p_A, p_B, p_C die Ecken A, B, C sind, aus der ternären zyklischen Projektivität

$$ABC \barwedge BCA$$

auf p^2 hervorgehen ebenso wie $(P)^2$ und $(P)^3$ aus

$$p_A\, p_B\, p_C \barwedge p_B\, p_C\, p_A.$$

Dual induzieren die beiden Punktinvolutionen $(p)^2$ und $(p)^3$, deren Träger die Polare p von P ist, im Polarkegelschnitt P^2 von p zwei Tangenteninvolutionen $(P^2)^2$ und $(P^2)^3$, welche letztere aus der ternären zyklischen Projektivität

$$abc \barwedge bca$$

---

[1]) Hier und überall im Folgenden, wo von Pol und Polare schlechthin die Rede ist, sollen die in bezug auf das Dreieck ABC zugehörigen verstanden werden.

hervorgehen und deren Gruppen aus je den Polaren der in $(p)^2$ bzw. in $(p)^3$ Gruppen bildenden Punkte gebildet werden.

Von den beiden ein Punktepaar in $(p^2)^2$ bildenden Polen des Strahlenpaares $p_A p'_A$ von $(P)^2$ ist der eine, nämlich der Pol von p_A die auf diesem liegende Ecke A und der andere, nämlich der Pol von p'_A muß, weil p'_A von p_A durch p_B und p_C, also durch die Ecken B und C harmonisch getrennt ist, einer der auf p_A liegenden Punkte und also der zweite Schnittpunkt von p_A mit p^2 sein; somit ist p_A die Verbindungsgerade dieses Punktepaares von $(p^2)^2$. Ebenso ist p_B die Verbindungsgerade desjenigen Punktepaares von $(p^2)^2$, welches von den Polen des Strahlenpaares $p_B p'_B$ von $(P)^2$ gebildet wird. Mithin ist P, der Schnittpunkt von p_A und p_B, das Zentrum und p, die in bezug auf ABC und p^2 gemeinsame Polare von P (Nr. 2), die Achse der induzierten Punktinvolution $(p^2)^2$. Dual sind P und p Zentrum und Achse auch der induzierten Tangenteninvolution $(P^2)^2$.

Hieraus erhellt:

Die Verbindungsgerade der Pole zweier Geraden, welche letztere in der von ABC um ihren Schnittpunkt P erzeugten Strahleninvolution $(P)^2$ einander zugepaart sind, geht durch P; und umgekehrt.

Der Schnittpunkt der Polaren zweier Punkte, welche letztere in der von ABC auf ihrer Verbindungsgeraden p erzeugten Punktinvolution $(p)^2$ einander zugepaart sind, liegt auf p; und umgekehrt.

Oder mit anderen Worten:

Satz 1. Charakteristisch für die vom Dreieck ABC

um einen Punkt P erzeugte Strahleninvolution $(P)^2$ ist, daß in ihr je zwei Strahlen, deren Pole mit P in einer Geraden liegen, einander zugepaart sind und daß die Pole eines solchen Strahlenpaares ihrerseits in der von ABC auf ihrer Verbindungsgeraden erzeugten Punkt-

auf einer Geraden p erzeugte Punktinvolution $(p)^2$ ist, daß in ihr je zwei Punkte, deren Polaren mit p durch einen Punkt gehen, einander zugepaart sind und daß die Polaren eines solchen Punktepaares ihrerseits in der von ABC um ihren Schnittpunkt erzeugten Strahlen-

involution zweiten Grades ein Paar bilden.

Der erste Teil dieses Satzes links ist nur eine Wiederholung des vorhergehenden links und der zweite Teil folgt aus der Umkehrung des vorhergehenden rechts; denn die Verbindungsgerade der Pole der ein Paar in $(P)^2$ bildenden Strahlen geht durch den Schnittpunkt P der letzteren und somit schneiden sich die letztere, die Polaren, auf der Verbindungsgeraden ihrer Pole.

Der vorstehende Satz bleibt auch dann richtig, wenn der Punkt P auf einer Seite von ABC liegt bzw. rechts, wenn die Gerade p durch eine Ecke geht. Denn in der von ABC um einen solchen Punkt P erzeugten parabolischen Strahleninvolution ist jedem Strahle jene Seite zugepaart, ferner kann in diesem Falle P als Pol jener Seite angesehen werden (Nr. 1), und endlich muß dann der Pol jeder durch P gehenden Geraden, weil er von P, dem Schnittpunkte seiner Polare mit jener Seite von ABC, durch die beiden anderen Seiten harmonisch getrennt ist (Nr. 1), zu P zugepaart sein in der von ABC auf der Geraden, die ihn mit P verbindet, erzeugten Punktinvolution zweiten Grades (Nr. 4).

8. Wir wollen nun die durch P gehende Gerade, welche die Pole eines Strahlenpaares von $(P)^2$ verbindet, und den auf p liegenden Punkt, in welchem die Polaren eines Punktepaares von $(p)^2$ sich schneiden, den Repräsentanten jenes Strahlenpaares bzw. den Repräsentanten dieses Punktepaares nennen.

Nunmehr gilt der

Satz 2. Die von ABC in einem Gebilde erster Stufe erzeugte Involution zweiten Grades ist zum Gebilde der Repräsentanten (welches letztere Gebilde mit dem ersteren konjektiv ist) projektiv, so daß jedem Paare sein Repräsentant entspricht.

Denn eine Involution zweiten Grades wird bekanntlich dadurch projektiv bezogen, daß man die irgendeinem festen Elemente des Trägers der Involution in bezug auf die Paare derselben zugeordneten vierten harmonischen Elemente projektiv bezieht. Nun ist der Büschel erster Ordnung um P, welcher von dem einem festen Strahl g_i von P in bezug auf ein bewegliches Strahlenpaar $g_x g'_x$ von $(P)^2$ zugeordneten vierten harmonischen Strahl g beschrieben wird, wenn das Paar $g_x g'_x$ die Involution $(P)^2$ durchläuft, zu der Punktreihe auf dem Polarkegelschnitt p^2 von P, welche von dem Pole G von g, also von dem auf p^2 dem festen Pole G_i von g_i in bezug auf das von den Polen des beweglichen Strahlenpaares gebildete und die induzierte Involution $(p^2)^2$ durchlaufende Punktepaar $G_x G'_x$ zugeordneten vierten harmonischen Punkte G beschrieben wird, projektiv. Diese Punktreihe auf p^2 wird aber von dem auf p^2 liegenden Pole G_i aus durch einen Strahlenbüschel projiziert, welcher zu demjenigen Büschel um P projektiv ist, der von der das bewegliche Punktepaar $G_x G'_x$ verbindenden Geraden beschrieben wird; denn je zwei entsprechende Strahlen in diesen Büscheln müssen, weil sie den Kegelschnitt p^2 in vier harmonischen Punkten schneiden, in bezug auf p^2 konjugiert sein. Mithin sind auch der erste und letzte Büschel um P, nämlich der von dem zu g_i in bezug auf das bewegliche Strahlenpaar $g_x g'_x$ zugeordneten vierten harmonischen g beschriebene und der von der die Pole G_x und G'_x desselben Strahlenpaares $g_x g'_x$ verbindenden Geraden beschriebene projektiv; womit der vorstehende Satz bewiesen ist.

9. Da die Pole eines Strahlenpaares von $(P)^2$ mit P in einer Geraden liegen (Satz 1) und die Polaren der auf einer Geraden liegenden Punkte einen dem Dreieck ABC eingeschriebenen Kegelschnitt tangieren (Nr. 2), so folgt:

| Zwei Gerade sind nur dann in der von ABC um ihren Schnittpunkt erzeugten Involution zweiten Grades einander zugepaart, wenn sie zusammen mit der Polare ihres Schnittpunktes und den Seiten von ABC sechs Tangenten eines und desselben Kegelschnittes bilden. | Zwei Punkte sind nur dann in der von ABC auf ihrer Verbindungsgeraden erzeugten Involution zweiten Grades einander zugepaart, wenn sie zusammen mit dem Pole ihrer Verbindungsgeraden und den Ecken von ABC sechs Punkte eines und desselben Kegelschnittes bilden. |

10. Die in dem Polarkegelschnitt p^2 von P (wo P ein auf keiner Seite von ABC liegender Punkt ist) induzierte Punktinvolution $(p^2)^2$ wird nun aus jedem Punkte von p^2 auf ihre Achse, die Polare p von P (Nr. 7), in die von p^2 und ABC auf p erzeugte Involution $(p)^2$ (Nr. 2) projiziert. Mithin wird auch die induzierte Punktinvolution $(p^2)^3$ aus jedem Punkte von p^2 auf p in $(p)^3$ pro-

jiziert (nach Anmerkung in Nr. 4). Die Involutionen $(p^2)^2$ und $(p^2)^3$, welche aus der ternären zyklischen Projektivität

$$ABC \barwedge BCA$$

auf p^2 hervorgehen, werden aber aus jedem Punkte G von p^2 durch die von ABC um diesen Punkt erzeugten Strahleninvolutionen $(G)^2$ und $(G)^3$, welche letztere aus der ternären zyklischen Projektivität

$$GA, GB, GC \barwedge GB, GC, GA$$

hervorgehen, projiziert. Demnach sind die von ABC um einen Punkt von p^2 erzeugten Strahleninvolutionen zweiten und dritten Grades zu $(p)^2$ und $(p)^3$ perspektiv.

Soll nun eine und folglich jede der beiden von ABC um einen nicht auf p^2 liegenden Punkt P_1 erzeugten Strahleninvolutionen $(P_1)^2$ und $(P_1)^3$ zu $(p)^2$ bzw. $(p)^3$ perspektiv sein, so wird P_1 auf keiner Seite von ABC liegen können; da sonst seine Strahleninvolution parabolisch wäre und zu den Punktinvolutionen auf p nicht perspektiv sein könnte. P_1 wird aber auch nicht auf einer der Tangenten von p^2 in den Eckpunkten A, B, C liegen können. Denn wäre etwa P_1A die Tangente von p^2 in A, so müßte P_1A durch den Schnittpunkt $(pa) \equiv P_a$ gehen (Nr. 2) und mithin, weil P_a, P_b, P_c in $(p)^3$ und P_1A, P_1B, P_1C in der (nach Annahme) zu $(p)^3$ perspektiven $(P_1)^3$ je ein Tripel bilden und P_1 auf keiner Seite liegt, P_1B durch P_b und P_1C durch P_c und es gingen also die drei Tangenten AP_a, BP_b, CP_c von p^2 durch den einen Punkt P_1, was unmöglich ist. Wird nun G der zweite Schnittpunkt von P_1A mit p^2 sein (wo G, wie wir eben sahen, von A, B, C verschieden sein wird), so wird, wenn X, Y, Z der Reihe nach die Schnittpunkte von p mit P_1A, P_1B, P_1C sind und mithin (weil $(P_1)^3$ zu $(p)^3$ perspektiv ist) ein Tripel in $(p)^3$ bilden, GB durch Z und GC durch Y gehen. Denn G liegt auf p^2 und mithin muß, wie wir sahen, $(G)^3$ zu $(p)^3$ perspektiv sein; es inzidiert also das Tripel GA, GB, GC von $(G)^3$, weil $GA \equiv P_1A$ durch X geht, mit dem Tripel XYZ von $(p)^3$ und GB geht durch Z und GC durch Y. Demnach gehen im vollständigen Vierecke P_1GBC P_1B und GC durch Y, P_1C und GB durch Z, P_1G durch X und BC durch P_a; folglich ist P_a von X durch Y und Z harmonisch getrennt und P_a ist also zu X zugepaart in $(p)^2$ (Nr. 4); mithin $X \equiv P_a'$ (wo P_a' der zu P_a zugepaarte Punkt in $(p)^2$ ist). Der Punkt

P_1 wird also auf AP'_a liegen müssen, da $P'_a \equiv X \equiv (P_1A, p)$. In analoger Weise kann man zeigen, daß P_1 auch auf BP'_b und CP'_c liegen wird (wo P'_b und P'_c die zu P_b und P_c zugepaarten Punkte in $(p)^2$ sind). Nun ist aber der Schnittpunkt der drei Ecktransversalen AP'_a, BP'_b, CP'_c der Pol P von p (Nr. 5); mithin wird der nicht auf p^2 liegende Punkt P_1 kein anderer als der Pol P von p sein.

Wir haben demnach:

Satz 3. Die vom Dreieck ABC

| um einen Punkt P erzeugten Strahleninvolutionen $(P)^2$ und $(P)^3$ sind außer zu den von ABC auf der Polare p von P erzeugten Punktinvolutionen $(p)^2$ und $(p)^3$, | auf einer Geraden p erzeugten Punktinvolutionen $(p)^2$ und $(p)^3$ sind außer zu den von ABC um den Pol P von p erzeugten Strahleninvolutionen $(P)^2$ und $(P)^3$, |

zu welchen sie in der besonderen oben (Nr. 5) angegebenen Weise perspektiv sind, nur noch zu den von ABC

| auf den sämtlichen Tangenten q des Polarkegelschnittes P^2 von p (Nr. 2) erzeugten Punktinvolutionen $(q)^2$ und $(q)^3$ perspektiv. | um die sämtlichen Punkte G des Polarkegelschnittes p^2 von P (Nr. 2) erzeugten Strahleninvolutionen $(G)^2$ und $(G)^3$ perspektiv. |

Dieser Satz bleibt auch dann richtig, wenn der Punkt P auf einer Seite von ABC liegt, bzw. wenn rechts die Gerade p durch eine Ecke von ABC geht. Denn liegt P etwa auf der Seite $a \equiv BC$, so ist a die Polare von P und die Tangenten des Polarkegelschnittes von a sind die durch B oder C gehenden Geraden (Nr. 2); alsdann liegen die Doppelpunkte einer jeden der von ABC auf diesen Geraden erzeugten parabolischen Involutionen in B bzw. in C vereinigt (Nr. 6) und die Doppelstrahlen der von ABC um P erzeugten parabolischen Involutionen in a; mithin ist die letztere Involution zu allen ersteren perspektiv.

11. Wir wollen für den Satz 3 noch einen zweiten Beweis geben, der uns zugleich eine Beziehung zwischen Pol und Polare und den zugehörigen Polarkegelschnitten hinsichtlich des durch ABC in Gebilden erster Stufe festgelegten Sinnes (Ende dieser Nummer) erschließen wird.

Ist p eine durch keine Ecke von ABC gehende Gerade, sind XYZ und TUV irgend zwei Tripel in $(p)^3$ und ist der Sinn XYZ zum Sinne TUV entgegengesetzt, so werden diese Tripel aus einem Punkte R, aus dem $(p)^2$ durch eine rechtwinklige Strahleninvolution und $(p)^3$ durch eine Involution der regelmäßigen Dreistrahlen projiziert werden (Nr. 4), auf drei Arten durch drei Paare je einer symmetrischen Strahleninvolution projiziert und zwar durch:

$$R(XT, YU, ZV), \quad R(XU, YV, ZT), \quad R(XV, YT, ZU);$$

die Doppelstrahlen dieser drei symmetrischen Involutionen sind nämlich die zueinander rechtwinkligen Halbierungsgeraden der von bzw. RX und RT, RX und RU, RX und RV gebildeten Winkel. Weil nun in jeder dieser drei symmetrischen Strahleninvolutionen um R die (imaginären) Doppelstrahlen der rechtwinkligen Strahleninvolution um R, welche Doppelstrahlen die (imaginären) Doppelpunkte von $(p)^2$ projizieren, ein Paar bilden, so müssen

XT, YU, ZV und ebenso XU, YV, ZT und XV, YT, ZU

drei Punktepaare je einer solchen hyperbolischen Involution auf p sein, in der die (imaginären) Doppelpunkte von $(p)^2$ ein Paar bilden, also drei Punktepaare je einer auf $(p)^2$ sich stützenden hyperbolischen Involution. Dagegen können die drei Punktepaare

XT, YV, ZU und ebenso XU, YT, ZV und XV, YU, ZT

nicht in Involution sein, wenn TUV nicht gerade das zu XYZ harmonische Tripel ist; ist aber dies der Fall und ist etwa T der zu X zugeordnete vierte harmonische Punkt in bezug auf Y und Z, so sind dann die drei Punktepaare XT, YV, ZU (nicht aber XU, YT, ZV und XV, YU, ZT) in Involution, und zwar in der Involution $(p)^2$. Denn solche drei Punktepaare werden von R aus durch einen konstanten Winkel projiziert und die beiden Schenkel eines um seinen Scheitel sich drehenden konstanten Winkels bilden nur dann eine Involution, wenn der konstante Winkel ein rechter ist; das letztere tritt aber nur dann ein, wenn das Tripel TUV aus den in $(p)^2$ zu X, Y, Z zugepaarten Punkten besteht, wenn also (Nr. 4) das Tripel TUV das zu XYZ harmonische ist.

Das Nämliche gilt von der zu $(p)^3$ perspektiven Involution $(P)^3$ (Nr. 5).

Nun sei XYZ irgendein Tripel von $(p)^3$, dessen Sinn zu dem Sinne des von den drei Schnittpunkten von p mit den Dreieckseiten a, b, c gebildeten Tripels $P_a P_b P_c$ entgegengesetzt ist, so sind, wie wir eben sahen, $P_a X$, $P_b Y$, $P_c Z$ drei Punktepaare einer hyperbolischen Involution (I) auf p, in der die imaginären Doppelpunkte von $(p)^2$, also (Nr. 2) die imaginären Schnittpunkte von p mit dem Polarkegelschnitt p^2 von P, dem Pole von p, ein Paar bilden. Folglich muß durch den Schnittpunkt G der beiden Ecktransversalen AX und BY auch die Ecktransversale CZ gehen und jener Punkt G muß auf dem Polarkegelschnitt p^2 liegen. Denn das vollständige Viereck $ABCG$, in welchem BC und AG durch P_a und X, CA und BG durch P_b und Y gehen, schneidet in p die Involution (I) ein und CG muß also, weil AB durch P_c geht, durch den zu P_c zugepaarten Punkt Z in (I) gehen; ferner muß der Polarkegelschnitt p^2, der durch A, B, C geht und außerdem noch durch ein Punktepaar in der von $ABCG$ in p eingeschnittenen Involution (I), nämlich durch das von den imaginären Doppelpunkten von $(p)^2$ gebildete Paar, auch durch die vierte Ecke G des Vierecks $ABCG$ gehen. Die Ecktransversalen BZ und CY aber schneiden sich nicht auf AX, wenn X mit dem zu P_a zugepaarten Punkte P'_a in $(p)^2$ nicht zusammenfällt; denn sonst müßten auch $P_a X$, $P_b Z$, $P_c Y$ als Schnittpunkte von p mit den Gegenseitenpaaren des von A, B, C und dem gemeinsamen Schnittpunkte der drei Ecktransversalen AX, BZ, CY gebildeten Vierecks drei Punktepaare einer Involution bilden, was aber unmöglich ist, da die Sinne $P_a P_b P_c$ und XZY miteinander übereinstimmen. Fällt aber X mit P'_a und mithin (nach Nr. 4) Y mit P'_c und Z mit P'_b zusammen, so schneiden sich auf $AX \equiv AP'_a$ außer $BY \equiv BP'_c$ und $CZ \equiv CP'_b$, welche im zweiten Schnittpunkte von AP'_a mit p^2 sich schneiden, noch $BZ \equiv BP'_b$ und $CY \equiv CP'_c$, welche letztere in dem auf AP'_a liegenden Pole P von p sich schneiden (Nr. 5).

Wenn nun X die ganze Gerade p durchläuft, so liegt auf AX je ein und, solange X mit P'_a nicht zusammenfällt, nur ein solcher Punkt, nämlich der zweite Schnittpunkt G von AX mit p^2, von welchem aus durch die drei Ecktransversalen GA, GB, GC ein Tripel in $(p)^3$ projiziert wird (welches Tripel kein anderes als das X enthaltende sein kann); kommt aber X nach P'_a, so gibt es auf $AX \equiv AP'_a$ noch einen zweiten solchen Punkt, nämlich den Pol P von p. Die von ABC um einen solchen Punkt und nur um einen solchen erzeugten Involutionen sind zu $(p)^2$ bzw. $(p)^3$ perspektiv; denn nur dann ist die von der ternären zyklischen Projektivität, welche von ABC um den Punkt erzeugt wird, in p eingeschnittene Projektivität mit der von ABC auf p erzeugten ternären zyklischen Projektivität, welche mit der eingeschnittenen einen Zyklus gemein hat, identisch und mithin sind auch die aus der in p eingeschnittenen Projektivität hervorgehenden Involutionen mit $(p)^2$ bzw. $(p)^3$ identisch. Hiermit ist der Satz 3 nochmals bewiesen.

Zugleich ergibt sich hieraus, wenn wir den Sinn xyz in einem Büschel erster Ordnung und den Sinn TUV auf einer Geraden p als übereinstimmend oder entgegengesetzt ansehen, je nachdem der Sinn der Spuren $p(xyz)$ mit dem Sinne TUV auf p übereinstimmt oder nicht[1]):

Verstehen wir unter dem durch ABC

| um einen auf keiner Seite desselben liegenden Punkt P | auf einer durch keine Ecke desselben gehenden Geraden p |

festgelegten Sinn denjenigen, welcher durch

| $p_A p_B p_C \equiv P(ABC)$ | $P_a P_b P_c \equiv p(abc)$ |

bestimmt wird, so stimmen die beiden durch ABC um den Pol P und auf seiner Polare p festgelegten Sinne überein, dagegen sind die beiden durch ABC

| um P und auf irgendeiner Tangente q des Polarkegelschnitts P^2 seiner Polare p festgelegten Sinne entgegengesetzt. | auf p und um irgendeinen Punkt G des Polarkegelschnitts p^2 ihres Poles P festgelegten Sinne entgegengesetzt. |

§ 3.

12. Wie wir sahen (Nr. 10), werden die beiden Involutionen $(p)^3$ und $(p^2)^3$ von irgendeinem auf p^2 liegenden Punkte aus ineinander projiziert und, wie aus Nr. 11 hervorgeht, werden die Projektionen der Punkte eines Tripels in $(p^2)^3$, dessen Sinn mit dem Sinne ABC auf p^2 übereinstimmt, von irgendeinem auf p^2 liegenden Punkte aus auf p ein solches Tripel in $(p)^3$ bilden, dessen Sinn zum Sinne $P_a P_b P_c$ entgegengesetzt ist.

---

[1]) Siehe v. Staudt, Beiträge zur Geometrie der Lage, Nr. 48, S. 30.

Sind nun $G_i G_k G_l$ und $G_q G_r G_s$ irgend zwei Tripel in $(p^2)^3$, deren Sinne mit dem Sinne ABC auf p^2 übereinstimmen und werden G_i, G_k, G_l von G_q aus auf p der Reihe nach in X, Y, Z projiziert, welche letztere Punkte also ein zu $P_a P_b P_c$ entgegengesetzten Sinn habendes Tripel in $(p)^3$ bilden, so muß, weil auch G_q, G_r, G_s von G_i aus auf p in ein ebensolches Tripel von $(p)^3$ projiziert werden, welches letzte Tripel X enthält und mithin mit XYZ identisch ist auch dem Sinne nach, $G_i G_r$ durch Y und $G_i G_s$ durch Z gehen. Aus demselben Grunde müssen $G_k G_r$ durch Z, $G_k G_s$ durch X, $G_l G_r$ durch X und $G_l G_s$ durch Y gehen. Es gehen also $G_i G_q$, $G_k G_s$, $G_l G_r$ durch X, $G_i G_r$, $G_k G_q$, $G_l G_s$ durch Y und $G_i G_s$, $G_k G_r$, $G_l G_q$ durch Z.

Nun müssen in den p^2 eingeschriebenen vollständigen Vierecken $G_i G_q G_k G_s$ und $G_i G_q G_l G_r$, deren einer Diagonalpunkt X ist, die je beiden andern Diagonalpunkte auf der Polare von X in bezug auf p^2 liegen; es ist also die Verbindungsgerade der beiden Schnittpunkte $(G_i G_k, G_q G_s)$ und $(G_i G_l, G_q G_r)$, welche Gerade keine andere als die Achse der beiden perspektiven Dreiecke $G_i G_k G_l$ und $G_q G_s G_r$, die X zum Zentrum haben, ist, die Polare von X in bezug auf p^2. Weil aber der Pol P von p in bezug auf das Grunddreieck ABC zugleich auch Pol von p in bezug auf die Polarkegelschnitte p^2 von P und P^2 von p ist und die Involutionen der in bezug auf p^2 und P^2 konjugierten Elemente um P und auf p mit $(P)^2$ und $(p)^2$ identisch sind (Nr. 2) und also die Polare eines auf p liegenden Punktes durch den in $(p)^2$ zu diesem Punkte zugepaarten Punkt und P geht, so muß die Achse der beiden perspektiven, X zum Zentrum habenden Dreiecke $G_i G_k G_l$ und $G_q G_s G_r$, welche Achse zugleich Polare des auf p liegenden Zentrums X in bezug auf p^2 und mithin auch in bezug auf P^2 ist, durch P gehen und von X durch Y und Z harmonisch getrennt sein (nach Nr. 4). Mithin:

Satz 4. Zwei Dreiecke, deren

| Ecken je ein Tripel in der im Polarkegelschnitt p^2 von P (wo P ein auf keiner Seite des Grunddreiecks ABC liegender Punkt ist) induzierten Punktinvolution $(p^2)^3$ | Seiten je ein Tripel in der im Polarkegelschnitt P^2 von p (wo p eine durch keine Ecke des Grunddreiecks ABC gehende Gerade ist) induzierten Tangenteninvolution $(P^2)^3$ |

bilden, liegen auf drei Arten perspektiv; dabei sind in allen drei Arten die Sinne der beiden Tripel, von denen das eine von den

Ecken | Seiten

des einen Dreiecks gebildet wird und das andere von den homologen

Ecken | Seiten

im zweiten Dreieck, auf dem Polarkegelschnitt einander entgegengesetzt. Die drei Perspektivitätszentren dieser beiden Dreiecke bilden ein Tripel in $(p)^3$ und die drei Perspektivitätsachsen derselben Dreiecke ein Tripel in $(P)^3$ (wo P und p Pol und Polare in bezug auf das Grunddreieck ABC sind); und zwar sind diese beiden Tripel zueinander harmonisch, so daß jedes Zentrum von der entsprechenden Achse durch die beiden andern Zentren harmonisch getrennt ist. Jedes der drei Perspektivitätszentren ist der Pol der entsprechenden Perspektivitätsachse in bezug auf die beiden Polarkegelschnitte p^2 von P und P^2 von p.

Zusatz. Die beiden im vorstehenden Satze genannten Dreiecke liegen nur dann noch auf eine vierte Art perspektiv, wenn die beiden aus ihren

| Ecken gebildeten Tripel in $(p^2)^3$ | Seiten gebildeten Tripel in $(P^2)^3$ |

zueinander harmonisch sind. Alsdann werden P und p, die Pol und Polare sind, das vierte Zentrum und die vierte Achse sein, und in der vierten Art werden die Sinne der beiden Tripel, von denen das eine von den Elementen des einen Dreiecks gebildet wird und das andere von den homologen Elementen in dem zweiten Dreieck, auf dem Polarkegelschnitt miteinander übereinstimmen.

Denn jede Perspektivitätsart dieser beiden Dreiecke liefert eine Involution auf p^2, nämlich diejenige, deren Zentrum und Achse das Zentrum und die Achse der beiden perspektiven Dreiecke sind und in welcher Involution die homologen Ecken in diesen Dreiecken drei Punktepaare bilden. Die Elemente zweier Tripel in $(p)^3$ oder in $(P)^3$ (Nr. 11) und mithin auch die Elemente zweier Tripel in der durch $(p)^3$ oder $(P)^3$ induzierten $(P^2)^3$ bzw. $(p^2)^3$ bilden aber nur dann auf vier Arten drei

Punktepaare je einer Involution, wenn die Tripel zueinander harmonisch sind, und alsdann ist $(p)^2$ oder $(P)^2$ bzw. $(P^2)^2$ oder $(p^2)^2$ die Involution der vierten Art. Nun haben $(P^2)^2$ und $(p^2)^2$ P zum Involutionszentrum und p zur Involutionsachse (Nr. 7); ferner müssen zwei Tripel in $(p^2)^3$ oder $(P^2)^3$, von denen jedes aus den zu den Elementen des zweiten zugepaarten Elementen in der elliptischen Involution $(p^2)^2$ bzw. $(P^2)^2$ gebildet wird, den nämlichen Sinn auf p^2 bzw. um P^2 haben, ebenso wie zwei solche Tripel in $(P)^3$ bzw. $(p)^3$ den nämlichen Sinn um P bzw. auf p haben (Nr. 4).

13. Wie wir sahen (Nr. 12), gehen durch den Schnittpunkt X von p mit der G_i und G_q verbindenden Geraden (wo G_i und G_q irgend zwei Punkte des Polarkegelschnitts p^2 von P, dem Pole von p, sind) auch die beiden G_k mit G_s und G_l mit G_r verbindenden Geraden (wobei $G_i G_k G_l$ und $G_q G_r G_s$ zwei Tripel in $(p^2)^3$ bilden und der Sinn des erstern mit dem letztern übereinstimmt); mithin müssen die drei Geraden, welche irgendeinen auf p liegenden Punkt mit den Punkten irgendeines Tripels von $(p^2)^3$ verbinden, von p^2 auch zum zweitenmal in den Punkten eines Tripels von $(p^2)^3$ geschnitten werden. Also:

Satz 5. Liegt ein Dreieck, welches

p^2 eingeschrieben ist, zu einem zweiten Dreieck, dessen Ecken ein Tripel in $(p^2)^3$ | P^2 umschrieben ist, zu einem zweiten Dreieck, dessen Seiten ein Tripel in $(P^2)^3$

bilden, perspektiv und liegt das Zentrum dieser perspektiven Dreiecke auf p oder geht die Achse derselben durch P, so bilden auch die

Ecken des erstern Dreiecks ein Tripel in $(p^2)^3$. | Seiten des erstern Dreiecks ein Tripel in $(P^2)^3$.

Die Richtigkeit hiervon im Falle, daß links die Perspektivitätsachse durch P geht, ergibt sich aus der Bemerkung, daß dann das Perspektivitätszentrum, welches, wie wir sahen (Nr. 12), der Pol der Perspektivitätsachse in bezug auf p^2 ist, auf der in bezug auf p^2 und das Grunddreieck ABC gemeinsamen Polare p von P (Nr. 2) liegt.

14. Nach Satz 4 liegt das von irgendeinem Tripel in $(p^2)^3$ gebildete Dreieck $G_i G_k G_l$ zum Grunddreieck ABC, dessen Ecken

ebenfalls ein Tripel in $(p^2)^3$ bilden, auf drei Arten perspektiv und die drei Perspektivitätsachsen bilden ein Tripel in $(P)^3$. Diese drei Achsen gehen aber durch die drei Schnittpunkte einer jeden der Seiten von $G_i G_k G_l$ mit den Seiten von ABC, welche Schnittpunkte ein Tripel in der von ABC auf jener Seite von $G_i G_k G_l$ erzeugten Involution dritten Grades bilden. Mithin sind die von ABC auf den Seiten von $G_i G_k G_l$ erzeugten Involutionen dritten Grades zu $(P)^3$ perspektiv, und diese Seiten von $G_i G_k G_l$, welche von der ganz außerhalb p^2 liegenden Polare p von P verschieden sind, müssen also (nach Satz 3) Tangenten am Polarkegelschnitt P^2 von p sein und folglich (nach Satz 5) ein Tripel in der Tangenteninvolution $(P^2)^3$ bilden; da das nunmehr P^2 umschriebene Dreieck $G_i G_k G_l$ zu dem Grunddreieck ABC, dessen Seiten ein Tripel in $(P^2)^3$ bilden, in der Weise perspektiv liegt, daß die Achse durch P geht. Also:

Satz 6. Bilden die Ecken eines Dreiecks ein Tripel in der im Polarkegelschnitt p^2 von P induzierten Punktinvolution $(p^2)^3$, so bilden die Seiten desselben Dreiecks ein Tripel in der im Polarkegelschnitt P^2 der Polare p von P induzierten Tangenteninvolution $(P^2)^3$; und umgekehrt.

Die Umkehrung des vorstehenden Satzes steht dem direkten dual gegenüber.

Hieraus folgt weiter:

Satz 7. Ist ein Dreieck p^2 einge- und zugleich P^2 umschrieben, so bilden seine Ecken und Seiten je ein Tripel in $(p^2)^3$ bzw. $(P^2)^3$.

Denn ist etwa G_i einer seiner Ecken, so bildet das Tripel $G_i G_k G_l$ von $(p^2)^3$, wie wir eben sahen, ein P^2 umschriebenes Dreieck, welches mit dem gegebenen identisch sein muß, da durch G_i nur zwei Tangenten an P^2 gehen.

15. Weil die Geraden, die einen auf p liegenden Punkt mit den Punkten eines Tripels in $(p^2)^3$ verbinden, von p^2 zum zweitenmal ebenfalls in den Punkten eines Tripels von $(p^2)^3$ geschnitten werden (Nr. 13), so muß die zwei Punkte eines Tripels in $(p^2)^3$ verbindende Gerade durch den Schnittpunkt von p mit der Tangente an p^2 im dritten Punkte des nämlichen Tripels gehen. Dual muß die P mit dem Schnittpunkte zweier Tangenten eines

Tripels von $(P^2)^3$ verbindende Gerade durch den Berührungspunkt der dritten Tangente des nämlichen Tripels gehen.

Die drei Punkte, in denen die Seiten eines von einem Tripel in $(p^2)^3$ gebildeten Dreiecks $G_i G_k G_l$ von den Tangenten an p^2 in den gegenüberliegenden Eckpunkten geschnitten werden, liegen also auf p, und ihre drei Polaren in bezug auf p^2, welche bzw. von den drei Punkten durch je zwei Eckpunkte von $G_i G_k G_l$ harmonisch getrennt sind, müssen durch je den dritten Eckpunkt und durch P, den Pol von p auch in bezug auf p^2, gehen; mithin sind P und p Pol und Polare auch in bezug auf das Dreieck $G_i G_k G_l$. Der Polarkegelschnitt von P in bezug auf das Dreieck $G_i G_k G_l$, welcher Kegelschnitt diesem Dreieck umschrieben sein muß und dessen Tangenten in den Eckpunkten desselben Dreiecks von den gegenüberliegenden Seiten in den drei auf p, der Polare von P auch in bezug auf dasselbe Dreieck, liegenden Punkten geschnitten werden müssen (Nr. 2), ist mit p^2 identisch. Dual muß der Polarkegelschnitt von p in bezug auf das Dreieck $G_i G_k G_l$, dessen Seiten ein Tripel in $(P^2)^3$ bilden, mit P^2 identisch sein. Die vom Dreieck $G_i G_k G_l$ um P und auf p erzeugten Involutionen zweiten Grades sind nun mit den Involutionen der in bezug auf p^2, den Polarkegelschnitt von P auch in bezug auf das Dreieck $G_i G_k G_l$, konjugierten Elemente und also mit den vom Grunddreieck ABC um P und auf p erzeugten $(P)^2$ und $(p)^2$ identisch (nach Nr. 2), und mithin sind auch die von $G_i G_k G_l$ um P und auf p erzeugten Involutionen dritten Grades mit den von ABC um P und auf p erzeugten $(P)^3$ und $(p)^3$ identisch (Anmerkung in Nr. 4). Nunmehr müssen die von $G_i G_k G_l$ um die sämtlichen auf p^2, dem Polarkegelschnitt von P auch in bezug auf $G_i G_k G_l$, liegenden Punkte und auf den sämtlichen Tangenten an P^2, dem Polarkegelschnitt von p auch in bezug auf $G_i G_k G_l$, erzeugten Involutionen zweiten und dritten Grades, welche zu $(p)^2$ und $(p)^3$ bzw. zu $(P)^2$ und $(P)^3$ perspektiv sind (Satz 3), mit den vom Grunddreieck ABC erzeugten identisch sein. Ferner müssen die in bezug auf $G_i G_k G_l$ in p^2 und P^2 induzierten Involutionen dritten Grades, welche ebenso wie $(p^2)^3$ und $(P^2)^3$ von den Zyklen je einer ternären zyklischen Projektivität gebildet werden, mit $(p^2)^3$ und $(P^2)^3$ identisch sein, da sie mit diesen je ein Tripel gemein haben, nämlich das von den Ecken bzw. Seiten von $G_i G_k G_l$ gebildete; mithin müssen auch die in bezug auf $G_i G_k G_l$ in p^2 und P^2 induzierten Involutionen zweiten Grades mit $(p^2)^2$ und $(P^2)^2$ identisch sein. Wir haben also:

Satz 8. In bezug auf jedes Dreieck, dessen Ecken und Seiten je ein Tripel in $(p^2)^3$ bzw. in $(P^2)^3$ bilden, sind P und p Pol und Polare, p^2 und P^2 die Polarkegelschnitte von P und p. Die um P und um jeden Punkt von p^2, auf p und auf jeder Tangente von P^2 von einem solchen Dreieck erzeugten Involutionen zweiten und dritten Grades sind mit den vom Grunddreieck ABC erzeugten identisch; und die in bezug auf ein solches Dreieck in p^2 und P^2 induzierten Involutionen zweiten und dritten Grades sind mit den in bezug auf ABC induzierten $(p^2)^2$ und $(p^2)^3$ bzw. $(P^2)^2$ und $(P^2)^3$ identisch.

16. Eine Umkehrung des vorstehenden Satzes ist in folgenden Satze enthalten.

Satz 9. Die Ecken und Seiten eines Dreiecks, in bezug auf welches der Polarkegelschnitt

| von P p^2 ist, | von p P^2 ist, |

bilden je ein Tripel in $(p^2)^3$ bzw. in $(P^2)^3$. Dasselbe gilt von den Ecken und Seiten eines Dreiecks, welches

| p^2 eingeschrieben ist und von welchem auf p eine mit $(p)^2$ | P^2 umschrieben ist und von welchem um P eine mit $(P)^2$ |

identische Involution erzeugt wird, oder welches

| p^2 eingeschrieben | P^2 umschrieben |

ist und in bezug auf welches P und p Pol und Polare sind.

Beweis. Die drei Verbindungsgeraden von P mit den Ecken eines Dreiecks, welches um P und auf p dieselben Involutionen wie das Grunddreieck ABC erzeugt und in bezug auf welches P und p Pol und Polare sind, und die drei Seiten desselben Dreiecks werden von p in zwei zueinander harmonischen Tripeln von $(p)^3$ geschnitten; und zwar geht jede Seite durch denjenigen Punkt von p, welcher dem Schnittpunkte von p mit der Geraden, welche letzte die Gegenecke mit P verbindet, zugepaart ist in $(p)^2$ (nach Nr. 5). Wenn also nur eine Ecke oder nur eine Seite eines solchen Dreiecks gegeben ist, so ist dadurch das ganze

Dreieck eindeutig bestimmt. Denn die Verbindungsgerade von P mit jener Ecke, sie heiße etwa R, liefert (durch ihren Schnittpunkt X' mit p) die beiden zueinander harmonischen Tripel $X'Y'Z'$ und XYZ in $(p)^3$, wo XX', YY', ZZ' drei Punktpaare in $(p)^2$ sind; die beiden durch jene Ecke R gehenden Seiten des Dreiecks werden p in Y und Z treffen, die beiden anderen Ecken des Dreiecks sind die Schnittpunkte von RY mit PZ' und von RZ mit PY'[1]). Ist also ein solches Dreieck p^2 eingeschrieben und etwa G_i eine seiner Ecken, so muß dieses Dreieck von dem Tripel $G_i G_k G_l$ in $(p^2)^3$ gebildet sein; denn es gibt nur ein einziges solches Dreieck, welches G_i zu einer seiner Ecken hat, und $G_i G_k G_l$ ist ein solches (Satz 8).

Nunmehr muß ein Dreieck, in bezug auf welches p^2 der Polarkegelschnitt von P ist, ein solches, p^2 eingeschriebenes und also von einem Tripel in $(p^2)^3$ gebildetes sein. In der Tat muß das Dreieck, in bezug auf welches p^2 der Polarkegelschnitt von P ist, p^2 eingeschrieben sein, und die Polare von P in bezug auf dasselbe Dreieck muß dieselbe wie in bezug auf p^2, also p sein, und die von demselben Dreieck um P und auf p erzeugten Involutionen zweiten und dritten Grades müssen, weil die des zweiten Grades mit den Involutionen der in bezug auf p^2 konjugierten Elemente identisch sind, mit $(P)^2$ und $(P)^3$ bzw. $(p)^2$ und $(p)^3$ identisch sein (Nr. 2).

Ferner muß der Polarkegelschnitt von P in bezug auf ein Dreieck, welches p^2 eingeschrieben ist und welches auf p eine mit $(p)^2$ identische Involution erzeugt, oder welches p^2 eingeschrieben ist und in bezug auf welches P und p Pol und Polare sind, mit p^2 identisch sein; denn jener Polarkegelschnitt hat mit p^2 die Eckpunkte des Dreiecks gemein und außerdem noch die beiden Doppelpunkte von $(p)^2$ bzw. P und p zu Pol und Polare (nach Nr. 2). Es müssen also auch solche Dreiecke, wie die letzt erwähnten, von je einem Tripel in $(p^2)^3$ gebildet sein.

17. Weil die drei Verbindungsgeraden eines Punktes mit den Ecken eines Dreiecks ein Tripel in der von diesem Dreieck um jenen Punkt erzeugten Involution dritten Grades bilden, so folgt aus Satz 8:

---

[1]) Siehe meine Dissertation, IV. Abschnitt, Nr. 16.

Satz 10.

Jedes Punktetripel in $(p^2)^3$ wird von P aus durch drei ein Tripel in $(P)^3$ bildende Strahlen projiziert.	Jedes Tangenten-Tripel in $(P^2)^3$ wird von p in drei ein Tripel in $(p)^3$ bildenden Punkten geschnitten.
Umgekehrt, liegen auf jedem Strahlentripel in $(P)^3$ sechs Punkte von p^2, die zwei zueinander harmonische Tripel in $(p^2)^3$ und zugleich drei ebenso wie $p_A p'_A$, $p_B p'_B$, $p_C p'_C$ harmonisch beschaffene Paare in $(p^2)^2$ bilden.	Umgekehrt, gehen durch jedes Punktetripel in $(p)^3$ sechs Tangenten an P^2, die zwei zueinander harmonische Tripel in $(P^2)^3$ und zugleich drei ebenso wie $P_a P'_a$, $P_b P'_b$, $P_c P'_c$ harmonisch beschaffene Paare in $(P^2)^2$ bilden.

Die Umkehrung folgt aus dem direkten Satze und Nr. 4, wenn man bemerkt, daß P das Zentrum der durch $(P)^2$ in p^2 induzierten Punktinvolution $(p^2)^2$ ist (Nr. 7).

18. Weil die Pole jedes Strahlentripels von $(P)^3$ ein Tripel in der durch $(P)^3$ in p^2 induzierten Punktinvolution $(p^2)^3$ bilden, so ergibt sich aus den Sätzen 8 und 9:

Satz 11. Charakteristisch für die vom Dreieck ABC

um einen Punkt P (wo P auf keiner Seite von ABC liegt) erzeugte Strahleninvolution $(P)^3$ ist, daß in ihr die Tripel aus je drei solchen Strahlen bestehen, deren Pole	auf einer Geraden p (wo p durch keine Ecke von ABC geht) erzeugte Punktinvolution $(p)^3$ ist, daß in ihr die Tripel aus je drei solchen Punkten bestehen, deren Polaren

ein Dreieck bilden, in bezug auf welches Dreieck ebenso wie in bezug auf das Grunddreieck ABC

p die Polare von P	P der Pol von p

ist und p^2 und P^2 die Polarkegelschnitte von P und p sind und welches Dreieck um P und auf p dieselben Involutionen wie das Grunddreieck ABC erzeugt.

§ 4.

19. Wie wir sahen (Satz 1 in Nr. 7), liegen die beiden Pole eines jeden Strahlenpaares der von ABC um einen Punkt er-

zeugten Involution zweiten Grades auf einer durch diesen Punkt gehenden Geraden, und umgekehrt. Ermittelt man daher zu jedem Strahle von P (wo P ein auf keiner Seite von ABC liegender Punkt ist) die Polaren der Schnittpunkte des Strahles mit dem Polarkegelschnitt p^2 von P, ermittelt man also dasjenige Strahlenpaar von P, dessen Pole von P aus durch jenen Strahl projiziert werden, so bilden diese Strahlenpaare die von ABC um P erzeugte Involution $(P)^2$. Ermittelt man nun zu jedem Strahlenpaare von $(P)^2$ dasjenige Strahlenquadrupel von P, dessen Pole von P aus durch jenes Strahlenpaar projiziert werden, so bilden diese Strahlenquadrupel ein System von ∞^1 Quadrupel um P, welches System wir mit $(P)^4$ bezeichnen wollen. Ermittelt man ferner zu jedem Quadrupel von $(P)^4$ diejenige Gruppe von acht Strahlen von P, deren Pole von P aus durch jenes Quadrupel projiziert werden, so bilden diese Gruppen ein System von ∞^1 Gruppen von je acht Strahlen um P, welches System wir mit $(P)^8$ bezeichnen. Indem dieser Prozeß n Mal wiederholt wird, gelangt man zu einem Systeme von ∞^1 Gruppen von je 2^n Strahlen um P, welches System wir mit $(P)^{2^n}$ bezeichnen.

Hiernach führt jeder Strahl von P durch n-malige Wiederholung des angegebenen Prozesses zu einer einzigen Gruppe im Systeme $(P)^{2^n}$; jenen Strahl wollen wir den Repräsentanten dieser Gruppe nennen. Ebenso führt jede Gruppe im Systeme $(P)^{2^k}$ ($k < n$) durch ($n-k$)-malige Wiederholung desselben Prozesses auf jeden ihrer Strahlen zu einer einzigen Gruppe im Systeme $(P)^{2^n}$; die erstere Gruppe nennen wir die Repräsentationsgruppe in $(P)^{2^k}$ von der letztern in $(P)^{2^n}$. Eine Gruppe in $(P)^{2^n}$ nebst allen ihren Repräsentationsgruppen in $(P)^{2^{n-1}}$, $(P)^{2^{n-2}}$ bis $(P)^{2^{n-k}}$ haben eine und dieselbe Repräsentationsgruppe in $(P)^{2^{n-l}}$, wo $k < l \leq n$ (ist $l = n$, so ist $(P)^{2^{n-l}} = (P)^{2^0}$ der einfache Büschel um P und eine Gruppe in $(P)^1$ reduziert sich auf einen einzigen Strahl, und die Repräsentationsgruppe in $(P)^1$ einer Gruppe von $(P)^{2^n}$ ist also der Repräsentant der letzteren Gruppe).

Weil jede Gruppe im Systeme $(P)^{2^n}$ auch dadurch entstanden gedacht werden kann, daß man, anstatt von ihrem Repräsentanten auszugehen und den angegebenen Prozeß n Mal zu wiederholen, von den 2^k ($k < n$) ihre Repräsentationsgruppe in $(P)^{2^k}$ bildenden Strahlen ausgeht und den angegebenen Prozeß nur $n-k$ Mal wiederholt, so muß eine Gruppe von $(P)^{2^n}$ 2^k Gruppen des Systems

$(P)^{2^{n-k}}$ enthalten, also: 2^n Strahlen von P, 2^{n-1} Strahlenpaare von $(P)^2$, 2^{n-2} Strahlenquadrupel von $(P)^4$ usw.

Die Repräsentationsgruppe in $(P)^{2^k}$ einer Gruppe von $(P)^{2^n}$ besteht demnach aus den Repräsentanten der 2^k in der letzteren Gruppe enthaltenen Gruppen von $(P)^{2^{n-k}}$.

Um zu einer Gruppe von $(P)^{2^n}$ ihren Repräsentanten aufzufinden, haben wir P mit dem Pole irgendeines Strahles der Gruppe durch eine Gerade zu verbinden, darauf mit dem Pole dieser Verbindungsgeraden durch eine zweite Gerade, sodann mit dem Pole der zweiten Verbindungsgeraden durch eine dritte und wiederholen diese Operation n Mal; die n-te hierdurch erhaltene Verbindungsgerade ist der gesuchte Repräsentant. Es ist also durch einen Strahl die ganze Gruppe, der er angehört, im Systeme $(P)^{2^n}$ eindeutig bestimmt; wir ermitteln nämlich zuerst den Repräsentanten der Gruppe, sodann, von diesem Repräsentanten ausgehend, die ganze Gruppe.

Jeder Strahl von P gehört also einer einzigen Gruppe im Systeme $(P)^{2^n}$ an.

Duales gilt für jede durch keine Ecke von ABC gehende Gerade.

20. Ermittelt man ebenso zu jedem Tripel in der von ABC um P erzeugten Strahleninvolution $(P)^3$ diejenige Gruppe von sechs Strahlen von P, deren Pole von P aus durch jenes Tripel projiziert werden, so bilden diese Gruppen ein System $(P)^6$ von ∞^1 Gruppen von je sechs Strahlen; jede Gruppe dieses Systems besteht aus drei ebenso wie $p_A p'_A$, $p_B p'_B$, $p_C p'_C$ harmonisch beschaffenen Paaren von $(P)^2$ und zugleich aus zwei zueinander harmonischen Tripeln von $(P)^3$ (nach Satz 10 in Nr. 17). Ermittelt man nun zu jeder der Gruppen von $(P)^6$ diejenige Gruppe von zwölf Strahlen von P, deren Pole von P aus durch die erstere Gruppe projiziert werden, so bilden die letzteren Gruppen ein System $(P)^{12}$ von ∞^1 Gruppen von je zwölf Strahlen. Durch n-malige Wiederholung dieses Prozesses gelangt man zu einem Systeme $(P)^{2^n \cdot 3}$ von ∞^1 Gruppen von je $2^n \cdot 3$ Strahlen; jede Gruppe dieses Systems enthält $2^{n-1} \cdot 3$ Strahlenpaare von $(P)^2$, 2^n Tripel von $(P)^3$ und überhaupt $2^k \cdot 3$ und 2^k Gruppen von $(P)^{2^{n-k}}$ bzw. $(P)^{2^{n-k} \cdot 3}$, wo $0 \leq k \leq n$. Jedes Tripel von $(P)^3$ führt zu einer einzigen Gruppe in $(P)^{2^n \cdot 3}$; jenes Tripel nennen wir das Repräsentationstripel dieser Gruppe.

Weil jede Gruppe in $(P)^{2^n \cdot 3}$ aus denjenigen drei Gruppen von $(P)^{2^n}$ besteht, deren Repräsentanten das Repräsentationstripel der ersteren Gruppe bilden, so wird das Repräsentationstripel einer Gruppe von $(P)^{2^n \cdot 3}$, wenn auch nur ein Strahl dieser Gruppe gegeben ist, dadurch bestimmt, daß man den Repräsentanten derjenigen Gruppe von $(P)^{2^n}$, der der gegebene Strahl angehört, aufsucht, sodann das diesen Repräsentanten enthaltende Tripel in $(P)^3$ bestimmt; dieses letztere wird das gesuchte Repräsentationstripel sein. Es gehört also **jeder Strahl von P einer einzigen Gruppe in $(P)^{2^n \cdot 3}$ an.**

Duales gilt für jede durch keine Ecke von ABC gehende Gerade.

21. Ich behaupte nun:

Die auf diese Weise entstehenden Systeme $(P)^{2^n}$ und $(P)^{2^n \cdot 3}$ sind (für jeden positiven ganzen Wert von n) **zyklische Projektivitäten (2^n)- bzw. $(2^n \cdot 3)$-ten Grades erster Art;** die Gruppen in jenen bilden die Zyklen in diesen. Die Koinzidenzstrahlen dieser Projektivitäten sind die (konjugiertimaginären) Doppelstrahlen von $(P)^2$.

Die Richtigkeit dieser Behauptung kann durch den Schluß von n auf $n+1$ bewiesen werden.

Denn ist irgendeine zyklisch-projektive Gruppe k-ten Grades gegeben:
$$A_1 A_2 A_3 \ldots A_k \;\overline{\wedge}\; A_2 A_3 A_4 \ldots A_1,$$
so bilden bekanntlich[1]) die aus diesen k Elementen zusammengesetzten Paare, deren Zeigersumme zu einer und derselben Zahl kongruent ist (mod. k), eine Involution, in der die Koinzidenzelemente der zyklischen Projektivität ein Paar bilden. Und bilden, umgekehrt, die aus den k Elementen $A_1, A_2, A_3, \ldots A_k$ zusammengesetzten Paare, deren Zeigersumme etwa $\equiv 1$ (mod. k) ist, eine Involution:
$$A_1 A_k,\; A_2 A_{k-1},\; A_3 A_{k-2}, \ldots$$
und die Paare, deren Zeigersumme $\equiv 2$ (mod. k) ist, eine zweite Involution:
$$A_1 A_1,\; A_2 A_k,\; A_3 A_{k-1},\; A_4 A_{k-2}, \ldots,$$
so muß wegen der ersten Involution:
$$A_1 A_2 A_3 \ldots A_k \;\overline{\wedge}\; A_k A_{k-1} A_{k-2} \ldots A_1$$
und wegen der zweiten:
$$A_k A_{k-1} A_{k-2} \ldots A_1 \;\overline{\wedge}\; A_2 A_3 A_4 \ldots A_1$$
sein, folglich: $A_1 A_2 A_3 \ldots A_k \;\overline{\wedge}\; A_2 A_3 A_4 \ldots A_1,$

---

[1]) Vgl. Sturm, Geometrische Verwandschaften I, Nr. 139.

also bilden dann die k Elemente eine zyklisch-projektive Gruppe und das gemeinsame Paar jener beiden Involutionen liefert die Koinzidenzelemente dieser Projektivität.

Ferner ist charakteristisch für eine zyklisch-projektive Gruppe k-ten Grades erster Art:

$$A_1 A_2 A_3 \ldots A_k \,\overline{\wedge}\, A_2 A_3 A_4 \ldots A_1,$$

wo also das Gebilde von einem Zyklus nur einmal durchlaufen wird, daß die Elemente A_1, A_2, A_3, ... A_k in der natürlichen Anordnung in einem der beiden Sinne im Gebilde aufeinander

Fig. 2.

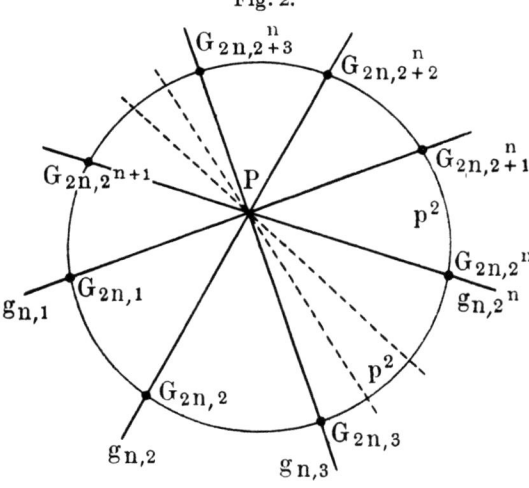

folgen, so daß zwischen zwei aufeinanderfolgenden Elementen des Zyklus kein anderes Element desselben Zyklus liegt.

Ist nun unsere Behauptung für einen bestimmten Wert von n richtig, bilden also für diesen Wert von n die 2^n Strahlen einer Gruppe von $(P)^{2^n}$ eine zyklisch-projektive Gruppe (2^n)-ten Grades erster Art:

$$\Pi)\ g_{n,1}\, g_{n,2}\, g_{n,3} \ldots g_{n,2^n} \,\overline{\wedge}\, g_{n,2}\, g_{n,3}\, g_{n,4} \ldots g_{n,1},$$

wo $g_{n,1}\, g_{n,2}\, g_{n,3} \ldots g_{n,2^n}$ in der natürlichen Anordnung in einem der beiden Sinne im Büschel um P aufeinander folgen und wo die Koinzidenzstrahlen von Π die Doppelstrahlen von $(P)^2$ sind, und schneiden (Fig. 2)

$$g_{n,1},\ g_{n,2},\ g_{n,3},\ \ldots g_{n,2^n}$$

den Polarkegelschnitt p^2 von P der Reihe nach in den Punktepaaren

$$G_{2n,1} G_{2n,2^n+1}, G_{2n,2} G_{2n,2^n+2}, G_{2n,3} G_{2n,2^n+3}, \ldots G_{2n,2^n} G_{2n,2^n+1},$$

wo die auf der einen Seite des Strahles $g_{n,1}$, und zwar auf derjenigen, wo $g_{n,2}$ gleich auf dem Halbstrahl $P G_{2n,1}$ (mit $G_{2n,1}$ soll beliebig einer der beiden Schnittpunkte von $g_{n,1}$ mit p^2 bezeichnet werden) folgt, liegenden Schnittpunkte mit $G_{2n,2}$, $G_{2n,3}, \ldots G_{2n,2^n}$ bezeichnet sind und die auf der zweiten Seite mit $G_{2n,2^n+2}$, $G_{2n,2^n+3}, \ldots G_{2n,2^n+1}$, so folgen, weil P innerhalb seines Polarkegelschnitts p^2 liegt (Nr. 2),

$$G_{2n,1} G_{2n,2} G_{2n,3} \ldots G_{2n,2^n} G_{2n,2^n+1} G_{2n,2^n+2} G_{2n,2^n+3} \ldots G_{2n,2^n+1}$$

in der natürlichen Anordnung in einem der beiden Sinne in p^2 aufeinander.

Nunmehr bilden die Strahlenpaare

$$g_{n,1} g_{n,2^n}, g_{n,2} g_{n,2^n-1}, g_{n,3} g_{n,2^n-2}, \ldots,$$

deren Zeigersumme $\equiv 1$ (mod. 2^n) ist, eine Involution (I_1), in der die Koinzidenzstrahlen von Π — die, nach der für n geltenden Behauptung, die (konjugiert-imaginären) Doppelstrahlen von $(P)^2$ sind — ein Paar bilden; mithin müssen die (reellen) Doppelstrahlen von (I_1) ein Paar in $(P)^2$ bilden und also in bezug auf p^2 einander konjugiert sein (nach Nr. 2). Der Schnittpunkt des einen Doppelstrahles von (I_1) mit der Polare p von P (auch in bezug auf p^2) muß somit der Pol des zweiten Doppelstrahles in bezug auf p^2 sein. Folglich muß p^2 von der Geraden l, welche $G_{2n,1}$ mit dem Pole des innerhalb des Winkels $G_{2n,1} P G_{2n,2^n+1}$ liegenden Doppelstrahles von (I_1) in bezug auf p^2 verbindet, also mit dem Schnittpunkte von p mit dem innerhalb des Winkels $G_{2n,1} P G_{2n,2^n}$ liegenden Doppelstrahle von (I_1), zum zweitenmal in einem solchen Punkte geschnitten werden, welcher von $G_{2n,1}$ durch die beiden Doppelstrahlen von (I_1) harmonisch getrennt ist und also auf dem zu $g_{n,1}$ in (I_1) zugepaarten $g_{n,2^n}$ liegt; und zwar muß dieser zweite Schnittpunkt von p^2 mit l der Punkt $G_{2n,2^n+1}$ (nicht $G_{2n,2^n}$) sein, wie man leicht aus dem p^2 eingeschriebenen vollständigen Vierecke $G_{2n,1} G_{2n,2^n} G_{2n,2^n+1} G_{2n,2^n+1}$ mit Hilfe einer bekannten Eigenschaft solcher Vierecke entnehmen kann. Ebenso wie die Gerade l müssen aber alle die Geraden, welche je eins der Punktpaare:

1) $G_{2n,1} G_{2n,2^n+1}, G_{2n,2} G_{2n,2^n+1-1}, G_{2n,3} G_{2n,2^n+1-2}, \ldots$
$$G_{2n,2^n} G_{2n,2^n+1}$$

verbinden, durch den Schnittpunkt von p mit dem innerhalb $\triangle G_{2n,1} P G_{2n,2^n}$ (und somit auch innerhalb $\triangle G_{2n,2} P G_{2n,2^n-1}$, $G_{2n,3} P G_{2n,2^n-2}$ usw.) liegenden Doppelstrahle von (I_1) gehen. Es bilden demnach die Punktepaare in 1), deren Zeigersumme $\equiv 1 \pmod{2^{n+1}}$ ist, eine Involution auf p^2, deren Zentrum auf p liegt und in welcher Involution folglich die (konjugiert-imaginären) Schnittpunkte von p mit p^2, also die Doppelpunkte der von ABC auf p erzeugten Involution $(p)^2$ (Nr. 2) ein Paar bilden.

Weil aber auch die Strahlenpaare

$$g_{n,1}\, g_{n,1},\ g_{n,2}\, g_{n,2^n},\ g_{n,3}\, g_{n,2^n-1},\ \ldots,$$

deren Zeigersumme $\equiv 2 \pmod{2^n}$ ist, eine zweite auf $(P)^2$ sich stützende Involution (I_4) bilden, so kann man in analoger Weise zeigen, daß auch die Punktepaare

2) $G_{2n,1}\, G_{2n,1},\ G_{2n,2}\, G_{2n,2^n+1},\ G_{2n,3}\, G_{2n,2^n+1-1}, \ldots$
$G_{2n,2^n+1}\, G_{2n,2^n+1}$,

deren Zeigersumme $\equiv 2 \pmod{2^{n+1}}$ ist, eine Involution auf p^2 bilden, von welcher die Doppelpunkte von $(p)^2$ ebenfalls ein Paar sind.

Mithin müssen die 2^{n+1} Schnittpunkte von $g_{n,1}, g_{n,2}, g_{n,3}, \ldots g_{n,2^n}$ mit p^2, von welchen Schnittpunkten die Paare, deren Zeigersumme $\equiv 1 \pmod{2^{n+1}}$ ist, in der Punktinvolution 1) und die Paare, deren Zeigersumme $\equiv 2 \pmod{2^{n+1}}$ ist, in der Punktinvolution 2) sind, eine zyklisch-projektive Gruppe auf p^2 bilden:

$\pi')\ G_{2n,1}\ G_{2n,2}\ G_{2n,3}\ \ldots\ G_{2n,2^n}\ G_{2n,2^n+1}\ \ldots\ G_{2n,2^n+1}$
$\barwedge\ G_{2n,2}\ G_{2n,3}\ G_{2n,4}\ \ldots\ G_{2n,2^n+1}\ G_{2n,2^n+2}\ \ldots\ G_{2n,1}$

und zwar erster Art, da diese Schnittpunkte in der natürlichen Anordnung in p^2 aufeinander folgen; und die Koinzidenzpunkte dieser Projektivität π' bestehen aus dem gemeinsamen Paare jener beiden Punktinvolutionen 1) und 2), also aus den Doppelpunkten von $(p)^2$.

Weil nun der Büschel der Polaren um P zu der Punktreihe der Pole auf p^2 projektiv ist und die Polaren der auf p^2 liegenden (konjugiert-imaginären) Doppelpunkte von $(p)^2$ die (konjugiert-imaginären) Doppelstrahlen von $(P)^2$ sind (nach Nr. 3, 7 u. 8), so müssen auch die 2^{n+1} durch P gehenden Strahlen, deren Pole die auf p^2 liegenden Punkte $G_{2n,1}, G_{2n,2}, \ldots G_{2n,2^n+1}$ sind, deren Pole also von P aus durch die Gruppe $g_{n,1}\, g_{n,2} \ldots g_{n,2^n}$ von $(P)^{2^n}$

projiziert werden, und welche 2^{n+1} Strahlen mithin eine Gruppe in $(P)^{2^{n+1}}$ bilden, eine zyklisch-projektive Gruppe (2^{n+1})-ten Grades erster Art bilden:

Π') $\quad g_{2n,1} \, g_{2n,2} \, g_{2n,3} \cdots g_{2n,2^n+1} \,\overline{\wedge}\, g_{2n,2} \, g_{2n,3} \, g_{2n,4} \cdots g_{2n,1}$,

und die Koinzidenzstrahlen dieser Projektivität Π' müssen, weil sie die Polaren der Koinzidenzpunkte von π', also die Polaren der Doppelpunkte von $(p)^2$ sind, die Doppelstrahlen von $(P)^2$ sein.

Es gilt somit unsere Behauptung auch für $(P)^{2^{n+1}}$, wenn sie für $(P)^{2^n}$ gilt. In derselben Weise kann man zeigen, daß die Behauptung auch für $(P)^{2^{n+1} \cdot 3}$ richtig bleibt, wenn sie für $(P)^{2^n \cdot 3}$ richtig ist; sie muß also allgemein gelten, weil sie für $(P)^2$ und $(P)^3$ gilt, wo $n=1$ bzw. $n=0$ ist und die Systeme $(P)^2$ und $(P)^3$ mit den von ABC um P erzeugten Involutionen zweiten und dritten Grades identisch sind (nach Nr. 19 und 20).

22. Weil die Zyklen einer zyklischen Projektivität k-ten Grades eine Involution desselben Grades bilden, wobei die Koinzidenzelemente der Projektivität die beiden k-fachen Elemente der Involution sind, so bilden die Gruppen von $(P)^{2^n}$ und $(P)^{2^n \cdot 3}$ Involutionen (2^n)- bzw. $(2^n \cdot 3)$-ten Grades, welche wir ebenso wie $(P)^2$ und $(P)^3$ die vom Dreieck ABC um P erzeugten Involutionen $(P)^{2^n}$ und $(P)^{2^n \cdot 3}$ nennen wollen und deren (2^n)- bzw. $(2^n \cdot 3)$-fache Strahlen die Doppelstrahlen von $(P)^2$ sind.

Fassen wir nun die Resultate der letzten drei Nummern zusammen, so haben wir:

Satz 12. Es wird in der oben angegebenen Weise vom Dreieck ABC

| um jeden auf keiner Seite dieses Dreiecks liegenden Punkt P eine Strahleninvolution | auf jeder durch keine Ecke dieses Dreiecks gehenden Geraden p eine Punktinvolution |

(2^n)-ten und eine $(2^n \cdot 3)$-ten Grades (für jeden positiven ganzzahligen Wert von n)

| $(P)^{2^n}$ und $(P)^{2^n \cdot 3}$ erzeugt; in diesen Involutionen ist jeder der beiden Doppelstrahlen von $(P)^2$ ein (2^n)- bzw. $(2^n \cdot 3)$-facher Strahl. | $(p)^{2^n}$ und $(p)^{2^n \cdot 3}$ erzeugt; in diesen Involutionen ist jeder der beiden Doppelpunkte von $(p)^2$ ein (2^n)- bzw. $(2^n \cdot 3)$-facher Punkt. |

Jede dieser Involutionen wird von den Zyklen einer zyklischen Projektivität (2^n)- bzw. $(2^n.3)$-ten Grades erster Art gebildet. Jede Gruppe in der Involution

$(P)^{2^n}$ bzw. $(P)^{2^n.3}$ $\quad\mid\quad$ $(p)^{2^n}$ bzw. $(p)^{2^n.3}$

enthält 2^k bzw. 2^k und $2^k.3$ Gruppen ($0 \leq k \leq n$) der Involution

$(P)^{2^{n-k}}$ bzw. $(P)^{2^{n-k}.3}$ $\quad\mid\quad$ $(p)^{2^{n-k}}$ bzw. $(p)^{2^{n-k}.3}$
und $(P)^{2^{n-k}}$; $\quad\mid\quad$ und $(p)^{2^{n-k}}$;

und zwar bilden je 2^{n-k} bzw. $2^{n-k}.3$ und 2^{n-k} Elemente der erstern Gruppe, deren Zeiger zu einer und derselben Zahl kongruent sind (mod. 2^k bzw. mod. 2^k und mod. $2^k.3$) wenn die Ordnung der Elementenzeiger mit der natürlichen Anordnung in einem der beiden Sinne im Gebilde übereinstimmt, eine der letztern Gruppen.

Charakteristisch für die Involutionen

$(P)^{2^n}$ und $(P)^{2^n.3}$ ist, daß die Pole einer jeden ihrer Strahlengruppen von P aus durch eine Strahlengruppe von $(P)^{2^{n-1}}$ bzw. $(P)^{2^{n-1}.3}$ projiziert werden,

$(p)^{2^n}$ und $(p)^{2^n.3}$ ist, daß die Polaren einer jeden ihrer Punktgruppen von p in einer Punktgruppe von $(p)^{2^{n-1}}$ bzw. $(p)^{2^{n-1}.3}$ geschnitten werden,

welche letztere Gruppe die Repräsentationsgruppe

in $(P)^{2^{n-1}}$ bzw. $(P)^{2^{n-1}.3}$ $\quad\mid\quad$ in $(p)^{2^{n-1}}$ bzw. $(p)^{2^{n-1}.3}$

der erstern ist.

Daß diejenigen 2^{n-k} Elemente, deren Zeiger zu einer und derselben Zahl kongruent sind (mod. 2^k), eine Gruppe bilden, ergibt sich aus der Bemerkung, daß zwischen zwei aufeinanderfolgenden Elementen einer zyklisch-projektiven Gruppe erster Art, also zwischen zwei in der natürlichen Anordnung im Gebilde aufeinanderfolgenden Elementen der Gruppe, nur ein Element aus jeder andern Gruppe derselben zyklischen Projektivität liegt.

Anmerkung. In den Involutionen $(P)^4$ und $(p)^4$ bestehen die Quadrupel aus je zwei durcheinander harmonisch getrennten Paaren von $(P)^2$ bzw. $(p)^2$; dies folgt auch daraus, daß die Pole eines Quadrupels von $(P)^4$, welche Pole auf p^2 liegen und von P aus durch ein Strahlenpaar in $(P)^2$, also (Nr. 2) durch zwei in bezug auf p^2 konjugierte Gerade projiziert werden, vier harmonische Punkte auf p^2 sein müssen. In den Involutionen $(P)^6$ und $(p)^6$ bestehen die Gruppen aus je drei, ebenso wie $p_A\,p'_A$, $p_B\,p'_B$, $p_C\,p'_C$, harmonisch beschaffenen Paaren von $(P)^2$ bzw. $(p)^2$ und zugleich aus zwei zueinander harmonischen Tripeln von $(P)^3$ bzw. $(p)^3$ (Nr. 20). Die Involutionen $(p)^{2^n}$ und $(p)^{2^n \cdot 3}$, die von den Zyklen solcher zyklischer Projektivitäten gebildet werden, deren Koinzidenzpunkte die Doppelpunkte von $(p)^2$ sind, werden aus denjenigen Punkten, aus denen $(p)^2$ durch je eine rechtwinklige Strahleninvolution projiziert wird, durch je eine Involution der regelmäßigen (2^n)- bzw. $(2^n.3)$-Strahlen projiziert. Dasselbe gilt auch dann, wenn an Stelle von $(p)^{2^n}$, $(p)^{2^n \cdot 3}$ und $(p)^2$ die Projektionen von $(P)^{2^n}$, $(P)^{2^n \cdot 3}$ und $(P)^2$ auf irgendeine Gerade treten. Dies bietet ein zweites (s. o. Nr. 19) Mittel dar, um die sämtlichen Elemente einer Gruppe von $(P)^{2^n}$, $(P)^{2^n \cdot 3}$, $(p)^{2^n}$, $(p)^{2^n \cdot 3}$ aufzufinden, wenn auch nur ein Element derselben Gruppe gegeben ist. Zugleich erkennt man hierdurch, daß, wenn die beiden von ABC um einen Punkt und auf einer Geraden erzeugten Involutionen zweiten Grades perspektiv sind, dann auch die beiden von ABC um denselben Punkt und auf derselben Geraden erzeugten Involutionen 2^n)-ten bzw. $(2^n.3)$-ten Grades perspektiv sind. Der Satz 3 (Nr. 10) (geht somit über in

Satz 13. Die vom Dreieck ABC

um einen Punkt P erzeugten Strahleninvolutionen $(P)^{2^n}$ und $(P)^{2^n \cdot 3}$ sind außer zu den von ABC auf der Polare p von P erzeugten Punktinvolutionen $(p)^{2^n}$ bzw. $(p)^{2^n \cdot 3}$ nur noch zu den von ABC auf den sämtlichen Tangenten q des Polarkegelschnitts P^2 von p erzeugten Punktinvolutionen $(q)^{2^n}$ bzw. $(q)^{2^n \cdot 3}$ perspektiv.

auf einer Geraden p erzeugten Punktinvolutionen $(p)^{2^n}$ und $(p)^{2^n \cdot 3}$ sind außer zu den von ABC um den Pol P von p erzeugten Strahleninvolutionen $(P)^{2^n}$ bzw. $(P)^{2^n \cdot 3}$ nur noch zu den von ABC um die sämtlichen Punkte G des Polarkegelschnitts p^2 von P erzeugten Strahleninvolutionen $(G)^{2^n}$ bzw. $(G)^{2^n \cdot 3}$ perspektiv.

23. Doch zeichnen sich Pol und Polare und diejenigen drei Tangenten des Polarkegelschnitts der Polare, welche die vierten harmonischen zu je einer der Seiten a, b, c von ABC (welche Seiten zugleich Tangenten desselben Polarkegelschnitts sind) in

bezug auf die beiden andern Seiten sind, und diejenigen drei Punkte des Polarkegelschnitts des Pols, welche die vierten harmonischen zu je einer der Ecken von ABC (welche Ecken zugleich auf diesem Polarkegelschnitt liegen) in bezug auf die beiden andern Ecken sind, von allen übrigen Tangenten des erstern Polarkegelschnitts bzw. von allen übrigen Punkten des letztern Polarkegelschnitts im Folgenden aus (siehe weiter unten Nr. 27); es gilt nämlich der

Satz 14. Der Strahlenbüschel um P, welcher von den Repräsentanten der Strahlengruppen in $(P)^{2^n}$ (wo n jeden positiven ganzen Wert annehmen darf) gebildet wird, und diejenige Punktreihe auf der Polare p von P, welche von den Repräsentanten der Punktgruppen in $(p)^{2^n}$ gebildet wird, liegen zueinander involutorisch, wenn in diesen beiden Gebilden solche Elemente einander zugewiesen werden, die Repräsentanten inzidenter Gruppen in $(P)^{2^n}$ und $(p)^{2^n}$ sind; und zwar werden die hierdurch um P und auf p entstehenden Involutionen mit $(P)^2$ und $(p)^2$ identisch sein. Das Nämliche gilt von

demselben Strahlenbüschel um P und einer derjenigen Punktreihen auf den drei Tangenten p'_a, p'_b, p'_c des Polarkegelschnitts P^2 von p, welche von den Repräsentanten der Punktgruppen in den von ABC erzeugten, zu $(P)^{2^n}$ perspektiven Punktinvolutionen $(p'_a)^{2^n}$, $(p'_b)^{2^n}$, $(p'_c)^{2^n}$ gebildet werden, wo p'_a, p'_b, p'_c an P^2 die vierten harmonischen Tangenten zu je einer der Dreieckseiten a, b, c in bezug auf die beiden andern Seiten sind.

Es ist also der Repräsentant einer Strahlengruppe in $(P)^{2^n}$ von dem

derselben Punktreihe auf p und einem derjenigen Strahlenbüschel um die drei Punkte P'_A, P'_B, P'_C des Polarkegelschnitts p^2 von P, welche von den Repräsentanten der Strahlengruppen in den von ABC erzeugten, zu $(p)^{2^n}$ perspektiven Straheninvolutionen $(P'_A)^{2^n}$, $(P'_B)^{2^n}$, $(P'_C)^{2^n}$ gebildet werden, wo P'_A, P'_B, P'_C in p^2 die vierten harmonischen Punkte zu je einer der Ecken A, B, C in bezug auf die beiden andern Ecken sind.

Es ist also der Repräsentant einer Punktgruppe in $(p)^{2^n}$ von dem

Repräsentanten der mit jener Strahlengruppe inzidenten Punktgruppe in bzw. $(p)^{2^n}$, $(p'_a)^{2^n}$, $(p'_b)^{2^n}$, $(p'_c)^{2^n}$ durch die Doppelelemente von $(P)^2$ und ebenso durch die von bzw. $(p)^2$, $(p'_a)^2$, $(p'_b)^2$, $(p'_c)^2$ harmonisch getrennt.

Ferner ist das Repräsentationstripel einer Strahlengruppe in $(P)^{2^n \cdot 3}$ zu dem Repräsentationstripel der mit jener Strahlengruppe inzidenten Punktgruppe in bzw. $(p)^{2^n \cdot 3}$, $(p'_a)^{2^n \cdot 3}$, $(p'_b)^{2^n \cdot 3}$, $(p'_c)^{2^n \cdot 3}$ harmonisch.

Repräsentanten der mit jener Punktgruppe inzidenten Strahlengruppe in bzw. $(P)^{2^n}$, $(P'_A)^{2^n}$, $(P'_B)^{2^n}$, $(P'_C)^{2^n}$ durch die Doppelelemente von $(p)^2$ und ebenso durch die von bzw. $(P)^2$, $(P'_A)^2$, $(P'_B)^2$, $(P'_C)^2$ harmonisch getrennt.

Ferner ist das Repräsentationstripel einer Punktgruppe in $(p)^{2^n \cdot 3}$ zu dem Repräsentationstripel der mit jener Punktgruppe inzidenten Strahlengruppe in bzw. $(P)^{2^n \cdot 3}$, $(P'_A)^{2^n \cdot 3}$, $(P'_B)^{2^n \cdot 2}$, $(P'_C)^{2^n \cdot 3}$ harmonisch.

Beweis. Wie mit Hilfe des Satzes 2 (Nr. 8) leicht einzusehen ist, muß der Strahlenbüschel der Repräsentanten der Paare in $(P)^2$ zu der Punktreihe der Repräsentanten der Paare in $(p)^2$ projektiv sein mit solchen Elementen als entsprechenden, welche Repräsentanten inzidenter Paare in $(P)^2$ und $(p)^2$ sind. In dieser Projektivität entsprechen nun den drei durch P gehenden Ecktransversalen von ABC, nämlich: p_A, p_B und p_C, welche die Repräsentanten der Strahlenpaare $p_A p'_A$, $p_B p'_B$, $p_C p'_C$ von $(P)^2$ sind (nach Nr. 7), die drei Schnittpunkte der Seiten von ABC mit p, nämlich: P_a, P_b und P_c, welche die Repräsentanten der Punktepaare $P'_a P_a$, $P'_b P_b$ und $P'_c P_c$ von $(p)^2$ sind; da diese drei Punktepaare mit jenen drei Strahlenpaaren inzident sind (Nr. 5). Die drei Ecktransversalen p_A, p_B, p_C gehen aber durch die drei zu P_a, P_b, P_c in der Involution $(p)^2$ zugepaarten Punkte P'_a, P'_b, P'_c; mithin muß dies durchweg geschehen und jeder Strahl von P geht durch denjenigen Punkt von p, welcher zu dem demselben Strahle von P in der Projektivität entsprechenden Punkte zugepaart ist in $(p)^2$. Damit ist der vorstehende Satz für $(P)^2$ und $(p)^2$ ($n = 1$) bewiesen.

Nach dem soeben Bewiesenen muß nun der die Pole eines Strahlenpaares in $(P)^2$ von P aus projizierende Strahl (der der

Repräsentant jenes Strahlenpaares ist) von demjenigen Punkte, in dem die Polaren des mit jenem Strahlenpaare inzidenten Punktepaares in $(p)^2$ sich schneiden (welcher Punkt also der Repräsentant dieses Punktepaares ist), durch die Doppelelemente von $(P)^2$ und $(p)^2$ harmonisch getrennt sein. Mithin inzidiert das die Pole eines Strahlenquadrupels in $(P)^4$ von P aus projizierende Strahlenpaar in $(P)^2$ mit demjenigen Punktepaar in $(p)^2$, in welchem die Polaren des mit jenem Strahlenquadrupel inzidenten Punktquadrupels der zu $(P)^4$ perspektiven $(p)^4$ sich schneiden. Nun enthält aber jede Strahlengruppe in $(P)^{2^n}$ ($n \geq 2$) 2^{n-2} Strahlenquadrupel von $(P)^4$ und die mit ihr inzidente Punktgruppe in der zu $(P)^{2^n}$ perspektiven $(p)^{2^n}$ 2^{n-2} Punktquadrupel von $(p)^4$, von welchen Punktquadrupeln jedes mit einem der 2^{n-2} Strahlenquadrupel von $(P)^4$ inzident ist. Also muß die die Pole einer Strahlengruppe in $(P)^{2^n}$ von P aus projizierende Strahlengruppe in $(P)^{2^{n-1}}$ mit derjenigen Punktgruppe in $(p)^{2^{n-1}}$ inzidieren, in welcher die Polaren der mit der ersten Strahlengruppe inzidenten Punktgruppe von $(p)^{2^n}$ sich schneiden; oder mit andern Worten (nach Nr. 19): die Repräsentationsgruppen in $(P)^{2^{n-1}}$ und $(p)^{2^{n-1}}$ inzidenter Gruppen in $(P)^{2^n}$ und $(p)^{2^n}$ sind gleichfalls inzident. Mithin inzidieren auch die Repräsentationsgruppen in $(P)^{2^{n-2}}$ und $(p)^{2^{n-2}}$, in $(P)^{2^{n-3}}$ und $(p)^{2^{n-3}}$ usw. bis in $(P)^2$ und $(p)^2$, wenn die repräsentierten Gruppen in $(P)^{2^n}$ und $(p)^{2^n}$ inzidieren. Folglich muß der Repräsentant einer Strahlengruppe in $(P)^{2^1}$ von dem Repräsentanten der mit jener Strahlengruppe inzidenten Punktgruppe in $(p)^{2^n}$ durch die Doppelelemente von $(P)^2$ und $(p)^2$ harmonisch getrennt sein, da diese beiden Repräsentanten zugleich die Repräsentanten derjenigen inzidenten Paare in $(P)^2$ und $(p)^2$ sind, welche die Repräsentationspaare in $(P)^2$ und $(p)^2$ jener inzidenten Gruppen in $(P)^{2^n}$ und $(p)^{2^n}$ sind; damit ist der vorstehende Satz für $(P)^{2^n}$ und $(p)^{2^n}$, auch wenn $n > 1$ ist, bewiesen.

Weil nun eine Gruppe in $(P)^{2^n \cdot 3}$ aus drei Gruppen von $(P)^{2^n}$ besteht, und das Repräsentationstripel der erstern Gruppe aus den drei Repräsentanten der drei letztern besteht (Nr. 20), und dasselbe von einer Gruppe in der zu $(P)^{2^n \cdot 3}$ perspektiven $(p)^{2^n \cdot 3}$ gilt, so muß, nach dem eben Bewiesenen, das Repräsentationstripel einer Strahlengruppe in $(P)^{2^n \cdot 3}$ durch dasjenige Punkttripel in $(p)^3$ gehen, dessen Punkte den Punkten des Repräsentationstripels der mit jener Strahlengruppe inzidenten Punktgruppe von $(p)^{2^n \cdot 3}$ zugepaart sind in $(p)^2$ und welches Punkttripel also zu dem letztern Repräsentationstripel harmonisch ist (Nr. 4). Der vorstehende Satz ist also für P und p bewiesen.

In ganz analoger Weise kann man zeigen, daß dieser Satz auch für P und eine der drei Tangenten p'_a, p'_b, p'_c von P^2 und für p und einen der drei Punkte P'_A, P'_B, P'_C von p^2 gilt. Denn $(P)^{2^n}$ und $(P)^{2^n \cdot 3}$ sind etwa zu $(p'_a)^{2^n}$ und $(p'_a)^{2^n \cdot 3}$ perspektiv (Satz 13), und die Tangente p'_a, die am Polarkegelschnitt P^2 von p die vierte harmonische zu der Tangente a, der Polare von $P_a \equiv pa$, in bezug auf die Tangenten b und c, die Polaren von $P_b \equiv pb$ und $P_c \equiv pc$, ist, muß die Polare des auf der Ecktransversale $p_A \equiv PA$ liegenden Punktes P'_a von p (Nr. 5) sein, welcher Punkt P'_a der vierte harmonische zu P_a in bezug auf P_b und P_c ist. Es geht also die Ecktransversale $p_A \equiv P'_a A$ durch den in $(p'_a)^2$ zum Schnittpunkte $p'_a a$ zugepaarten Punkt (nach Nr. 5) und mithin gehen p_B und p_C durch die in $(p'_a)^2$ zu den Schnittpunkten $p'_a c$ und $p'_a b$ zugepaarten Punkte; da $p_A p_B p_C$ ein Tripel in $(P)^3$ und die in $(p'_a)^2$ zu $p'_a a$, $p'_a b$, $p'_a c$ zugepaarten Punkte ein mit $(p'_a a)(p'_a b)(p'_a c)$ gleichen Sinn habendes Tripel in der zu $(P)^3$ perspektiven $(p'_a)^3$ bilden (Nr. 4) und der durch ABC um P festgelegte Sinn zu dem auf p'_a festgelegten entgegengesetzt ist (Nr. 11).

Zweiter Abschnitt[1]).

Prozeſs der Repräsentantenbildung.

§ 5.

24. Wie wir oben (Nr. 19) sahen, werden in der von ABC in einem Gebilde erster Stufe, welches keine Ecke bzw. Seite von ABC enthält, erzeugten Involution (2^n)-ten Grades durch irgendein Element desselben Gebildes zwei Gruppen bestimmt, nämlich: eine, deren Repräsentant jenes Element ist, und eine zweite, der jenes Element angehört.

Nun wollen wir die Frage aufwerfen:

Gibt es im Gebilde erster Stufe Elemente, bei denen die je zwei durch sie in der Involution (2^n)-ten Grades bestimmten Gruppen zusammenfallen; oder mit anderen Worten: gibt es Elemente, welche den durch sie repräsentierten Gruppen der Involution (2^n)-ten Grades angehören?

Dieser Frage können wir noch eine andere Form geben. Zu diesem Zweck bemerken wir folgendes:

Indem wir den Repräsentanten einer Gruppe in einer Involution (2^n)-ten Grades als den Repräsentanten eines jeden der 2^n dieser Gruppe angehörenden Elemente ansehen, können wir von einem ersten, zweiten, dritten und überhaupt von einem n-ten Repräsentanten eines Elementes sprechen. Es hat nämlich in einem Gebilde erster Stufe, welches keine Ecke bzw. Seite von ABC enthält, jedes Element Q, als einem Paare in der von ABC im Gebilde erzeugten Involution zweiten Grades angehörig, einen ersten Repräsentanten $Q^{(1)}$, nämlich den Repräsentanten dieses Paares; dasselbe Element Q, als einem Quadrupel in der Involution vierten Grades angehörig, hat einen zweiten

---

[1]) In diesem Abschnitt kommen nur reelle Gebilde und Elemente in Betracht.

Repräsentanten $Q^{(2)}$, nämlich den Repräsentanten dieses Quadrupels, und ebenso, als einer Gruppe in der Involution achten Grades angehörig, einen dritten $Q^{(3)}$ und überhaupt, als einer Gruppe in der Involution (2^n)-ten Grades, einen n-ten Repräsentanten $Q^{(n)}$. Jedes Element hat also nur einen n-ten Repräsentanten (für jeden positiven ganzen Wert von n), dagegen werden von jedem Elemente, als n-ten Repräsentanten, 2^n Elemente, nämlich die 2^n Elemente einer Gruppe in der Involution (2^n)-ten Grades repräsentiert.

Um den ersten, zweiten usw. Repräsentanten eines Elementes zu ermitteln, haben wir, wenn das Element etwa ein Strahl von P ist, P mit dem Pole dieses Strahles durch eine Gerade zu verbinden, darauf mit dem Pole dieser Verbindungsgeraden durch eine zweite Gerade, sodann mit dem Pole der zweiten Verbindungsgeraden durch eine dritte usf.; die erste, zweite usw. Verbindungsgerade werden dann der erste, zweite usw. Repräsentant jenes Strahles von P sein (nach Nr. 19).

Der n-te Repräsentant eines Elementes ist also zugleich der erste, der zweite und überhaupt der k-te Repräsentant ($k < n$) des $(n-1)$-ten bzw. des $(n-2)$-ten bzw. des $(n-k)$-ten Repräsentanten desselben Elementes.

Die aufgeworfene Frage ist nun mit folgender gleichbedeutend:

Gibt es in einem Gebilde erster Stufe, welches **keine Ecke bzw. Seite von ABC** enthält, Elemente, die mit ihren n-ten Repräsentanten zusammenfallen?

25. Ohne die Allgemeinheit zu beeinträchtigen, können wir uns auf den Fall beschränken, wo das Gebilde ein Strahlenbüschel um den **auf keiner Seite von ABC liegenden Punkt P** ist.

Allererst erkennt man, daß jeder der drei durch P gehenden Ecktransversalen von ABC mit seinem n-ten Repräsentanten (**für jeden Wert von n**) zusammenfällt. Denn der Pol einer durch P gehenden Ecktransversalen ist die auf derselben liegende Ecke; es fällt also die P mit diesem Pole verbindende Gerade, der erste Repräsentant jener Ecktransversalen, und mithin auch der zweite, dritte usw. Repräsentant mit jener Ecktransversalen zusammen.

Ferner sieht man auch ein, daß außer den Ecktransversalen kein Strahl von P mit seinem ersten oder zweiten Repräsentanten zusammenfallen kann[1]). Denn kein durch keine Ecke von ABC gehender Strahl von P kann seinen Pol enthalten (Nr. 1) und somit mit seinem ersten Repräsentanten zusammenfallen. Sollte aber ein solcher Strahl mit seinem zweiten Repräsentanten zusammenfallen, so würde dann jeder der beiden Strahlen, nämlich der mit seinem zweiten Repräsentanten zusammenfallende Strahl und sein erster Repräsentant, den Pol des andern enthalten, was unmöglich ist; da die Polare eines Punktes ganz außerhalb des von den Polen der durch diesen Punkt gehenden Strahlen gebildeten Kegelschnitts, des Polarkegelschnitts dieses Punktes, liegt (Nr. 2).

Dual fällt jeder der drei Schnittpunkte einer Geraden mit den Seiten von ABC mit seinem n-ten Repräsentanten zusammen (für jeden Wert von n) und kein von diesen Schnittpunkten verschiedener Punkt der Geraden fällt mit seinem ersten oder zweiten Repräsentanten zusammen.

Es fragt sich also nur noch: ob es außer den Ecktransversalen noch Strahlen von P gibt, die mit ihren n-ten Repräsentanten zusammenfallen, wo $n \geqq 3$ ist.

26. Um nun die aufgeworfene Frage vollständig beantworten zu können, bedürfen wir des nächsten Satzes, welcher uns erlauben wird, den n-ten Repräsentanten eines Elementes direkt, ohne Vermittelung der früheren Repräsentanten anzugeben und welchem Satze wir folgendes voranschicken.

Es sei p irgendeine durch keine Ecke von ABC gehende Gerade, Q irgendein Punkt auf ihr, P_a ihr Schnittpunkt mit der Seite a von ABC und R einer der beiden Punkte, aus denen die von ABC auf p erzeugte Involution $(p)^2$ durch je eine rechtwinklige Strahleninvolution projiziert wird. Ferner sei P der Pol von p, g_i irgendein durch P gehender Strahl, p_A die P mit der Ecke A von ABC verbindende Ecktransversale und die Punkte Q_i und P'_a seien die Spuren von g_i und p_A auf p. Wir wollen dann den Winkel, durch welchen diejenige Strecke, deren Anfangs- und Endpunkt

---

[1]) Dies gilt aber nicht mehr von imaginären Strahlen von P; denn, wie nach Nr. 3 (S. 5), 7 (S. 12, 13), 2 (S. 2), 5 und 26 (S. 46) leicht einzusehen, ist jeder der beiden konjugiert-imaginären Doppelstrahlen von $(P)^2$ der erste Repräsentant des andern, und mithin fällt jeder dieser beiden Doppelstrahlen mit seinem zweiten Repräsentanten zusammen.

P_a und Q sind, von R aus projiziert wird, den **Ordinatenwinkel von Q** nennen; und zwar ist dieser Ordinatenwinkel (der immer vom Schenkel $P_a R$ aus gemessen werden soll) entweder der Winkel $P_a R Q$ selbst, oder sein Nebenwinkel (welcher letztere von $P_a R$ und der Verlängerung von $Q R$ gebildet wird und welcher also zu $P_a R Q$ entgegengesetzten Sinn hat), je nachdem wir uns denken, daß Q von P_a aus nach seiner jetzigen Lage auf der **endlichen** Strecke zwischen P_a und Q sich bewegt habe, oder im entgegengesetzten Sinne auf der **unendlichen**. Ingleichen wollen wir den Winkel, durch welchen diejenige Strecke, deren Anfangs- und Endpunkt P'_a und Q_i sind, von R aus projiziert wird, den Ordinatenwinkel von g_i nennen; und zwar ist dieser Ordinatenwinkel (der immer von $P'_a R$ aus gemessen werden soll) entweder der Winkel $P'_a R Q_i$ selbst, oder sein Nebenwinkel (welcher letztere von $P'_a R$ und der Verlängerung von $Q_i R$ gebildet wird und welcher also zu $P'_a R Q_i$ entgegengesetzten Sinn hat), je nachdem wir uns denken, daß g_i von p_A aus (und somit Q_i von P'_a aus) nach seiner jetzigen Lage in dem einen oder im entgegengesetzten Sinne sich bewegt habe. Denken wir aber uns, daß der Punkt Q von P_a aus, bzw. der Strahl g_i von p_A aus nach seiner jetzigen Lage erst dann gekommen sei, nachdem er die **ganze Gerade** p, bzw. den **ganzen Büschel** um P k-mal durchlaufen habe, so wird der Ordinatenwinkel von Q bzw. von g_i der Winkel $P_a R Q + k\pi$ bzw. $P'_a R Q_i + k\pi$ oder ihre Nebenwinkel $+ k\pi$, abhängig vom gedachten Sinne der Bewegung von Q bzw. von g_i, sein. Dabei soll einer der beiden Sinne auf p (bzw. im Büschel um P) und also der diesem entsprechende im Büschel um R als der positive und der andere als der negative gelten, und demnach werden wir zwischen positiven und negativen Ordinatenwinkeln unterscheiden.

Der Ordinatenwinkel (mit Vorzeichen versehen) eines Elementes gibt also nicht nur das Element selbst an, sondern auch den Weg, den dasselbe Element bei seiner Bewegung von P_a aus bzw. von p_A aus nach seiner jetzigen Lage zurückgelegt hat.

Es gilt nun der

Satz 15. *Der Ordinatenwinkel des n-ten Repräsentanten eines Elementes ist (absolut genommen) 2^n-mal größer als der Ordinatenwinkel des nämlichen Elementes; diese beiden Ordinatenwinkel haben gleichen oder entgegengesetzten Sinn,*

je nachdem n gerade oder ungerade ist. Ist also ω der Ordinatenwinkel des Elementes und $\omega^{(n)}$ der des n-ten Repräsentanten, so ist
$$\omega^{(n)} = (-2)^n \omega.$$

Beweis. Durchläuft ein Strahl g im Büschel um P ein Intervall, welches von zwei aufeinanderfolgenden Strahlen $g_{k,i}$ und $g_{k,i+1}$ einer Gruppe in $(P)^{2^k}$ begrenzt wird und welches Intervall mehr keinen Strahl derselben Gruppe enthält, stetig, so durchläuft der Pol G von g auf dem Polarkegelschnitt p^2 von P das Intervall, welches von den beiden Polen $G_{k,i}$ und $G_{k,i+1}$ von $g_{k,i}$ und $g_{k,i+1}$ begrenzt wird und welches mehr keinen Pol eines Strahles derselben Gruppe enthält, ebenfalls stetig; da die Punktreihe der Pole zu dem Büschel der Polaren projektiv ist (Nr. 2). Alsdann muß aber auch der G von dem innerhalb p^2 liegenden Punkte P aus projizierende Strahl, der erste Repräsentant $g^{(1)}$ von g, im Büschel um P dasjenige Intervall einmal stetig durchlaufen, welches von $g^{(1)}_{(k,i)}$ und $g^{(1)}_{(k,i+1)}$, den beiden ersten Repräsentanten der zwei aufeinanderfolgenden Strahlen $g_{k,i}$ und $g_{k,i+1}$ der Gruppe in $(P)^{2^k}$, begrenzt wird und mehr keinen ersten Repräsentanten eines Strahles derselben Gruppe von $(P)^{2^k}$ enthält, welches Intervall also von zwei Strahlen einer Gruppe in $(P)^{2^{k-1}}$ (nach Satz 12 in Nr. 22) begrenzt wird und mehr keinen Strahl dieser Gruppe in $(P)^{2^{k-1}}$ enthält; und zwar sind die dieses Intervall begrenzenden ersten Repräsentanten $g^{(1)}_{(k,i)}$ und $g^{(1)}_{(k,i+1)}$ zwei aufeinanderfolgende Strahlen der Gruppe in $(P)^{2^{k-1}}$, da sie ein außer ihnen mehr keinen Strahl derselben Gruppe in $(P)^{2^{k-1}}$ enthaltendes Intervall um P abgrenzen. (Ist $k = 1$, so reduziert sich eine Gruppe in $(P)^{2^{k-1}} = (P)^1$ auf einen einzigen Strahl von P, und das Intervall zwischen zwei aufeinanderfolgenden Strahlen einer Gruppe in $(P)^1$ macht den ganzen Büschel um P aus.) Nunmehr müssen aber die Bewegungen von g und $g^{(1)}$ einander entgegengesetzt sein. Denn, wenn g in einem und demselben Sinne um P sich dreht, muß $g^{(1)}$ (der den Pol G von g mit dem innerhalb des Polarkegelschnitts p^2 liegenden Punkte P verbindet) auch in einem und demselben Sinne um P sich drehen; der letztere Sinn muß also zum erstern immer entgegengesetzt sein, wie dies beim Durchgang durch eine Ecke von ABC der Fall ist, wo in diesem Moment g und $g^{(1)}$ zusammenfallen (Nr. 25) und alsbald, da die Polare g nicht in das ihren Pol G enthaltende Dreiecksgebiet eindringen kann (Nr. 1), in entgegengesetzten Richtungen auseinander gehen. Wenn also g i aufeinanderfolgende Intervalle, von denen jedes von zwei aufeinanderfolgenden Strahlen **einer und derselben** Gruppe in $(P)^{2^k}$ begrenzt wird und mehr keinen Strahl derselben Gruppe enthält, stetig durchlaufen wird, so wird $g^{(1)}$ i aufeinanderfolgende Intervalle, von denen jedes von zwei aufeinanderfolgenden Strahlen **einer und derselben** Gruppe in $(P)^{2^{k-1}}$ begrenzt wird und mehr keinen Strahl derselben Gruppe in $(P)^{2^{k-1}}$ enthält, im entgegengesetzten Sinne stetig durchlaufen.

Weil aber die Spuren zweier aufeinanderfolgender Strahlen einer Gruppe in $(P)^{2^k}$ bzw. in $(P)^{2^{k-1}}$ auf p, der Polare von P, aus dem Punkte R, aus dem $(p)^2$ durch eine rechtwinklige Strahleninvolution projiziert wird, durch zwei miteinander einen Winkel $\frac{\pi}{2^k}$ bzw. $\frac{\pi}{2^{k-1}}$ bildende Strahlen projiziert werden (Anmerkung in Nr. 22), so geht das letzte Ergebnis ins folgende über: Durchläuft ein Strahl g von P ein Intervall, dessen Spur auf p von R aus durch einen Winkel $\frac{i\pi}{2^k}$ projiziert wird (wo dieser Winkel im Sinne der Bewegung der Spur von g auf p gemessen werden soll), stetig, so durchläuft $g^{(1)}$, der erste Repräsentant von g, im entgegengesetzten Sinne ein Intervall um P, dessen Spur auf p von R aus durch einen Winkel $-\frac{i\pi}{2^{k-1}} = -2\frac{i\pi}{2^k}$ projiziert wird, stetig; dabei bedeuten i und k **beliebige, aber nur ganze Zahlen**.

Weil ferner jeder beliebige Winkel $\alpha \pi$, wo α nicht in der Form $\frac{i}{2^k}$ darstellbar ist oder sogar irrational ist, zwischen zwei Winkeln $\frac{s\pi}{2^k}$ und $\frac{(s+1)\pi}{2^k}$ liegt (wo s eine ganze Zahl bedeutet), und weil der Winkel $\frac{\pi}{2^k}$ und mithin auch $\frac{\pi}{2^{k-1}}$ dadurch beliebig klein gemacht werden kann, daß k hinreichend groß genommen wird, so zeigt der Übergang zur Grenze, wo $\lim_{k=\infty} \frac{\pi}{2^k} = 0$, daß, wenn auch g ein Intervall um P, dessen Spur auf p von R aus durch einen **beliebigen** Winkel $\alpha \pi$ projiziert wird, stetig durchläuft, $g^{(1)}$ ein Intervall um P, dessen Spur auf p von R aus durch einen Winkel $-2\alpha\pi$ projiziert wird, im entgegengesetzten Sinne stetig durchläuft.

Ist nun das von g durchlaufene Intervall von P, dessen Spur auf p von R aus durch einen beliebigen Winkel $\alpha\pi$ projiziert wird, von der Ecktransversale p_A, als Anfangsstrahl, und irgendeinem Strahle g_i, als Endstrahl, begrenzt, und ist mithin das von $g^{(1)}$ im entgegengesetzten Sinne um P durchlaufene Intervall, dessen Spur auf p von R aus durch den Winkel $-2\alpha\pi$ projiziert wird, von p_A (nach Nr. 25), als Anfangsstrahl, und $g_i^{(1)}$ (dem ersten Repräsentanten von g_i), als Endstrahl, begrenzt, so sind $\alpha\pi$ und $-2\alpha\pi$ die Ordinatenwinkel ω_i bzw. $\omega_i^{(1)}$ der Endstrahlen c_i und $g_i^{(1)}$; mithin muß für jeden beliebigen Strahl g_i sein:
$$\omega_i^{(1)} = -2\omega_i.$$

In ganz analoger Weise kann man zeigen, daß, wenn ω und $\omega^{(1)}$ die Ordinatenwinkel irgendeines Punktes und dessen ersten Repräsentanten sind,
$$\omega^{(1)} = -2\omega.$$

Hiermit ist der vorstehende Satz für $n = 1$ bewiesen; seine allgemeine Gültigkeit kann durch den Schluß von n auf $n+1$ nachgewiesen werden. Gilt nämlich dieser Satz für einen bestimmten Wert von n, ist also für diesen Wert von n:
$$\omega^{(n)} = (-2)^n \omega,$$
so muß, weil der $(n+1)$-te Repräsentant eines Elementes zugleich der erste Repräsentant des n-ten Repräsentanten desselben Elementes ist (Nr. 24) und der vorstehende Satz für den ersten Repräsentanten ($n = 1$) schon bewiesen ist, sein:
$$\omega^{(n+1)} = -2\omega^{(n)} = -2(-2)^n \omega = (-2)^{n+1}\omega,$$
somit gilt dann dieser Satz auch für $n+1$; nun gilt er für $n = 1$, mithin allgemein.

27. Beiläufig bemerken wir, daß der Satz 15 (nach Anmerkung in Nr. 22) auch dann noch richtig bleibt, wenn zur Bestimmung der Ordinatenwinkel der Strahlen von P an Stelle der Spuren dieser Strahlen auf der Polare p von P die Spuren derselben Strahlen auf irgendeiner beliebig zu nehmenden Geraden l benutzt werden und an Stelle des oben (Nr. 26) angegebenen Punktes R einer derjenigen Punkte benutzt wird, aus denen die Projektion von $(P)^2$ auf l durch je eine rechtwinklige Strahleninvolution projiziert wird, insbesondere wenn an Stelle der Spuren der Strahlen von P auf p die Spuren derselben auf irgendeiner

Tangente q des Polarkegelschnitts P^2 von p benutzt werden und an Stelle von R derjenige Punkt S benutzt wird, aus dem die von ABC auf q erzeugte, zu $(P)^2$ perspektive (Satz 3 in Nr. 10) Punktinvolution $(q)^2$ durch eine rechtwinklige Strahleninvolution projiziert wird.

Ist nun g irgendein Strahl von P, K seine Spur auf der Tangente q des Polarkegelschnitts P^2 von p, Q_a der Schnittpunkt von q mit der Seite a von ABC, K_a die Spur der durch P gehenden Ecktransversale p_A ($\equiv PA$) auf q, ferner $g^{(n)}$ der n-te Repräsentant von g und $K^{(n)}$ der von K, und werden die Tangente q und der obige Punkt S zur Bestimmung der Ordinatenwinkel nicht nur für die Punkte von q, sondern auch für die Strahlen von P benutzt, wo jedoch für die Punkte von q SQ_a und für die Strahlen von P SK_a je als Anfangsstrahl der Messung der Ordinatenwinkel genommen werden muß (Nr. 26), und sind (in diesen Ordinatensystemen) Ω, $\Omega^{(n)}$, Ω_a, ω und $\omega^{(n)}$ der Reihe nach die Ordinatenwinkel von K, $K^{(n)}$, K_a, g und $g^{(n)}$, wo bei der Bestimmung von Ω_a, Ω und ω gedacht wird (Nr. 26), daß K_a und K von Q_a aus und g von p_A aus nach ihren jetzigen Lagen sämtlich in einem und demselben Sinne, nämlich im Sinne der endlichen Strecke $Q_a K_a$ sich bewegt haben, so sind entweder

$$\omega = \Omega - \Omega_a \quad \text{und} \quad \omega^{(n)} = (-2)^n(\Omega - \Omega_a),$$
oder
$$\omega = \Omega - \Omega_a + \pi \quad \text{und} \quad \omega^{(n)} = (-2)^n(\Omega - \Omega_a + \pi),$$

je nachdem K auf der unendlichen oder auf der endlichen von Q_a und K_a (auf q) begrenzten Strecke liegt. Es werden also die beiden Punkte, nämlich die Spur von $g^{(n)}$ auf q und $K^{(n)}$, von S aus durch zwei Strahlen projiziert, welche miteinander einen Winkel $[(-2)^n - 1]\Omega_a$ bilden; denn dieser Winkel ist gleich $\Omega^{(n)} - \omega^{(n)} - \Omega_a$, da, um diesen Winkel zu erhalten, wenn n gerade ist und alsdann $\Omega^{(n)}$ und $\omega^{(n)}$ mit Ω und ω, also mit Ω_a gleichen Sinn haben, wegen der Abweichung des zweiten Anfangsstrahles SK_a vom erstern SQ_a um Ω_a von $(\Omega^{(n)} - \omega^{(n)})$ der Winkel Ω_a subtrahiert werden muß und, wenn n ungerade ist und alsdann $\Omega^{(n)}$ und $\omega^{(n)}$ zu Ω_a entgegengesetzten Sinn haben, wegen der nämlichen Abweichung zu $(\Omega^{(n)} - \omega^{(n)})$ der Winkel $-\Omega_a$ addiert werden muß; dieser Winkel ist also in beiden Fällen

$$= (-2)^n \Omega - (-2)^n (\Omega - \Omega_a) - \Omega_a = [(-2)^n - 1] \Omega_a$$
oder

$= (-2)^n \Omega - (-2)^n (\Omega - \Omega_a + \pi) - \Omega_a = [(-2)^n - 1]\Omega_a - (-2)^n \pi$,
wo das Vielfache von π weggelassen werden kann.

Durchläuft nun der Strahl g ein Intervall um P und mithin seine Spur K ein Intervall auf q, welche beide Intervalle von je zwei aufeinanderfolgenden Elementen einer Gruppe in $(P)^{2^n}$ bzw. in $(q)^{2^n}$ begrenzt werden und mehr kein Element derselben Gruppe enthalten, so durchlaufen die n-ten Repräsentanten $g^{(n)}$ von g und $K^{(n)}$ von K solche Intervalle, welche von je zwei aufeinanderfolgenden Elementen einer Gruppe in $(P)^{2^n-n} = (P)^1$ bzw. in $(q)^{2^n-n} = (q)^1$ begrenzt werden und mehr kein Element derselben Gruppe enthalten (nach Nr. 26 mit Hilfe des Schlusses von n auf $n+1$ oder wie aus Satz 15 leicht zu entnehmen ist), also den ganzen Büschel um P bzw. die ganze Gerade q einmal. Die beiden, während dieser Bewegungen, von $K^{(n)}$ und der Spur von $g^{(n)}$ auf q beschriebenen Punktreihen, welche, weil diese Spur und $K^{(n)}$ von S aus durch zwei einen konstanten Winkel, nämlich den Winkel $[(-2)^n - 1]\Omega_a$, bildende Strahlen projiziert werden, von S aus durch zwei konzentrische, gleiche und gleichlaufende Strahlenbüschel projiziert werden, müssen projektiv sein für jeden beliebigen, aber positiven ganzen Wert von n. Diese beiden projektiven Punktreihen sind nur dann identisch, wenn der konstante Winkel $[(-2)^n - 1]\Omega_a = \pm k\pi$, $(-1)^n[2^n - (-1)^n]\Omega_a = \pm k\pi$, $[2^n - (-1)^n]|\Omega_a| = k\pi$, also $|\Omega_a| = \dfrac{k\pi}{2^n - (-1)^n}$ (wo k eine beliebige ganze positive Zahl bedeutet), wenn also (s. weiter unten Satz 19 in Nr. 29) p_A durch einen solchen Punkt von q geht, der ein n-ter Koinzidenz-Repräsentant ist. Sollen diese projektiven Punktreihen auf q für jeden beliebigen positiven ganzen Wert von n identisch sein, so wird dann, weil nur die Zahl 3 in $[2^n - (-1)^n]$ für jeden beliebigen positiven ganzen Wert von n aufgeht, $|\Omega_a| = \dfrac{l\pi}{3}$ sein müssen, wo $l = 0, 1$ oder 2 (da sonst $[(-2)^n - 1]\Omega_a = +k\pi$ nicht für jeden beliebigen Wert von n sein konnte), also p_A durch $Q_a \equiv qa$, $Q_b \equiv qb$ oder $Q_c \equiv qc$ gehen (nach Nr. 4) und somit q durch $p_A a$, $p_A b$ oder $p_A c$; nun trifft aber p_A die Dreieckseite a, die auch Tangente an P^2 ist, in deren Berührungspunkt (Nr. 2) und die Dreieckseiten b und c, die gleichfalls Tangenten an P^2 sind, in deren Schnittpunkt A; es wird also dann q keine andere Tangente von P^2 als eine der Dreieckseiten a, b, c sein können. Die nämlichen beiden projektiven Punktreihen auf q liegen ferner nur dann involutorisch, wenn der konstante Winkel $[(-2)^n - 1]\Omega_a = \pm \dfrac{2k+1}{2}\pi$, also $|\Omega_a|$ $= \dfrac{(2k+1)\pi}{2[2^n - (-1)^n]}$ (wo k eine beliebige positive ganze Zahl bedeutet), wenn also (s. weiter unten Nr. 42) p_A durch einen solchen Punkt von q geht, dessen erster Repräsentant ein n-ter Koinzidenz-Repräsentant ist. Sollen diese beiden projektiven Punktreihen auf q für jeden beliebigen positiven ganzen Wert von n involutorische Lage haben, so wird dann $|\Omega_a| = \dfrac{l\pi}{2 \cdot 3} = \dfrac{l\pi}{6}$ sein müssen, wo $l = 1$, 3 oder 5 (da sonst $[(-2)^n - 1]\Omega_a = \pm \dfrac{2k+1}{2}\pi$ nicht für jeden beliebigen Wert von n sein konnte), und also p_A durch Q'_b, Q'_a oder Q'_c gehen (nach Anmerkung in Nr. 22), wo die auf der Tangente q von P^2 liegenden Punkte Q'_a, Q'_b, Q'_c die vierten harmonischen zu je einem der drei Punkte Q_a, Q_b, Q_c in bezug auf die beiden andern sind und wo also durch Q'_a, Q'_b, Q'_c der Reihe nach diejenigen Tangenten p'_a, p'_b, p'_c von P^2 gehen, welche an P^2 die vierten harmonischen Tangenten zu je einer der Dreieckseiten a, b, c (welche Seiten gleichfalls Tangenten an P^2 sind) in bezug auf die beiden andern sind; es wird somit dann q durch einen der drei Schnittpunkte von p_A mit p'_a, p'_b, p'_c gehen müssen. Nun sind aber a, p'_a, p'_b und p'_c die Polaren der Punkte P_a, P'_a, P'_b und P'_c (Nr. 23), also bilden a und p'_a ein Paar in der induzierten Tangenteninvolution $(P^2)^2$, deren Zentrum P ist (Nr. 7), und es sind $a p'_a p'_b p'_c$ vier harmonische Tangenten an P^2 (nach Nr. 4); folglich muß die Ecktransversale p_A, die durch das Involutionszentrum P von $(P^2)^2$ und durch den Berührungspunkt der Tangente a von P^2 geht (Nr. 2), auch durch den Berührungspunkt der zu a in $(P^2)^2$ zugepaarten Tangente p'_a gehen und mithin auch durch den Schnittpunkt von p'_b und p'_c, da nun p_A, die die Berührungspunkte von a und p'_a verbindende Gerade, durch den Pol derjenigen Geraden in bezug auf P^2 gehen muß, welche die beiden Berührungspunkte der durch a und p'_a harmonisch getrennten Tangenten p'_b und p'_c verbindet. Wenn also jene beiden projektiven Punktreihen auf q für jeden beliebigen positiven ganzen Wert von n involutorische Lage haben sollen, so wird dann q, die durch $p_A p'_a$, $p_A p'_b$ oder $p_A p'_c$ gehen muß, keine andere Tangente von P^2 als eine der drei: p'_a, p'_b, p'_c sein können. Die für jene beiden Punktreihen auf q, nämlich für die von $K^{(n)}$ und die von der Spur von $g^{(n)}$ beschriebenen, gefundenen Resultate gelten nun auch, wenn an Stelle der letztern Punktreihe der von $g^{(n)}$ um P beschriebene Strahlenbüschel tritt.

Nun muß aber diejenige Gruppe in $(P)^{2^n}$ bzw. in $(q)^{2^n}$, der der Strahl g bzw. dessen Spur K auf q angehört, die ganze Involution $(P)^{2^n}$ bzw. $(q)^{2^n}$ einmal durchlaufen, wenn g und mithin K solche Intervalle durchlaufen, welche von je zwei aufeinanderfolgenden Elementen einer Gruppe in $(P)^{2^n}$ bzw. in $(q)^{2^n}$ begrenzt werden und mehr kein Element derselben Gruppe enthalten; da zwischen zwei aufeinanderfolgenden Elementen einer Gruppe in $(P)^{2^n}$ bzw. in $(q)^{2^n}$ nur ein Element jeder andern Gruppe von $(P)^{2^n}$ bzw. von $(q)^{2^n}$ liegt (Nr. 22). Ferner sind die n-ten Repräsentanten $g^{(n)}$ von g und $K^{(n)}$ von K zugleich die Repräsentanten derjenigen Gruppen in $(P)^{2^n}$ und $(q)^{2^n}$, den g bzw. K angehören (Nr. 24). Mithin können wir den gefundenen Resultaten auch die folgende Form geben:

Satz 16. Derjenige Strahlenbüschel um einen Punkt P, welcher von den Repräsentanten der Strahlengruppen in $(P)^{2^n}$ gebildet wird, und diejenige Punktreihe auf irgendeiner Tangente q des Polarkegelschnitts P^2 von p (der Polare von P), welche von den Repräsentanten der Punktgruppen in $(q)^{2^n}$ gebildet wird, sind für jeden beliebigen positiven ganzen Wert von n projektiv mit solchen Elementen als entsprechenden, welche Repräsentanten inzidenter Gruppen in $(P)^{2^n}$ und $(q)^{2^n}$ sind.

Diejenige Punktreihe auf einer Geraden p, welche von den Repräsentanten der Punktgruppen in $(p)^{2^n}$ gebildet wird, und derjenige Strahlenbüschel um irgendeinen Punkt G des Polarkegelschnitts p^2 von P (dem Pole von p), welcher von den Repräsentanten der Strahlengruppen in $(G)^{2^n}$ gebildet wird, sind für jeden beliebigen positiven ganzen Wert von n projektiv mit solchen Elementen als entsprechenden, welche Repräsentanten inzidenter Gruppen in $(p)^{2^n}$ und $(G)^{2^n}$ sind.

Diese beiden projektiven Gebilde haben nur dann perspektive bzw. involutorische Lage, wenn einer und mithin jeder (s. weiter unten Nr. 33 und 34) der drei

Strahlen, welche die durch P gehenden Ecktransversalen von ABC sind, durch einen solchen Punkt von q geht,

Punkte, in denen p von den Seiten von ABC geschnitten wird, auf einem solchen Strahle von G liegt,

welcher selbst ein n-ter Koinzidenz-Repräsentant ist bzw. dessen erster Repräsentant ein n-ter Koinzidenz-Repräsentant ist.

Ist q von den Seiten von ABC bzw. von den drei Tangenten p'_a, p'_b, p'_c (von P^2)

Ist G von den Ecken von ABC bzw. von den drei Punkten P'_A, P'_B, P'_C (von p^2)

verschieden, so können jene beiden projektiven Gebilde nicht für jeden beliebigen positiven ganzen Wert von n perspektive bzw. involutorische Lage haben.

Zugleich ist der Satz 14 in Nr. 23 nochmals bewiesen worden.

28. Aus dem Satze 15 ergibt sich ferner:

Satz 17. Jedes Paar der von ABC im Gebilde erster Stufe erzeugten Involution zweiten Grades wird durch seinen Repräsentanten, der der erste Repräsentant eines jeden der beiden Elemente des Paares ist, und den zweiten Repräsentanten, der gleichfalls für beide Elemente des Paares der nämliche ist, harmonisch getrennt.

Bilden nämlich die Punkte Q und Q' ein Paar in der von ABC auf der Geraden p erzeugten Involution $(p)^2$ und ist $Q^{(1)}$ der erste Repräsentant von Q und Q', $Q^{(2)}$ der zweite Repräsentant derselben und ω der Ordinatenwinkel von Q, so ist (nach Satz 15) -2ω der Ordinatenwinkel von $Q^{(1)}$ und $+4\omega$ der von $Q^{(2)}$. Es ist also der Winkel $QRQ^{(1)}$ (wo R derjenige Punkt ist, aus dem $(p)^2$ durch eine rechtwinklige Strahleninvolution projiziert wird) gleich $-2\omega - \omega = -3\omega$ und der Winkel $QRQ^{(2)}$ gleich $4\omega - \omega = +3\omega$, ferner ist $QRQ' = \pm\dfrac{\pi}{2}$; mithin sind RQ und RQ' die Halbierungsgeraden des Winkels $Q^{(1)}RQ^{(2)}$ und $QQ'Q^{(1)}Q^{(2)}$ müssen vier harmonische Punkte sein.

Aus dem Satze 17 folgt nun:

Satz 18. Ist g irgendeine durch den Punkt P

Ist Q irgendein auf der Gerade p liegender Punkt

gehende Gerade und p^2 der Polarkegelschnitt von P und verbindet man den Pol G von g in bezug auf ABC mit dem Pole von g in bezug auf p^2 durch eine Gerade, so wird diese Gerade von p^2 zum zweitenmal im Pole $G^{(1)}$ des ersten Repräsentanten $g^{(1)}$ ($\equiv PG$) von g geschnitten.

und P^2 der Polarkegelschnitt von p und bringt man die Polare q von Q in bezug auf ABC mit der Polare von Q in bezug auf P^2 zum Schnitt, so ist die zweite von diesem Schnittpunkt an P^2 gehende Tangente die Polare $q^{1)}$ des ersten Repräsentanten $Q^{(1)}$ ($\equiv pq$) von Q.

Denn ist $g_1 g_1'$ dasjenige Strahlenpaar in der von ABC erzeugten Involution $(P)^2$, dessen Pole G_1 und G_1' (in bezug auf ABC) die Schnittpunkte der durch P gehenden Geraden g mit p^2 sind und dessen Repräsentant also g ist, so sind (nach Satz 17) $g_1 g_1' g$ ($PG \equiv g^{(1)}$) vier harmonische Strahlen um P und mithin, weil der Büschel der Polaren um P zu der Punktreihe der Pole auf p^2 projektiv ist, ihre Pole $G_1 G_1' G G^{(1)}$ vier harmonische Punkte auf p^2. Folglich muß die G mit $G^{(1)}$ verbindende Gerade zu der G_1 mit G_1' verbindenden Geraden g konjugiert sein in bezug auf p^2 und mithin durch den Pol von g in bezug auf p^2 gehen.

29. Kehren wir nun zu der in Nr. 24 aufgeworfenen Frage zurück.

Soll ein Element Q, dessen Ordinatenwinkel ω ist, wo $0 < \omega \leq \pi$, mit seinem n-ten Repräsentanten $Q^{(n)}$, dessen Ordinatenwinkel $\omega^{(n)}$ ist, zusammenfallen, so wird dann (nach der Definition der Ordinatenwinkel), wenn $n = 2m - 1$ ($m > 1$) und also Q und $Q^{(n)}$ sich im Gebilde entgegengesetzt bewegen,

$$|\omega^{(2m-1)}| - k_1 \pi = \pi - \omega$$

sein müssen, wo k_1 die Anzahl der vollen Umläufe von $Q^{(n)}$ im Gebilde angibt und wo k_1 auch $= 0$ sein kann, also:

$$\omega^{(2m-1)} = -(\pi - \omega + k_1 \pi) = -[(k_1 + 1)\pi - \omega]$$

und, wenn $n = 2m$ und also Q und $Q^{(n)}$ sich im Gebilde im gleichen Sinne bewegen,

$$\omega^{(2m)} - k_2 \pi = \omega,$$

wo k_2 dieselbe Bedeutung wie k_1 hat, wo aber (weil die Bewegung von $Q^{(n)}$ nach Satz 15 mit einer größeren Geschwindigkeit als die von Q sich vollzieht) $k_2 \geq 1$ sein muß, also:
$$\omega^{(2m)} = k_2 \pi + \omega.$$
Nach Satz 15 ist aber:
$$\omega^{(n)} = (-2)^n \omega,$$
mithin muß, wenn anstatt $(k_1 + 1)$ und k_2, welche letzte ≥ 1 sein muß, k gesetzt wird,
$$\omega^{(2m-1)} = -(k\pi - \omega) = -2^{2m-1} \cdot \omega$$
sein, also:
$$\omega = \frac{k\pi}{2^{2m-1}+1}, \quad (k \geq 1),$$
und
$$\omega^{(2m)} = k\pi + \omega = 2^{2m} \cdot \omega,$$
also
$$\omega = \frac{k\pi}{2^{2m}-1}, \quad (k \geq 1).$$

Hat, umgekehrt, der Ordinatenwinkel ω eines Elementes Q die Form $\frac{k\pi}{2^{2m-1}+1}$ oder $\frac{k\pi}{2^{2m}-1}$, wo k und m beliebige ganze Zahlen (≥ 1) bedeuten, so muß Q mit $Q^{(2m-1)}$ bzw. mit $Q^{(2m)}$ zusammenfallen, da dann:

$$\omega^{(2m-1)} = -2^{2m-1} \cdot \omega = -\frac{2^{2m-1} \cdot k\pi}{2^{2m-1}+1} = -\left(k\pi - \frac{k\pi}{2^{2m-1}+1}\right)$$
$$= -[(k-1)\pi + (\pi - \omega)]$$

bzw.
$$\omega^{(2m)} = 2^{2m} \cdot \omega = \frac{2^{2m} \cdot k\pi}{2^{2m}-1} = k\pi + \frac{k\pi}{2^{2m}-1} = k\pi + \omega$$

und also ω und $\omega^{(2m-1)}$ bzw. $\omega^{(2m)}$ die Ordinatenwinkel eines und desselben Elementes, das nur auf verschiedenen Wegen in seine Lage gelangte, sind.

Weil aber zwei Elemente, deren Ordinatenwinkel sich nur um ein Vielfaches von π voneinander unterscheiden, zusammenfallen, so gibt es nur $2^{2m-1}+1$ bzw. $2^{2m}-1$ voneinander verschiedene Elemente, deren Ordinatenwinkel die Form $\frac{k\pi}{2^{2m-1}+1}$ bzw. $\frac{k\pi}{2^{2m}-1}$ haben, nämlich $k = 1, 2, 3, \ldots 2^{2m-1}+1$ bzw. $k = 1, 2, 3, \ldots 2^{2m}-1$; diese und nur diese $2^{2m-1}+1$ bzw.

$2^{2m}-1$ Elemente fallen mit ihren (2^{2m-1})-ten bzw. (2^{2n})-ten Repräsentanten zusammen.

Hiermit ist die aufgeworfene Frage vollständig beantwortet und wir haben, indem wir ein Element, das mit seinem n-ten Repräsentanten zusammenfällt, einen n-ten Koinzidenz-Repräsentanten nennen:

Satz 19. Es gibt in einem Gebilde erster Stufe nur $2^n-(-1)^n$ n-te Koinzidenz-Repräsentanten, wo n irgendeine positive ganze Zahl bedeutet. Die notwendige und hinreichende Bedingung dafür, daß ein Element ein n-ter Koinzidenz-Repräsentant sei, ist, daß der Ordinatenwinkel des Elementes auf die Form $\dfrac{k\pi}{2^n-(-1)^n}$ gebracht werden kann, wo k irgendeine ganze Zahl, die Null nicht ausgeschlossen, bedeutet.

Die n-ten Koinzidenz-Repräsentanten sind im Gebilde in der Weise verteilt, daß zwischen je zwei aufeinanderfolgenden Elementen einer jeden Gruppe in der von ABC im Gebilde erzeugten Involution (2^n)-ten Grades nur ein n-ter Koinzidenz-Repräsentant liegt; eine Ausnahme hiervon machen nur diejenigen beiden aufeinanderfolgenden Elemente der Gruppe, zwischen denen der Repräsentant derselben Gruppe (welcher Repräsentant der n-te Repräsentant eines jeden der 2^n Elemente der Gruppe ist) liegt, indem zwischen diesen beiden Elementen entweder zwei n-te Koinzidenz-Repräsentanten liegen, und zwar der eine vor und der andere nach dem Repräsentanten der Gruppe, oder kein einziger, je nachdem n ungerade oder gerade ist.

Das letzte ergibt sich folgendermaßen. Die Differenz der Ordinatenwinkel zweier aufeinanderfolgender Elemente $Q_{n,i}$ und $Q_{n,i+1}$ der Gruppe bzw. zweier aufeinanderfolgender n-ter Koinzidenz-Repräsentanten ist (absolut genommen) $\dfrac{\pi}{2^n}$ bzw. $\dfrac{\pi}{2^n-(-1)^n}$. Also muß, wenn n ungerade ist, zwischen $Q_{n,i}$ und $Q_{n,i+1}$ (für jeden Wert von $i = 1, 2, \ldots 2^n$) ein n-ter Koinzidenz-Repräsentant liegen. Sollen aber zwischen $Q_{n,i}$ und $Q_{n,i+1}$ (für einen Wert von i) zwei n-te Koinzidenz-Repräsentanten liegen, so wird, während ein Element Q das Intervall zwischen $Q_{n,i}$ und $Q_{n,i+1}$ und mithin sein n-ter Repräsentant $Q^{(n)}$ im entgegengesetzten Sinne,

vom Repräsentanten der Gruppe ausgehend und nach demselben zurückkehrend, das ganze Gebilde einmal durchlaufen werden, Q mit $Q^{(n)}$ zweimal, nämlich in den beiden zwischen $Q_{n,i}$ und $Q_{n,i+1}$ liegenden n-ten Koinzidenz-Repräsentanten zusammenfallen müssen; dies wird aber nur dann eintreten, wie man leicht einsieht, wenn zwischen $Q_{n,i}$ und $Q_{n,i+1}$ der Repräsentant der Gruppe liegt, und alsdann muß derselbe Repräsentant auch zwischen beiden n-ten Koinzidenz-Repräsentanten liegen. Ferner kann, wenn n gerade ist und dann $\dfrac{\pi}{2^n - (-1)^n} = \dfrac{\pi}{2^n - 1}$, zwischen $Q_{n,i}$ und $Q_{n,i+1}$ mehr als ein n-ter Koinzidenz-Repräsentant nicht liegen. Soll aber zwischen $Q_{n,i}$ und $Q_{n,i+1}$ (für irgendeinen Wert von i) kein einziger n-ter Koinzidenz-Repräsentant liegen, so wird, während Q das Intervall zwischen $Q_{n,i}$ und $Q_{n,i+1}$ und mithin $Q^{(n)}$ im selben Sinne, vom Repräsentanten der Gruppe ausgehend und nach demselben zurückkehrend, das ganze Gebilde einmal durchlaufen werden, Q mit $Q^{(n)}$ nirgends zusammenfallen; dies wird aber nur dann eintreten, wenn zwischen $Q_{n,i}$ und $Q_{n,i+1}$ der Repräsentant der Gruppe liegt.

30. Wie wir sahen (Nr. 24) ist der n-te Repräsentant $Q^{(n)}$ eines Elementes Q eindeutig bestimmt und der $(i+k)$-te Repräsentant $Q^{(i+k)}$ von Q ist zugleich der k-te Repräsentant $Q^{(i)(k)}$ des i-ten Repräsentanten $Q^{(i)}$ von Q für jeden beliebigen Wert von i und von k. Ist nun ein Element Q ein k-ter Koinzidenz-Repräsentant, ist also $Q^{(k)} \equiv Q$, so muß auch $Q^{(i)(k)} \equiv Q^{(i+k)} \equiv Q^{(k)(i)} \equiv Q^{(i)}$ und $Q^{(mk)} \equiv Q^{[k+(m-1)k]} \equiv Q^{(k)[(m-1)k]} \equiv Q^{[(m-1)k]} \equiv Q^{[(m-2)k]} \equiv \ldots \equiv Q^{(k)} \equiv Q$ sein, d. h. es muß dann auch der i-te Repräsentant $Q^{(i)}$ von Q für jeden beliebigen Wert von i ein k-ter Koinzidenz-Repräsentant sein und Q und mithin auch alle seine Repräsentanten müssen zugleich n-te Koinzidenz-Repräsentanten sein, wenn n irgendein Vielfaches von k ist. (Diese Resultate sind auch aus der Form $\dfrac{l\pi}{2^k - (-1)^k}$ des Ordinatenwinkels eines k-ten Koinzidenz-Repräsentanten mit Hilfe der Sätze 15 und 19 zu entnehmen.) Jeder n-te Koinzidenz-Repräsentant, welcher kein früherer Koinzidenz-Repräsentant ist, wo also das Element erst mit seinem n-ten (und mit keinem frühern) Repräsentanten zusammenfällt, soll ein primitiver n-ter Koinzidenz-Repräsentant heißen.

Ist Q ein primitiver n-ter Koinzidenz-Repräsentant, so sind auch seine Repräsentanten $Q^{(1)}, Q^{(2)}, Q^{(3)},\ldots Q^{(n-1)}$ primitive n-te Koinzidenz-Repräsentanten. Denn diese müssen, wie soeben gesehen, n-te Koinzidenz-Repräsentanten sein, wäre irgendeiner unter ihnen, etwa $Q^{(i)}$, schon ein k-ter ($k<n$), so müßte, gegen die Voraussetzung, Q ebenso wie $Q^{(i)}$ schon ein k-ter und also kein primitiver n-ter sein; da $Q^{(n)} \equiv Q$ und also Q ein $(n-i)$-ter Repräsentant von $Q^{(i)}$ ist. Jeder weitere Repräsentant $Q^{(m)}$ von Q ($m \geq n$) muß mit einem der n Elemente $Q, Q^{(1)}, Q^{(2)},\ldots Q^{(n-1)}$ zusammenfallen und zwar, wenn $m \equiv i$ (mod. n), mit $Q^{(i)}$ (wo $i<n$, ist $i=0$, so soll unter $Q^{(0)}$, dem nullten Repräsentanten von Q, das Element Q selbst verstanden werden). Die n primitiven n-ten Koinzidenz-Repräsentanten aber sind sämtlich voneinander verschieden. Denn fiele etwa $Q^{(p)}$ mit $Q^{(q)}$ zusammen ($q<p<n$), so wäre, gegen das soeben Bewiesene, $Q^{(q)}$ schon ein $(p-q)$-ter und also kein primitiver n-ter Koinzidenz-Repräsentant.

Es bildet also das Element Q, das ein primitiver n-ter Koinzidenz-Repräsentant ist, zusammen mit seinen $n-1$ Repräsentanten $Q^{(1)}, Q^{(2)},\ldots Q^{(n-1)}$ eine geschlossene Gruppe von n Elementen, primitiven n-ten Koinzidenz-Repräsentanten, welche Gruppe die Eigenschaft besitzt, daß von je zweien ihrer Elemente das eine etwa der k-te Repräsentant ($k<n$) des andern und dieses letztere der $(n-k)$-te (und kein früherer) Repräsentant des erstern ist (denn der $(n-k)$-te Repräsentant des erstern Elementes, welcher Repräsentant zugleich der $(n-k+k=n)$-te Repäsentant des letztern Elementes ist, muß mit diesem letztern zusammenfallen); man gelangt also auch dann noch zu der ganzen Gruppe, wenn man anstatt von Q von irgendeinem andern Elemente der Gruppe ausgeht.

Jeder weitere (der Gruppe $Q\,Q^{(1)}\,Q^{(2)}\ldots Q^{(n-1)}$ nicht angehörende) primitive n-te Koinzidenz-Repräsentant R des Gebildes führt zu einer ebenso beschaffenen Gruppe von n voneinander verschiedenen primitiven n-ten Koinzidenz-Repräsentanten $R\,R^{(1)}\,R^{(2)}\ldots R^{(n-1)}$; kein Element dieser Gruppe fällt mit einem der Gruppe $Q\,Q^{(1)}\ldots Q^{(n-1)}$ zusammen. Denn wäre etwa $R^{(i)} \equiv Q^{(k)}$ ($i<n$, $k<n$), so müßte $R \equiv R^{(n)} \equiv R^{(i)\,(n-i)} \equiv Q^{(k)\,(n-i)} \equiv Q^{(n+k-i)} \equiv Q^{(r)}$ sein, wo $r<n$ und $r \equiv n+k-i$ (mod. n), und also R gegen die Voraussetzung in der Gruppe $Q\,Q^{(1)}\ldots Q^{(n-1)}$ vorkommen.

Die primitiven n-ten Koinzidenz-Repräsentanten eines Gebildes erster Stufe zerfallen also in Gruppen von je n Elementen, wobei jede Gruppe aus irgendeinem ihr angehörenden primitiven n-ten Koinzidenz-Repräsentanten und dessen $n-1$ niedrigsten Repräsentanten besteht. Jeder primitive n-te Koinzidenz-Repräsentant gehört einer und nur einer solchen Gruppe an.

31. Ist ein Element Q ein primitiver i-ter und zugleich ein n-ter Koinzidenz-Repräsentant, so muß i ein Teiler von n sein; denn wäre $n = qi + r$, wo $0 < r < i$, so müßte, weil $Q^{(i)} \equiv Q$ und $Q^{(n)} \equiv Q$, $Q^{(r)} \equiv Q^{(qi)(r)} \equiv Q^{(qi+r)} \equiv Q^{(n)} \equiv Q$ und also Q schon ein r-ter und kein primitiver i-ter Koinzidenz-Repräsentant sein. Ist ferner Q ein n-ter und zugleich ein m-ter Koinzidenz-Repräsentant, so muß Q auch ein d-ter Koinzidenz-Repräsentant sein, wo d der größte gemeinsame Teiler von n und m ist; denn ist Q etwa ein primitiver i-ter Koinzidenz-Repräsentant, so muß i, wie soeben gesehen, ein Teiler von n und ebenso von m und also auch von d sein, mithin muß auch $Q^{(d)} \equiv Q$ sein (Nr. 30).

Hiervon wollen wir Gebrauch machen zur Bestimmung der Anzahl der primitiven n-ten Koinzidenz-Repräsentanten.

Zu diesem Ende ist notwendig und hinreichend, aus dem Komplex der n-ten Koinzidenz-Repräsentanten die $\left(\dfrac{n}{p_1}\right)$-ten, $\left(\dfrac{n}{p_2}\right)$-ten, $\left(\dfrac{n}{p_3}\right)$-ten, ... und $\left(\dfrac{n}{p_k}\right)$-ten Koinzidenz-Repräsentanten auszuscheiden, wo $p_1 < p_2 < p_3 < \cdots < p_k$ die k voneinander verschiedenen Primfaktoren von n sind, wo also $n = p_1^{\pi_1} p_2^{\pi_2} p_3^{\pi_3} \ldots p_k^{\pi_k}$; die sodann überbleibenden werden sämtlich primitive n-te Koinzidenz-Repräsentanten sein. Denn ein $\left(\dfrac{n}{p_i}\right)$-ter Koinzidenz-Repräsentant (wo p_i irgendeiner der Primteiler von n ist) ist zugleich ein nicht primitiver n-ter, und jeder nicht primitive n-te muß ein primitiver f-ter, wo $f < n$ und f ein Teiler von n und also auch von $\dfrac{n}{p_i}$ ist (wo p_i mindestens einer der Primteiler von n sein muß), und mithin auch ein $\left(\dfrac{n}{p_i}\right)$-ter Koinzidenz-Repräsentant sein.

Wir scheiden nun aus dem Komplex der n-ten Koinzidenz-Repräsentanten, deren Anzahl $2^n - (-1)^n$ beträgt, zuerst die $\left(\dfrac{n}{p_1}\right)$-ten, deren Anzahl $2^{n:p_1} - (-1)^{n:p_1}$ beträgt, aus; alsdann bleibt ein zweiter Komplex übrig, der nur noch diejenigen n-ten Koinzidenz-Repräsentanten enthält, welche mehr keine $\left(\dfrac{n}{p_1}\right)$-te sind und deren Anzahl

1) $\qquad 2^n - 2^{n:p_1} - (-1)^n + (-1)^{n:p_1}$

beträgt. Von den $2^{n:p_2} - (-1)^{n:p_2}$ $\left(\dfrac{n}{p_2}\right)$-ten Koinzidenz-Repräsentanten, die im ersten Komplex vorhanden waren, sind im zweiten Komplex nur noch $2^{n:p_2} - 2^{n:p_2 p_1} - (-1)^{n:p_2} + (-1)^{n:p_2 p_1}$
$= 2^{n:p_2} - 2^{n:p_2 p_1} - (-1)^n + (-1)^{n:p_1}$ (da $p_2 > p_1$, also p_2 sicher ungerade und $\dfrac{n}{p_2}$ zugleich mit n und $\dfrac{n}{p_1 p_2}$ zugleich mit $\dfrac{n}{p_1}$ gerade oder ungerade ist) geblieben. Denn, wie wir sahen, ist jeder $\left(\dfrac{n}{p_2}\right)$-te, der zugleich ein $\left(\dfrac{n}{p_1}\right)$-ter ist, auch ein $\left(\dfrac{n}{p_1 p_2}\right)$-ter und, umgekehrt, ist jeder $\left(\dfrac{n}{p_1 p_2}\right)$-te zugleich ein $\left(\dfrac{n}{p_1}\right)$-ter und ein $\left(\dfrac{n}{p_2}\right)$-ter; mithin ist für die $\left(\dfrac{n}{p_2}\right)$-ten Koinzidenz-Repräsentanten die Ausscheidung der $\left(\dfrac{n}{p_1}\right)$-ten mit der Ausscheidung der $\left(\dfrac{n}{p_2 p_1}\right)$-ten gleichbedeutend und wir haben, um die Anzahl der nach der Ausscheidung der $\left(\dfrac{n}{p_1}\right)$-ten übergebliebenen $\left(\dfrac{n}{p_2}\right)$-ten zu bestimmen, in der Formel 1) $\dfrac{n}{p_2}$ statt n zu setzen.

Aus dem zweiten Komplex scheiden wir ferner die $2^{n:p_2} - 2^{n:p_1 p_2} - (-1)^n + (-1)^{n:p_1}$ übergebliebenen $\left(\dfrac{n}{p_2}\right)$-ten aus; alsdann bleibt ein dritter Komplex übrig, der nur noch diejenigen n-ten Koinzidenz-Repräsentanten enthält, welche weder $\left(\dfrac{n}{p_1}\right)$-te, noch $\left(\dfrac{n}{p_2}\right)$-te sind und deren Anzahl beträgt:

$$2^n - 2^{n:p_1} - (-1)^n + (-1)^{n:p_1} - [2^{n:p_2} - 2^{n:p_1p_2} - (-1)^n + (-1)^{n:p_1}] =$$

2) $$= 2^n - 2^{n:p_1} - 2^{n:p_2} + 2^{n:p_1p_2} = \sum_{\alpha_1,\alpha_2}(-1)^{\alpha_1+\alpha_2} 2^{n:p_1^{\alpha_1} p_2^{\alpha_2}},$$

wo α_1 und α_2 unabhängig voneinander die Werte 0 und 1 annehmen sollen. Von den $2^{n:p_3} - (-1)^{n:p_3}$ $\left(\dfrac{n}{p_3}\right)$-ten Koinzidenz-Repräsentanten, die im ersten Komplex vorhanden waren, sind im dritten Komplex nur noch $2^{n:p_3} - 2^{n:p_3p_1} - 2^{n:p_3p_2} + 2^{n:p_3p_1p_2}$ geblieben. Denn für die $\left(\dfrac{n}{p_3}\right)$-ten sind die Ausscheidungen der $\left(\dfrac{n}{p_1}\right)$-ten und $\left(\dfrac{n}{p_2}\right)$-ten mit den Ausscheidungen der $\left(\dfrac{n}{p_3p_1}\right)$-ten und $\left(\dfrac{n}{p_3p_2}\right)$-ten gleichbedeutend und wir haben also in 2) $\dfrac{n}{p_3}$ statt n zu setzen.

Fahren wir in dieser Weise fort, so bleibt nach der i-ten Ausscheidung ein $(i+1)$-ter Komplex übrig, der nur noch diejenigen n-ten Koinzidenz-Repräsentanten enthält, welche weder $\left(\dfrac{n}{p_1}\right)$-te, noch $\left(\dfrac{n}{p_2}\right)$-te, ... noch $\left(\dfrac{n}{p_i}\right)$-te sind und deren Anzahl beträgt:

3) $$2^n - 2^{n:p_1} - 2^{n:p_2} - \cdots - 2^{n:p_i} + 2^{n:p_1p_2} + 2^{n:p_1p_3} + \cdots + 2^{n:p_1p_i}$$
$$+ 2^{n:p_2p_3} + \cdots + 2^{n:p_{i-1}p_i} - 2^{n:p_1p_2p_3} - \cdots - 2^{n:p_{i-2}p_{i-1}p_i} +$$
$$2^{n:p_1p_2p_3p_4} + \cdots - \cdots + (-1)^i 2^{n:p_1p_2p_3\cdots p_i} =$$
$$= \sum_{\alpha_1,\alpha_2,\ldots\alpha_i}(-1)^{\alpha_1+\alpha_2+\cdots+\alpha_i} 2^{n:p_1^{\alpha_1} p_2^{\alpha_2} p_3^{\alpha_3} \cdots p_i^{\alpha_i}},$$

wo $\alpha_1, \alpha_2, \alpha_3, \ldots \alpha_i$ unabhängig voneinander die Werte 0 und 1 annehmen sollen.

Die Richtigkeit hiervon kann durch den Schluß von n auf $n+1$ bewiesen werden. Ist nämlich die Formel 3) für einen bestimmten Wert von i richtig, so muß von den $2^{n:p_{i+1}} - (-1)^{n:p_{i+1}}$ $\left(\dfrac{n}{p_{i+1}}\right)$-ten Koinzidenz-Repräsentanten, die im ersten Komplex vorhanden waren, im $(i+1)$-ten Komplex nur noch $\sum\limits_{\alpha_1,\alpha_2,\ldots\alpha_i}(-1)^{\alpha_1+\alpha_2+\cdots+\alpha_i} 2^{n:p_{i+1}p_1^{\alpha_1} p_2^{\alpha_2}\cdots p_i^{\alpha_i}}$ geblieben sein; da für die $\left(\dfrac{n}{p_{i+1}}\right)$-ten die Ausscheidungen der $\left(\dfrac{n}{p_1}\right)$-ten, $\left(\dfrac{n}{p_2}\right)$-ten, ... und $\left(\dfrac{n}{p_i}\right)$-ten mit den Ausscheidungen der $\left(\dfrac{n}{p_{i+1}p_1}\right)$-ten, $\left(\dfrac{n}{p_{i+1}p_2}\right)$-ten, ... und $\left(\dfrac{n}{p_{i+1}p_i}\right)$-ten gleichbedeutend sind und also in 3) $\dfrac{n}{p_{i+1}}$ statt n zu setzen ist. Mithin bleibt nach der $(i+1)$-ten Ausscheidung ein $(i+2)$-ter Komplex übrig, der nur noch diejenigen n-ten Koinzidenz-Repräsentanten enthält, welche weder $\left(\dfrac{n}{p_1}\right)$-te, noch $\left(\dfrac{n}{p_2}\right)$-te, ... noch $\left(\dfrac{n}{p_i}\right)$-te, noch $\left(\dfrac{n}{p_{i+1}}\right)$-te sind und deren Anzahl beträgt:

$$\sum_{\alpha_1,\alpha_2,\ldots\alpha_i}(-1)^{\alpha_1+\alpha_2+\cdots+\alpha_i}\,2^{n:p_1^{\alpha_1}p_2^{\alpha_2}\ldots p_i^{\alpha_i}}$$

$$-\sum_{\alpha_1,\alpha_2,\ldots\alpha_i}(-1)^{\alpha_1+\alpha_2+\cdots+\alpha_i}\,2^{n:p_{i+1}p_1^{\alpha_1}p_2^{\alpha_2}\ldots p_i^{\alpha_i}}$$

$$=\sum_{\substack{\alpha_1,\alpha_2,\ldots\alpha_i \\ \alpha_{i+1}=0}}(-1)^{\alpha_1+\alpha_2+\cdots+\alpha_i+\alpha_{i+1}}\,2^{n:p_1^{\alpha_1}p_2^{\alpha_2}\ldots p_i^{\alpha_i}p_{i+1}^{\alpha_{i+1}}}$$

$$+\sum_{\substack{\alpha_1,\alpha_2,\ldots\alpha_i \\ \alpha_{i+1}=1}}(-1)^{\alpha_1+\alpha_2+\cdots+\alpha_i+\alpha_{i+1}}\,2^{n:p_1^{\alpha_1}p_2^{\alpha_2}\ldots p_i^{\alpha_i}p_{i+1}^{\alpha_{i+1}}}$$

$$=\sum_{\alpha_1,\alpha_2,\ldots\alpha_i,\alpha_{i+1}}(-1)^{\alpha_1+\alpha_2+\cdots+\alpha_i+\alpha_{i+1}}\,2^{n:p_1^{\alpha_1}p_2^{\alpha_2}\ldots p_i^{\alpha_i}p_{i+1}^{\alpha_{i+1}}},$$

wo $\alpha_1, \alpha_2, \ldots \alpha_i, \alpha_{i+1}$ unabhängig voneinander die Werte 0 und 1 annehmen. Die Formel 3) bleibt also auch für $i+1$ richtig, wenn sie für i gilt; nun gilt sie nach 2) für $i = 2$, mithin allgemein für $i \geq 2$. Für $i = 1$ aber gilt die Formel 1), die, wenn $\dfrac{n}{p_1}$ zugleich mit n gerade oder ungerade ist, mit 3) (wenn darin für i 1 genommen wird) gleichbedeutend ist und nur, wenn n gerade und $\dfrac{n}{p_1}$ ungerade ist, gleich $2^n - 2^{n:p_1} - 2$ ist.

Nunmehr bleibt nach der k-ten Ausscheidung ein $(k+1)$-ter Komplex übrig, der nur noch diejenigen n-ten Koinzidenz-Repräsentanten enthält, welche weder $\left(\dfrac{n}{p_1}\right)$-te, noch $\left(\dfrac{n}{p_2}\right)$-te, noch $\left(\dfrac{n}{v_3}\right)$-te,

... noch $\left(\dfrac{n}{p_k}\right)$-te und welche also sämtlich primitive n-te sind und deren Anzahl beträgt:

4) $$\sum_{\alpha_1, \alpha_2, \ldots \alpha_k} (-1)^{\alpha_1 + \alpha_2 + \cdots + \alpha_k}\, 2^{n : p_1^{\alpha_1} p_2^{\alpha_2} \ldots p_k^{\alpha_k}}$$

(wo $\alpha_1, \alpha_2, \ldots \alpha_k$ unabhängig voneinander die Werte 0 und 1 annehmen sollen), wenn $k \geq 2$, also n mindestens aus zwei voneinander verschiedenen Primzahlen zusammengesetzt ist, oder wenn zwar $k = 1$, aber $\dfrac{n}{p_1}$ zugleich mit n gerade oder ungerade ist. Die Formel 4) gilt nur dann nicht, wenn $k = 1$, n gerade und $\dfrac{n}{p_1}$ ungerade ist, also $n = p_1 = 2$; in diesem Falle gilt die Formel 1), welche dann in $2^2 - 2 - 2 = 0$ übergeht.

Mithin haben wir:

Die Anzahl der primitiven n-ten Koinzidenz-Repräsentanten ist gleich
$$\sum_{\alpha_1, \alpha_2, \ldots \alpha_k} (-1)^{\alpha_1 + \alpha_2 + \cdots + \alpha_k}\, 2^{n : p_1^{\alpha_1} p_2^{\alpha_2} \ldots p_k^{\alpha_k}} \qquad (\alpha_1, \alpha_2, \ldots \alpha_k = 0, 1),$$
wenn $n = p_1^{\pi_1} p_2^{\pi_2} p_3^{\pi_3} \ldots p_k^{\pi_k} > 2$ ist, und gleich 0, wenn $n = 2$ ist.

Anmerkung. Die Summe in 4) wird aus der bekannten zahlentheoretischen Funktion $\varphi(n) = n\left(1 - \dfrac{1}{p_1}\right)\left(1 - \dfrac{1}{p_2}\right) \cdots \left(1 - \dfrac{1}{p_k}\right)$ in folgender Weise gebildet: die absoluten Beträge der einzelnen Glieder des entwickelten Produktes $\varphi(n)$ werden für die Summe in 4) als Exponenten zu 2, als Grundzahl, genommen, und die so entstehenden Potenzen von 2 werden mit demselben Vorzeichen [in der Summe in 4)] versehen wie ihre Exponenten im entwickelten Produkte $\varphi(n)$.

Die Anzahl der primitiven n-ten Koinzidenz-Repräsentanten läßt sich auch auf folgende Weise bestimmen.

Hängen zwei zahlentheoretische Funktionen $F(n)$ und $f(n)$ durch die Relation
$$F(n) = \sum f(d)$$
zusammen, wo das Summenzeichen sich auf alle Divisoren d (inkl. n) der Zahl n bezieht, und ist $n = p_1^{\pi_1} p_2^{\pi_2} \ldots p_k^{\pi_k}$, so ist bekanntlich:

$$f(n) = F(n) - \left[F\left(\frac{n}{p_1}\right) + \cdots + F\left(\frac{n}{p_k}\right)\right] + \left[F\left(\frac{n}{p_1 p_2}\right) + \cdots$$
$$+ F\left(\frac{n}{p_{k-1} p_k}\right)\right] - \left[F\left(\frac{n}{p_1 p_2 p_3}\right) + \cdots + F\left(\frac{n}{p_{k-2} p_{k-1} p_k}\right)\right] + \cdots,$$

was wir auch kürzer so schreiben können:

$$f(n) = \sum_{\alpha_1,\, \alpha_2,\, \ldots \alpha_k} (-1)^{\alpha_1 + \alpha_2 + \cdots + \alpha_k} \, F\left(\frac{n}{p_1^{\alpha_1} p_2^{\alpha_2} \cdots p_k^{\alpha_k}}\right),$$

wo $\alpha_1, \alpha_2, \ldots \alpha_k$ unabhängig voneinander die Werte 0 und 1 annehmen sollen.

Nun bestehen (nach Nr. 30 und Anfang dieser Nummer) die n-ten Koinzidenz-Repräsentanten, deren Anzahl $2^n - (-1)^n$ beträgt (Satz 19 in Nr. 29), aus den sämtlichen primitiven d-ten Koinzidenz-Repräsentanten und nur aus diesen, wo d irgendein Divisor von n (n selbst nicht ausgeschlossen) bedeutet. Wenn daher die Anzahl $2^n - (-1)^n$ der n-ten Koinzidenz-Repräsentanten mit $F(n)$ bezeichnet wird und die Anzahl der primitiven n-ten Koinzidenz-Repräsentanten mit $f(n)$, so muß sein:

$$\sum f(d) = F(n) = 2^n - (-1)^n,$$

wo das Summenzeichen sich auf alle Divisoren der Zahl n bezieht, und folglich muß die Anzahl der primitiven n-ten Koinzidenz-Repräsentanten sein:

$$\alpha) \quad \begin{cases} f(n) = \displaystyle\sum_{\alpha_1,\, \alpha_2,\, \ldots \alpha_k} (-1)^{\alpha_1 + \alpha_2 + \cdots + \alpha_k} \, F\left(\frac{n}{p_1^{\alpha_1} p_2^{\alpha_2} \cdots p_k^{\alpha_k}}\right) \\ \quad = \displaystyle\sum_{\alpha_1,\, \alpha_2,\, \ldots \alpha_k} (-1)^{\alpha_1 + \alpha_2 + \cdots + \alpha_k} \, [2^{n : p_1^{\alpha_1} p_2^{\alpha_2} \cdots p_k^{\alpha_k}} \\ \qquad\qquad\qquad - (-1)^{n : p_1^{\alpha_1} p_2^{\alpha_2} \cdots p_k^{\alpha_k}}], \end{cases}$$

wo $\alpha_1, \alpha_2, \ldots \alpha_k$ unabhängig voneinander die Werte 0 und 1 annehmen sollen.

Wählen wir nun die Bezeichnung der k in n aufgehenden, voneinander verschiedenen Primzahlen so, daß $1 < p_1 < p_2 < \cdots < p_k$ ist, so sind stets n und $\dfrac{n}{p_2^{\alpha_2} \cdots p_k^{\alpha_k}}$ beide zugleich gerade oder ungerade und ebenso $\dfrac{n}{p_1}$ und $\dfrac{n}{p_1 p_2^{\alpha_2} \cdots p_k^{\alpha_k}}$; mithin ist

$$\sum_{\alpha_1,\, \alpha_2,\, \ldots \alpha_k} (-1)^{\alpha_1 + \alpha_2 + \cdots + \alpha_k} \, (-1)^{n : p_1^{\alpha_1} p_2^{\alpha_2} \cdots p_k^{\alpha_k}}$$

$$= \sum_{\substack{a_2, \ldots a_k}}^{a_1 = 0} (-1)^{a_2 + \cdots + a_k} (-1)^{n : p_2^{a_2} \cdots p_k^{a_k}}$$
$$- \sum_{\substack{a_2, \ldots a_k}}^{a_1 = 1} (-1)^{a_2 + \cdots + a_k} (-1)^{n : p_1 p_2^{a_2} \cdots p_k^{a_k}}$$
$$= (-1)^n \sum_{a_2, \ldots a_k} (-1)^{a_2 + \cdots + a_k} - (-1)^{n : p_1} \sum_{a_2, \ldots a_k} (-1)^{a_2 + \cdots + a_k}$$
$$= [(-1)^n - (-1)^{n : p_1}] \sum_{a_2, \ldots a_k} (-1)^{a_2 + \cdots + a_k}$$
$$= [(-1)^n - (-1)^{n : p_1}] \cdot \left[1 - \binom{k-1}{1} + \binom{k-2}{2} - + \cdots \right.$$
$$\left. \pm \binom{k-1}{k-1} \right] = [(-1)^n - (-1)^{n : p}] (1 - 1)^{k-1}.$$

Dieses letzte Produkt ist aber $= 0$, wenn $k > 1$ oder zwar $k = 1$, aber n und $\dfrac{n}{p_1}$ beide zugleich gerade oder ungerade sind, und nur dann ist dieses Produkt von Null verschieden, wenn $k = 1$, n gerade und $n : p_1$ ungerade, wenn also $n = p_1 = 2$ ist, und zwar ist dann dieses Produkt $= 2$.

Mithin geht α) über in
$$f(n) = \sum_{a_1, a_2, \ldots a_k} (-1)^{a_1 + a_2 + \cdots + a_k} \, 2^{n : p_1^{a_1} p_2^{a_2} \cdots p_k^{a_k}},$$
wenn $n > 2$ ist, und für $n = 2$ in
$$f(2) = \sum_{a} (-1)^a 2^{2^{1-a}} - 2 = 2^2 - 2 - 2 = 0,$$
welche Resultate mit den vorher gefundenen übereinstimmen.

32. Weil die primitiven n-ten Koinzidenz-Repräsentanten in Gruppen von je n zerfallen, so daß jeder primitive n-te in einer und nur in einer dieser Gruppen enthalten ist (Nr. 30), so muß die Summe in 4), die die Anzahl der primitiven n-ten angibt, durch n teilbar sein. Dividieren wir nun die Summe in 4) durch $(-1)^k 2^{n : p_1 p_2 \cdots p_k}$, so erhellt:

Ist $n = p_1^{\pi_1} p_2^{\pi_2} \cdots p_k^{\pi_k}$, wo $p_1 < p_2 < \cdots < p_k$, so ist, je nachdem n ungerade oder gerade und also $p_1 = 2$ ist:
$$\sum_{a_1, a_2, \ldots a_k} (-1)^{a_1 + a_2 + \cdots + a_k} \, 2^{n (p_1^{a_1} p_2^{a_2} \cdots p_k^{a_k} - 1) : p_1 p_2 \cdots p_k}$$
$$\equiv 0 \pmod{n \text{ oder mod. } n : 2^{\pi_1}},$$
wo $\alpha_1, \alpha_2, \ldots \alpha_k$ unabhängig voneinander die Werte 0 und 1 annehmen sollen.

§ 6.

33. Bilden die drei Strahlen g_1, g_2, g_3 ein Tripel in $(P)^3$, wo P ein auf keiner Seite von ABC liegender Punkt ist, so bilden ihre ersten Repräsentanten $g_1^{(1)}, g_2^{(1)}, g_3^{(1)}$, welche die ein Tripel in der induzierten Involution $(p^2)^3$ bildenden Pole G_1, G_2, G_3 von g_1, g_2, g_3 aus P projizieren, gleichfalls ein Tripel in $(P)^3$ (Satz 10 in Nr. 17); und zwar muß der Sinn $g_1^{(1)} g_2^{(1)} g_3^{(1)}$ mit dem Sinne $g_1 g_2 g_3$ übereinstimmen. Denn der zu g_3 in $(P)^2$ zugepaarte Strahl g_3' ist von g_3 durch g_1 und g_2 harmonisch getrennt (Nr. 4) und ebenso der zu g_1 in $(P)^2$ zugepaarte g_1' von g_1 durch g_2 und g_3; mithin liegt g_3' in demjenigen von g_1 und g_2 gebildeten vollkommenen Winkel, innerhalb dessen g_3 und g_1' nicht liegen, und die Sinne $g_1 g_2 g_3$ und $g_1 g_3' g_2$ stimmen miteinander überein. Wenn nun ein Strahl g von P denjenigen von g_1 und g_2 gebildeten Winkel durchläuft, innerhalb dessen g_3 liegt, so beschreibt sein erster Repräsentant $g^{(1)}$ im entgegengesetzten Sinne (Nr. 23) um P denjenigen von $g_1^{(1)}$ und $g_2^{(1)}$ gebildeten vollkommenen Winkel, innerhalb dessen, weil g_3 und g_3' einen und denselben ersten Repräsentanten haben, $g_3^{(1)}$ liegt, und nur diesen Winkel da g bei seiner Bewegung den zu g_1 in $(P)^2$ zugepaarten g_1' nicht erreicht und mithin $g^{(1)}$ keinen vollen Umlauf um P vollenden kann (Nr. 26)[1]. Es muß demnach der Sinn $g_1^{(1)} g_3^{(1)} g_2^{(1)}$ zum Sinne $g_1 g_3' g_2$ und also auch zu $g_1 g_2 g_3$ entgegengesetzt sein, mithin stimmen die Sinne $g_1^{(1)} g_2^{(1)} g_3^{(1)}$ und $g_1 g_2 g_3$ miteinander überein. (Diese Resultate ergeben sich auch aus Satz 15 in Nr. 26, wenn man bemerkt, daß die drei Ordinatenwinkel eines Strahlentripels von $(P)^3$ sich voneinander um $\frac{\pi}{3}$ unterscheiden.)

Nunmehr müssen auch die zweiten Repräsentanten $g_1^{(2)}, g_2^{(2)}, g_3^{(2)}$, die die ersten Repräsentanten von $g_1^{(1)}, g_2^{(1)}, g_3^{(1)}$ sind, und mithin auch die dritten, vierten und überhaupt die n-ten Repräsentanten $g_1^{(n)}, g_2^{(n)}, g_3^{(n)}$ je ein mit $g_1 g_2 g_3$ gleichen Sinn habendes Tripel in $(P)^3$ bilden.

---

[1] Das hier benutzte Verfahren kann auch zu einem zweiten Beweise (s. oben Nr. 26) dafür dienen, daß die Bewegungen eines Strahles und dessen ersten Repräsentanten im Büschel einander entgegengesetzt sind, wenn man von dem Tripel der Ecktransversalen $p_A p_B p_C$ von $(P)^3$ ausgeht, welche Ecktransversalen mit ihren ersten Repräsentanten zusammenfallen.

Dies gilt nun ohne weiteres auch von den drei n-ten Repräsentanten eines Punkttripels in der von ABC auf einer durch keine Ecke von ABC gehenden Geraden erzeugten Involution dritten Grades.

34. Bilden nun in einem Gebilde erster Stufe die Elemente Q_1, Q_2, Q_3 ein Tripel in der von ABC im Gebilde erzeugten Involution dritten Grades und ist $Q_1^{(i)} \equiv Q_1$ bzw. $Q_1^{(i)} \equiv Q_2$ bzw. $Q_1^{(i)} \equiv Q_3$, so müssen $Q_2^{(i)} \equiv Q_2$ und $Q_3^{(i)} \equiv Q_3$ bzw. $Q_2^{(i)} \equiv Q_3$ und $Q_3^{(i)} \equiv Q_1$ bzw. $Q_2^{(i)} \equiv Q_1$ und $Q_3^{(i)} \equiv Q_2$ sein. Denn $Q_1^{(i)} Q_2^{(i)} Q_3^{(i)}$ bilden, wie wir sahen, ein mit $Q_1 Q_2 Q_3$ gleichen Sinn habendes Tripel in der Involution dritten Grades; diese beiden Tripel müssen nun zusammenfallen, wenn sie ein Element gemein haben, und alsdann müssen $Q_1^{(i)}$, $Q_2^{(i)}$, $Q_3^{(i)}$ der Reihe nach entweder mit Q_1, Q_2, Q_3 identisch sein, oder aus diesen durch eine zyklische Vertauschung hervorgehen. Mithin:

Satz 20. Bilden $Q_1 Q_2 Q_3$ ein Tripel in der von ABC im Gebilde erzeugten Involution dritten Grades und ist Q_1 ein primitiver n-ter Koinzidenz-Repräsentant, so sind auch Q_2 und Q_3 primitive n-te Koinzidenz-Repräsentanten.

Ist ferner $Q_1^{(k)}$ der niedrigste Repräsentant von Q_1, welcher mit einem der beiden Elemente Q_2 und Q_3 zusammenfällt (wo also ein noch niedriger als der k-te Repräsentant von Q_1 weder mit Q_2 noch mit Q_3 zusammenfällt), so ist $Q_1^{(2k)}$ der niedrigste Repräsentant von Q_1, welcher mit Q_3 bzw. Q_2, und $Q_1^{(3k)}$ der niedrigste, welcher (in beiden Fällen) mit Q_1 zusammenfällt. Das Nämliche gilt dann von Q_2 und von Q_3, nur sind im selben überall Q_1, Q_2, Q_3 für Q_2 durch Q_2, Q_3, Q_1 und für Q_3 durch Q_3, Q_1, Q_2 zu ersetzen; es sind also dann Q_1, Q_2, Q_3 primitive $(3k)$-te Koinzidenz-Repräsentanten.

In der Tat, wäre etwa Q_2 schon ein i-ter Koinzidenz-Repräsentant $(i < n)$, so müßte es auch Q_1 sein; Q_2 und Q_3 müssen also zugleich mit Q_1 primitive n-te Koinzidenz-Repräsentanten sein. Wenn ferner etwa $Q_1^{(k)} \equiv Q_2$ ist, muß $Q_1^{(2k)} \equiv Q_1^{(k)(k)} \equiv Q_2^{(k)} \equiv Q_3$ und $Q_1^{(3k)} \equiv Q_1^{(2k)(k)} \equiv Q_3^{(k)} \equiv Q_1$ sein; wäre schon $Q_1^{(l)} \equiv Q_3$, wo $2k > l > k$ wegen der Voraussetzung des Satzes, so müßte, weil $Q_1^{(l)} \equiv Q_3 \equiv Q_1^{(2k)}$, Q_3 und mithin auch Q_1 ein $(2k-l)$-ter Koinzidenz-Repräsentant sein, und $Q_2 \equiv Q_1^{(k)}$ müßte gegen die Voraussetzung schon unter den $2k-l-1$ Repräsentanten $Q_1^{(1)}, Q_1^{(2)}, Q_1^{(3)}, \ldots Q_1^{(2k-l-1)}$ von Q_1 vorkommen (Nr. 30), wo $2k-l<k$ ist; es muß also $Q_1^{(2k)}$ der niedrigste Repräsentant von Q_1 sein, für den $Q_1^{(2k)} \equiv Q_3$ ist. Wäre dann Q_1 ein primitiver n-ter Koinzidenz-Repräsentant, wo $n < 3k$, so müßte einerseits, weil nach dem soeben Bewiesenen $Q_3 \equiv Q_1^{(2k)}$ nicht unter den Repräsentanten von Q_1, die niedriger als der $(2k)$-te sind, vorkommen kann, $n > 2k$ und andererseits, weil $Q_1^{(3k)} \equiv Q_1$ ist, n ein Teiler von $3k$ sein, was unmöglich ist; Q_1 und mithin auch Q_2 und Q_3 müssen also primitive $(3k)$-te Koinzidenz-Repräsentanten sein. Wenn endlich dann $Q_2^{(i)} \equiv Q_3$ oder $\equiv Q_1$ wäre, wo $i < k$, so müßte nach dem eben Bewiesenen Q_2 ein primitiver $(3i)$-ter Koinzidenz-Repräsentant sein; $Q_2^{(k)}$ muß also dann der niedrigste Repräsentant von Q_2 sein, für den $Q_2^{(k)} \equiv Q_1^{(2k)} \equiv Q_3$ ist.

Aus dem vorstehenden Satze folgt nun ohne weiteres:

Satz 21. Ist Q_1 ein primitiver n-ter Koinzidenz-Repräsentant, so kommt weder Q_2, noch Q_3 unter den Repräsentanten von Q_1 vor, wenn n kein Vielfaches von 3 ist; ist aber n ein Vielfaches von 3, so kommt entweder keiner der beiden Elemente Q_2 und Q_3, oder jeder derselben unter den Repräsentanten von Q_1 vor, und zwar muß im letztern Falle, wo Q_2 und Q_3 vorkommen, entweder $Q_1^{(n:3)} \equiv Q_2$ und $Q_1^{(2n:3)} \equiv Q_3$, oder $Q_1^{(n:3)} \equiv Q_3$ und $Q_1^{(2n:3)} \equiv Q_2$ sein.

35. Ist n ein Vielfaches von 3 und ist Q_1 ein solcher primitiver n-ter Koinzidenz-Repräsentant, für den $Q_1^{(n:3)} \equiv Q_2$ oder $\equiv Q_3$ ist und mithin $Q_1^{(2n:3)} \equiv Q_3$ bzw. $\equiv Q_2$, so bilden auch $Q_1^{(k)}$, $Q_1^{(k+n:3)}$, $Q_1^{(k+2n:3)}$ für jeden Wert von k ein ebensolches Tripel (sogar dem Sinne nach) wie $Q_1 Q_2 Q_3$ bzw. wie $Q_1 Q_3 Q_2$. Denn es ist $Q_1^{(k+n:3)} \equiv Q_1^{(n:3)(k)} \equiv Q_2^{(k)}$ bzw. $\equiv Q_3^{(k)}$ und $Q_1^{(k+2n:3)} \equiv Q_1^{(2n:3)(k)} \equiv Q_3^{(k)}$ bzw. $\equiv Q_2^{(k)}$ und die k-ten Repräsentanten $Q_1^{(k)} Q_2^{(k)} Q_3^{(k)}$ des Tripels $Q_1 Q_2 Q_3$ bilden ein mit dem letzten gleichen Sinn habendes Tripel. Mithin muß jede der oben (Nr. 30) definierten Gruppen von je n primitiven n-ten Koinzidenz-Repräsentanten entweder kein einziges solches Element Q_1 enthalten, unter dessen Repräsentanten Q_2 und mithin auch Q_3 vorkommen, oder aus lauter solchen Elementen bestehen. Mithin:

Diejenigen primitiven n-ten Koinzidenz-Repräsentanten Q_1, unter deren Repräsentanten Q_2 und Q_3 vorkommen, wo n

notwendig ein Vielfaches von 3 ist, können nur in einer solchen Anzahl auftreten, welche ein ganzes Vielfaches von n ist.

36. Wir wollen nun, wenn n ein Vielfaches von 3 ist, die Anzahl derjenigen primitiven n-ten Koinzidenz-Repräsentanten Q_1 bestimmen, unter deren Repräsentanten Q_2 und mithin auch Q_3 vorkommen. Diese Anzahl stimmt nach den Sätzen 20 und 21 mit der Anzahl derjenigen Elemente Q_1 überein, für welche je der $\left(\frac{n}{3}\right)$-te (und kein niedriger) Repräsentant $Q_1^{(n:3)}$ mit Q_2 oder Q_3 zusammenfällt (wo also ein niedriger als der $(n:3)$-te Repräsentant von Q_1 weder mit Q_2 noch mit Q_3 zusammenfällt). Die letztere Anzahl kann nun wie folgt bestimmt werden.

Sind ω_1, ω_2 und ω_3 die Ordinatenwinkel von Q_1, Q_2 und Q_3, wo die bei der Bestimmung der Ordinatenwinkel hinzugedachten Bewegungen aller drei Elemente in einem und demselben Sinne folgen sollen und dieser Sinn und die Bezeichnung der Indices der Elemente so getroffen sein sollen, daß $0 < \omega_1 < \omega_2 < \omega_3$ ist, wo also, weil $Q_1 Q_2 Q_3$ von dem oben (Nr. 26) definierten Punkte R, dem Scheitel aller Ordinatenwinkel, aus durch einen regelmäßigen Dreistrahl projiziert werden (Nr. 4):

$$\omega_2 = \omega_1 + \frac{\pi}{3}, \quad \omega_3 = \omega_1 + \frac{2\pi}{3},$$

und soll der k-te Repräsentant von Q_1 mit Q_2 oder Q_3 zusammenfallen, soll also $Q_1^{(k)} \equiv Q_2$ oder $\equiv Q_3$ sein, so wird dann (nach Satz 15 in Nr. 26), wenn k ungerade ist:

$$-2^k \omega_1 = \omega_1^{(k)} = -(\pi - \omega_2 + i\pi)$$
$$= -\left(\pi - \omega_1 - \frac{\pi}{3} + i\pi\right) = -\left(\frac{3i+2}{3}\pi - \omega_1\right)$$

bzw.

$$-2^k \omega_1 = \omega_1^{(k)} = -(\pi - \omega_3 + i\pi)$$
$$= -\left(\pi - \omega_1 - \frac{2\pi}{3} + i\pi\right) = -\left(\frac{3i+1}{3}\pi - \omega_1\right)$$

sein müssen, wo i die Anzahl der vollen Umläufe von $Q_1^{(k)}$ im Gebilde angibt und wo i auch 0 sein kann, also:

$$\omega_1 = \frac{3i+2}{3(2^k+1)}\pi \quad \text{bzw.} \quad \omega_1 = \frac{3i+1}{3(2^k+1)}\pi,$$

wobei, weil nur $\omega_1 < \pi$ in Betracht kommt, $3i + 2 < 3.2^k + 3$ bzw. $3i + 1 < 3.2^k + 3$, also $i < 2^k + \frac{1}{3}$ bzw. $i < 2^k + \frac{2}{3}$, mithin (in beiden Fällen), weil i nur eine ganze Zahl sein kann, $i \leq 2^k$, also $i = 0, 1, 2, \ldots 2^k$, und, wenn k gerade ist:

$$2^k \omega_1 = \omega_1^{(k)} = \omega_2 + i\pi = \omega_1 + \frac{\pi}{3} + i\pi = \frac{3i+1}{3}\pi + \omega_1$$

bzw.

$$2^k \omega_1 = \omega_1^{(k)} = \omega_3 + i\pi = \omega_1 + \frac{2\pi}{3} + i\pi = \frac{3i+2}{3}\pi + \omega_1,$$

also:

$$\omega_1 = \frac{3i+1}{3(2^k-1)}\pi \quad \text{bzw.} \quad \omega_1 = \frac{3i+2}{3(2^k-1)}\pi,$$

wobei $3i + 1 < 3.2^k - 3$ bzw. $3i + 2 < 3.2^k - 3$, also $i < 2^k - \frac{4}{3}$ bzw. $i < 2^k - \frac{5}{3}$, mithin (in beiden Fällen) $i \leq 2^k - 2$, also $i = 0, 1, 2, \ldots 2^k - 2$. Hat, umgekehrt, der Ordinatenwinkel ω_1 eines Elementes Q_1 die Form $\frac{(3i+r)\pi}{3[2^k-(-1)^k]}$, wo $0 < r < 3$, so ist dann:

$$\omega_1^{(k)} = (-2)^k \omega_1 = \frac{(-2)^k(3i+r)\pi}{3[2^k-(-1)^k]}$$

$$= \frac{(-1)^k[2^k-(-1)^k](3i+r)\pi + (3i+r)\pi}{3[2^k-(-1)^k]}$$

$$= (-1)^k\left(i + \frac{r}{3}\right)\pi + \frac{(3i+r)\pi}{3[2^k-(-1)^k]} = (-1)^k\left[(-1)^k\omega_1 + \frac{r\pi}{3} + i\pi\right]$$

und dies ist $= \omega_1 + \frac{r\pi}{3} + i\pi$, wenn k gerade ist (also $= \omega_2 + i\pi$ oder $= \omega_3 + i\pi$, je nachdem $r = 1$ oder $r = 2$ ist), und $= -\left(\pi - \omega_1 - \frac{3-r}{3}\pi + i\pi\right)$, wenn k ungerade ist (also $= -(\pi - \omega_2 + i\pi)$ oder $= -(\pi - \omega_3 + i\pi)$, je nachdem $r = 2$ oder $r = 1$ ist); mithin muß dann in allen Fällen $Q_1^{(k)} \equiv Q_2$ oder $\equiv Q_3$ sein.

Es gibt also, je nachdem k ungerade oder gerade ist, $2(2^k + 1)$ oder $2(2^k - 1)$ Elemente Q_1, für welche je $Q_1^{(k)}$ mit **einem der beiden** Elemente Q_2 und Q_3 zusammenfällt.

Soll nun für ein Element Q_1, für das $Q_1^{(k)} \equiv Q_2$ oder $\equiv Q_3$ ist, $Q_1^{(i)}$ der **niedrigste mit einem der beiden Elemente Q_2 und Q_3 zusammenfallende Repräsentant** von Q_1 sein, wo notwendig $i < k$ ist, so wird dann k ein Vielfaches von i, nicht aber von $3i$ sein; und alsdann wird auch für jede Zahl m, die ein Vielfaches von i, nicht aber von $3i$ ist, $Q_1^{(m)}$ mit einem der beiden Elemente Q_2 und Q_3 zusammenfallen. Denn alsdann muß Q_1 ein primitiver $(3i)$-ter Koinzidenz-Repräsentant sein (Satz 20 in Nr. 34) und also muß, wenn $k = q\,3i + r$ $(r < 3i)$, Q_2 oder $Q_3 \equiv Q_1^{(k)} \equiv Q_1^{(q\,3i+r)} \equiv Q_1^{(q\,3i),(r)} \equiv Q_1^{(r)}$ sein; mithin muß entweder $r = i$, oder $r = 2i$ sein (ebenda), also $k = (q\,3+1)i$ oder $k = (q\,3+2)i$; und ist, umgekehrt, etwa $m = q\,3i + 2i$, so muß $Q_1^{(m)} \equiv Q_1^{(q\,3i+2i)} \equiv Q_1^{(q\,3i)(2i)} \equiv Q_1^{(2i)} \equiv Q_2$ oder $\equiv Q_3$ sein, je nachdem $Q_1^{(i)} \equiv Q_3$ oder $\equiv Q_2$ ist. Mithin wird dann auch mindestens einer der folgenden Repräsentanten von Q_1: $Q_1^{(k:p_1)}$, $Q_1^{(k:p_2)}$, $Q_1^{(k:p_3)}$, ... $Q_1^{(k:p_s)}$, niemals aber $Q_1^{(k:3)}$ mit einem der beiden Elemente Q_2 und Q_3 zusammenfallen, wenn

$$k = 3^\pi p_1^{\pi_1} p_2^{\pi_2} p_3^{\pi_3} \cdots p_s^{\pi_s}$$

ist, wo $\pi \geq 0$, hingegen $\pi_1 \geq 1$, $\pi_2 \geq 1$, ... $\pi_s \geq 1$; denn k darf kein Vielfaches von $3i$ und also $\frac{k}{3}$ kein Vielfaches von i sein, k ist aber ein Vielfaches von i und $> i$, mithin muß mindestens eine der Zahlen $\frac{k}{p_1}$, $\frac{k}{p_2}$, ... $\frac{k}{p_s}$, welche ebenso wie k keine Vielfache von $3i$ sind, ein Vielfaches von i sein. Ist, umgekehrt, einer oder mehrere der Repräsentanten $Q_1^{(k:p_1)}$, $Q_1^{(k:p_2)}$, ... $Q_1^{(k:p_s)}$ mit Q_2 oder Q_3 identisch, so muß auch $Q_1^{(k)}$ mit einem der beiden Elemente Q_2 und Q_3 identisch sein; denn, wenn $\frac{k}{p_1}$, oder $\frac{k}{p_2}$, ... oder $\frac{k}{p_s}$ ein Vielfaches von i, nicht aber von $3i$ ist, gilt dasselbe auch von k. Wenn aber für ein Element Q_1, für das $Q_1^{(k)} \equiv Q_2$ oder $\equiv Q_3$ ist, weder $Q_1^{(k:p_1)}$, noch $Q_1^{(k:p_2)}$, ... noch $Q_1^{(k:p_s)}$ mit einem der beiden Elemente Q_2 und Q_3 zusammenfällt, so muß, nach dem eben Bewiesenen, $Q_1^{(k)}$ **der niedrigste mit einem der beiden Elemente Q_2 und Q_3 zusammenfallende Repräsentant** von Q_1 sein.

Um nun diejenigen Elemente Q_1 zu erhalten, für welche $Q_1^{(k)}$ der niedrigste mit einem der beiden Elemente Q_2 und Q_3 zusammenfallende Repräsentant von Q_1 ist, ist notwendig und hinreichend aus dem Komplex der Elemente Q_1, für welche letzte $Q_1^{(k)} \equiv Q_2$ oder $\equiv Q_3$ ist und deren Anzahl, wie wir sahen, $2\left[2^k - (-1)^k\right]$ beträgt, diejenigen auszuscheiden, für welche schon $Q_1^{(k:p_1)}$, oder $Q_1^{(k:p_2)}, \ldots$ oder $Q_1^{(k:p_s)}$ mit einem der beiden Elemente Q_2 und Q_3 zusammenfällt.

Nunmehr zeigt eine zu der obigen (Nr. 31) ganz analoge Betrachtung, weil auch hier, wenn $Q_1^{(m)}$ und ebenso $Q_1^{(n)}$ mit einem der beiden Elemente Q_2 und Q_3 zusammenfällt, $Q_1^{(d)} \equiv Q_2$ oder $\equiv Q_3$ sein wird, wo d der größte gemeinsame Teiler von m und n bedeutet (ist nämlich $Q_1^{(i)}$ der niedrigste mit einem der beiden Elemente Q_2 und Q_3 zusammenfallende Repräsentant von Q_1, so sind m und n und mithin auch d Vielfache von i, nicht aber von $3i$), daß, wenn $k = 3^\pi p_1^{\pi_1} p_2^{\pi_2} \ldots p_s^{\pi_s}$ $(1 < p_1 < p_2 < \cdots < p_s;$ $\pi \geq 0,\ \pi_1 \geq 1,\ \pi_2 \geq 1,\ \ldots \pi_s \geq 1)$, wo $s > 1$, oder wo zwar $s = 1$, aber $p_1 > 3$, oder endlich wo $s = 1$, $p_1 = 2$, aber $\pi_1 > 1$ ist, die Anzahl derjenigen Elemente Q_1, für welche $Q_1^{(k)}$ der niedrigste mit einem der beiden Elemente Q_2 und Q_3 zusammenfallende Repräsentant von Q_1 ist, gleich ist:

1) $$2 \sum_{\alpha_1,\alpha_2,\ldots\alpha_s} (-1)^{\alpha_1 + \alpha_2 + \cdots + \alpha_s}\, 2^{k : p_1^{\alpha_1} p_2^{\alpha_2} \ldots p_s^{\alpha_s}},$$

wo $\alpha_1, \alpha_2, \ldots \alpha_s$ unabhängig voneinander die Werte 0 und 1 annehmen sollen, und, nur wenn $s = 1$, $p_1 = 2$, $\pi_1 = 1$, die nämliche Anzahl gleich ist:

2) $$2\left[\sum_{\alpha_1}(-1)^{\alpha_1}\, 2^{k:2^{\alpha_1}} - 2\right],$$

wo α_1 die Werte 0 und 1 annehmen soll. Die nämliche Anzahl ist also in allen Fällen, wenn nur $s > 0$ ist, gleich:

3) $$2\left[\sum_{\alpha_1,\alpha_2,\ldots\alpha_s}(-1)^{\alpha_1+\alpha_2+\cdots+\alpha_s}\, 2^{k:p_1^{\alpha_1}p_2^{\alpha_2}\ldots p_s^{\alpha_s}} + (-1)^{p_1^s-2\cdot k} - (-1)^k\right];$$

da $(-1)^{p_1^s-2\cdot k} - (-1)^k = 0$ ist [in $p_1^s \cdot k$ $\left(= p_1^s + \pi_1 \dfrac{k}{p_1^{\pi_1}}\right)$ geht p_1^2 auf, wenn nur $s > 0$, $p_1^{s-2} \cdot k$ ist also eine ganze Zahl], wenn $p_1 > 3$ und also p_1 und k beide zugleich ungerade sind, ferner wenn $p_1 = 2$ und $\pi_1 \geq 2$, wo dann k und $p_1^{s-2} \cdot k\left(= 2^{\pi_1+s-2}\dfrac{k}{2^{\pi_1}}\right)$ beide zugleich gerade sind, und endlich wenn $p_1 = 2$, $\pi_1 = 1$ und $s \geq 2$, wo dann wieder k und $p_1^{s-2} \cdot k$ $(= 2^{s-2} k)$ beide zugleich gerade sind, und nur dann $(-1)^{p_1^{s}-2\cdot k}-(-1)^k = -2$ ist, wenn $p_1 = 2$, $\pi_1 = s_1 = 1$ ist, wo dann k gerade, während $p_1^{s-2}\cdot k (= 2^{-1}k)$ ungerade ist. Ist aber $s = 0$, ist also $k = 3^\pi$, so ist die nämliche Anzahl gleich:

4) $\qquad 2(2^k + 1);$

denn, wäre für ein Element Q_1, für das $Q_1^{(k)}$ mit einem der beiden Elemente Q_2 und Q_3 zusammengefällt, $Q_1^{(i)}$ der niedrigste Repräsentant von Q_1, der mit einem der beiden Elemente Q_2 und Q_3 zusammenfällt, wo $i < k$, so müßte, wie wir sahen, k ein Vielfaches von i und kein Vielfaches von $3i$ sein, was, wenn $k = 3^\pi$ und $i < k$, unmöglich ist; es muß also in diesem Falle für alle $2[2^k-(-1)^k] = 2(2^k + 1)$ Elemente Q_1, für die $Q_1^{(k)}$ mit einem der beiden Elemente Q_2 und Q_3 zusammenfällt, $Q_1^{(k)}$ auch der niedrigste Repräsentant von Q_1 sein, der dies tut.

Ersetzt man in den Formeln 3) und 4) k durch $\dfrac{n}{3}$, so ergibt sich:

Ist $\qquad n = 3^\pi p_1^{\pi_1} p_2^{\pi_2} \ldots p_i^{\pi_i}$

(wo $1 < p_1 < p_2 < \cdots < p_i$; $\pi \geq 1$, $\pi_1 \geq 1$, $\pi_2 \geq 1, \ldots \pi_i \geq 1$; $i \geq 1$), so beträgt die Anzahl derjenigen Elemente Q_1, für die $Q_1^{(n:3)}$ der niedrigste mit einem der beiden Elemente Q_2 und Q_3 zusammenfallende Repräsentant von Q_1 ist:

5) $2\left[\displaystyle\sum_{\alpha_1,\alpha_2,\ldots\alpha_i}(-1)^{\alpha_1+\alpha_2+\cdots+\alpha_i} 2^{n:3} p_1^{\alpha_1} p_2^{\alpha_2} \ldots p_i^{\alpha_i} + (-1)^{p_1^{i}-2\cdot n} - (-1)^n\right],$

wo $\alpha_1, \alpha_2, \ldots \alpha_i$ unabhängig voneinander die Werte 0 und 1 annehmen sollen; ist aber $n = 3^\pi$ ($\pi \geq 1$), so beträgt die nämliche Anzahl:

6) $\qquad 2(2^{n:3} + 1).$

Die Formeln 5) und 6) liefern nun zugleich, wie im Anfang dieser Nummer bemerkt wurde, die Anzahl derjenigen primitiven n-ten Koinzidenz-Repräsentanten Q_1, unter deren Repräsentanten Q_2 und mithin auch Q_3 vorkommen, wenn $n = 3^\pi p_1^{\pi_1} p_2^{\pi_2} \ldots p_i^{\pi_i}$ ist bzw. wenn $n = 3^\pi$ ist.

37. Weil nun die Formeln 5) und 6) (wo $\dfrac{n}{3}$ wiederum ein Vielfaches von 3 ist oder nicht), die die Anzahl der letzt erwähnten primitiven n-ten Koinzidenz-Repräsentanten liefern, je

durch n teilbar sein müssen (Ende Nr. 35), so ergibt sich, wenn man $\frac{n}{3}$ durch m ersetzt und die Formeln 5) und 6) durch 2 bzw., wenn $i > 1$ oder $p_1 > 3$ oder $\pi_1 > 1$ ist, die Formel 5) durch $(-1)^i 2^{(m : p_1 p_2 \ldots p_i) + 1}$ dividiert, daß das Resultat in Nr. 32 wie folgt ergänzt werden kann:

Ist
$$m = 3^\pi p_1^{\pi_1} p_2^{\pi_2} \ldots p_i^{\pi_i}$$
(wo $1 < p_1 < p_2 < \cdots < p_i$; $\pi \geq 0$, $\pi_1 \geq 1$, $\pi_2 \geq 1, \ldots \pi_i \geq 1$; $i \geq 1$) und ist $i > 1$, oder $p_1 > 3$, oder $\pi_1 > 1$, so ist, je nachdem m ungerade oder gerade und also $p_1 = 2$ ist:

$$\sum_{\alpha_1, \alpha_2, \ldots \alpha_i} (-1)^{\alpha_1 + \alpha_2 + \cdots + \alpha_i} \cdot 2^{m(p_1^{\alpha_1} p_2^{\alpha_2} \ldots p_i^{\alpha_i} - 1) : p_1 p_2 \ldots p_i}$$
$$\equiv 0 \ (\mathrm{mod.} \ 3\,m \ \mathrm{oder\ mod.} \ 3\,m : 2^{\pi_1}),$$

wo $\alpha_1, \alpha_2, \ldots \alpha_i$ unabhängig voneinander die Werte 0 und 1 annehmen sollen; ist aber $i = 1$, $p_1 = 2$ und $\pi_1 = 1$, ist also
$$m = 3^\pi \cdot 2 \quad (\pi \geq 0),$$
so ist:
$$\sum_{\alpha_1} (-1)^{\alpha_1} 2^{m : 2^{\alpha_1}} \equiv 2 \ (\mathrm{mod.} \ 3\,m),$$
oder:
$$\sum_{\alpha_1} (-1)^{\alpha_1} 2^{2^{1 - \alpha_1} \cdot 3^\pi - 1} \equiv 1 \ (\mathrm{mod.} \ 3^{\pi + 1}),$$
wo α_1 die Werte 0 und 1 annehmen soll; ist endlich
$$m = 3^\pi,$$
so ist:
$$2^{3^\pi} \equiv -1 \ (\mathrm{mod.} \ 3^{\pi + 1}),$$
was auch leicht auf andere Weise bewiesen wird.

38. Ebenso wie wir den Repräsentanten einer Gruppe in der von ABC im Gebilde erzeugten Involution (2^n)-ten Grades den n-ten Repräsentanten eines jeden der 2^n der nämlichen Gruppe angehörenden Elemente nannten (Nr. 24), nennen wir das Repräsentations-Tripel (Nr. 20) einer Gruppe in der von ABC im Gebilde erzeugten Involution $(2^n \cdot 3)$-ten Grades die n-te Repräsentation eines jeden der 2^n in dieser Gruppe enthaltenen Tripel der von ABC im Gebilde erzeugten Involution dritten Grades (Satz 12 in Nr. 22). Die n-te Repräsentation eines Tripels der Involution dritten Grades besteht also (Nr. 20) aus demjenigen Tripel der-

selben Involution, welches von den drei n-ten Repräsentanten der Elemente des erstern Tripels gebildet wird. In Analogie mit den n-ten Koinzidenz-Repräsentanten nennen wir ein Tripel, das mit seiner n-ten Repräsentation zusammenfällt, eine n-te **Koinzidenz-Repräsentation** und, wenn das Tripel erst mit seiner n-ten (und mit keiner frühern) Repräsentation zusammenfällt, eine **primitive n-te Koinzidenz-Repräsentation**.

Was die Anzahl anbetrifft, unterscheiden sich nicht die Koinzidenz-Repräsentationen von den Koinzidenz-Repräsentanten.

Es ist nämlich die Anzahl der n-ten Koinzidenz-Repräsentationen gleich:
$$2^n - (-1)^n$$
und die Anzahl der primitiven n-ten Koinzidenz-Repräsentationen gleich:
$$\sum_{\alpha_1, \alpha_2, \ldots \alpha_k} (-1)^{\alpha_1 + \alpha_2 + \cdots + \alpha_k} 2^{n : p_1^{\alpha_1} p_2^{\alpha_2} \ldots p_k^{\alpha_k}}$$
(wo $\alpha_1, \alpha_2, \ldots \alpha_k$ unabhängig voneinander die Werte 0 und 1 annehmen sollen), wenn
$$n = p_1^{\pi_1} p_2^{\pi_2} \ldots p_k^{\pi_k} > 2$$
ist, und gleich 0, wenn $n = 2$ ist.

Denn auf drei Arten kann ein Tripel $Q_1 Q_2 Q_3$ mit seiner n-ten Repräsentation zusammenfallen, nämlich: erstens, kann $Q_1^{(n)} \equiv Q_1$ und alsdann muß auch $Q_2^{(n)} \equiv Q_2$ und $Q_3^{(n)} \equiv Q_3$ sein, zweitens, kann $Q_1^{(n)} \equiv Q_2$ und alsdann muß $Q_2^{(n)} \equiv Q_3$ und $Q_3^{(n)} \equiv Q_1$ sein, drittens, kann $Q_1^{(n)} \equiv Q_3$ und alsdann muß $Q_2^{(n)} \equiv Q_1$ und $Q_3^{(n)} \equiv Q_2$ sein (Satz 20 in Nr. 34). Nun beträgt die Anzahl der Elemente Q_1, für die $Q_1^{(n)} \equiv Q_1$ ist, $2^n - (-1)^n$ (Satz 19 in Nr. 29) und die Anzahl derjenigen Elemente Q_1, für die je $Q_1^{(n)}$ mit einem der beiden Elemente Q_2 und Q_3 zusammenfällt, $2[2^n - (-1)^n]$ (Nr. 36); mithin beträgt die Anzahl derjenigen Elemente Q_1, für die je $Q_1^{(n)}$ mit einem der Elemente des Tripels $Q_1 Q_2 Q_3$ zusammenfällt, $3[2^n - (-1)^n]$. Weil aber erst drei solche Elemente ein mit seiner n-ten Repräsentation zusammenfallendes Tripel ausmachen, so beträgt die Anzahl dieser Tripel, also die Anzahl der n-ten Koinzidenz-Repräsentationen $2^n - (-1)^n$.

Soll ferner $Q_1 Q_2 Q_3$ ein erst mit seiner n-ten (und mit keiner frühern) Repräsentation zusammenfallendes Tripel sein, so wird, wenn $Q_1^{(n)} \equiv Q_1$ sein soll, Q_1 irgendein primitiver n-ter Koinzidenz-Repräsentant sein müssen, wenn n kein Vielfaches von 3 ist und also Q_2 und Q_3 nicht unter den Repräsentanten von Q_1 vorkommen können (Satz 21 in Nr. 34); ist aber $n \equiv 0 \pmod{3}$, so wird dann Q_1 ein solcher primitiver n-ter Koinzidenz-Repräsentant sein müssen, unter dessen Repräsentanten weder Q_2 noch Q_3 vorkommt, da sonst $Q_1^{(n:3)} \equiv Q_2$ oder Q_3 wäre (ebenda) und mithin $Q_1 \, Q_2 \, Q_3$ schon mit seiner $\left(\dfrac{n}{3}\right)$-ten Repräsentation zusammenfiele; und wenn $Q_1^{(n)} \equiv Q_2$ oder $\equiv Q_3$ sein soll, wird Q_1 ein solches Element sein müssen, für das $Q_1^{(n)}$ der niedrigste mit einem der beiden Elemente Q_2 und Q_3 zusammenfallende Repräsentant von Q_1 ist. In allen Fällen werden Q_2 und Q_3 ebenso wie Q_1 beschaffen sein müssen (Satz 20 in Nr. 34). Nun beträgt aber, wenn

$$n = p_1^{\pi_1} p_2^{\pi_2} \ldots p_k^{\pi_k} > 2$$

und n kein Vielfaches von 3 ist, die Anzahl derjenigen Elemente Q_1, welche primitive n-te Koinzidenz-Repräsentanten sind:

$$\sum_{\alpha_1, \alpha_2, \ldots \alpha_k} (-1)^{\alpha_1 + \alpha_2 + \cdots + \alpha_k} \cdot 2^{n : p_1^{\alpha_1} p_2^{\alpha_2} \ldots p_k^{\alpha_k}}$$

(Nr. 31) und die Anzahl derjenigen Elemente Q_1, für die je $Q_1^{(n)}$ der niedrigste mit einem der beiden Elemente Q_2 und Q_3 zusammenfallende Repräsentant von Q_1 ist:

$$2 \sum_{\alpha_1, \alpha_2, \ldots \alpha_k} (-1)^{\alpha_1 + \alpha_2 + \cdots + \alpha_k} \cdot 2^{n : p_1^{\alpha_1} p_2^{\alpha_2} \ldots p_k^{\alpha_k}}$$

[nach 1) in Nr. 36], also zusammen:

$$3 \sum_{\alpha_1, \alpha_2, \ldots \alpha_k} (-1)^{\alpha_1 + \alpha_2 + \cdots + \alpha_k} \cdot 2^{n : p_1^{\alpha_1} p_2^{\alpha_2} \ldots p_k^{\alpha_k}};$$

mithin beträgt dann die Anzahl der aus je drei solchen Elementen bestehenden Tripel, also die Anzahl der primitiven n-ten Koinzidenz-Repräsentationen:

$$\sum_{\alpha_1, \alpha_2, \ldots \alpha_k} (-1)^{\alpha_1 + \alpha_2 + \cdots + \alpha_k} \cdot 2^{n : p_1^{\alpha_1} p_2^{\alpha_2} \ldots p_k^{\alpha_k}}.$$

Wenn ferner $n \equiv 0 \pmod{3}$, etwa $p_1 = 3$ und $k \geq 2$ ist (wo dann $1 < p_2 < p_3 < \cdots < p_k$ sein sollen), so beträgt die Anzahl derjenigen primitiven n-ten Koinzidenz-Repräsentanten, unter deren Repräsentanten je weder Q_2 noch Q_3 vorkommt:

$$\sum_{\alpha_1,\alpha_2,\ldots\alpha_k}(-1)^{\alpha_1+\alpha_2+\cdots+\alpha_k}\cdot 2^{n:3^{\alpha_1}}p_2^{\alpha_2}\ldots p_k^{\alpha_k}$$
$$-2\left[\sum_{\alpha_2,\ldots\alpha_k}(-1)^{\alpha_2+\cdots+\alpha_k}\cdot 2^{n:3}p_2^{\alpha_2}\ldots p_k^{\alpha_k} + (-1)p_2^{k-3}\cdot n - (-1)^n\right]$$

[nach Nr. 31 und 5) in Nr. 36; hier ist deshalb $p_2^{k-3}\cdot n$ der Exponent des vorletzten Gliedes in der eckigen Klammer, während in 5) $p_1^{i-2}\cdot n$ es ist, weil hier in den k voneinander verschiedenen Primfaktoren von n auch der Faktor 3 mitgezählt wird] und die Anzahl derjenigen Elemente Q_1, für die je $Q_1^{(n)}$ der niedrigste mit einem der beiden Elemente Q_2 und Q_3 zusammenfallende Repräsentant von Q_1 ist:

$$2\left[\sum_{\alpha_2,\ldots\alpha_k}(-1)^{\alpha_2+\cdots+\alpha_k}\cdot 2^{n:p_2^{\alpha_2}\ldots p_k^{\alpha_k}} + (-1)p_2^{k-3}\cdot n - (-1)^n\right]$$

[nach 3) in Nr. 36], also zusammen:

$$\sum_{\alpha_1,\alpha_2,\ldots\alpha_k}(-1)^{\alpha_1+\alpha_2+\cdots+\alpha_k}\cdot 2^{n:3^{\alpha_1}p_2^{\alpha_2}\ldots p_k^{\alpha_k}}$$
$$-2\sum_{\alpha_2,\ldots\alpha_k}(-1)^{\alpha_2+\cdots+\alpha_k}\cdot 2^{n:3\,p_2^{\alpha_2}\ldots p_k^{\alpha_k}}$$
$$+2\sum_{\alpha_2,\ldots\alpha_k}(-1)^{\alpha_2+\cdots+\alpha_k}\cdot 2^{n:p_2^{\alpha_2}\ldots p_k^{\alpha_k}}$$
$$=\sum_{\substack{\alpha_1,\alpha_2,\ldots\alpha_k\\ \alpha_1=1}}(-1)^{\alpha_1+\alpha_2+\cdots+\alpha_k}\cdot 2^{n:3^{\alpha_1}p_2^{\alpha_2}\ldots p_k^{\alpha_k}}$$
$$+2\sum_{\substack{\alpha_2,\ldots\alpha_k\\ \alpha_1=0}}(-1)^{\alpha_1+\alpha_2+\cdots+\alpha_k}\cdot 2^{n:3^{\alpha_1}p_2^{\alpha_2}\ldots p_k^{\alpha_k}}$$
$$+2\sum_{\alpha_2,\ldots\alpha_k}(-1)^{\alpha_1+\alpha_2+\cdots+\alpha_k}\cdot 2^{n:3^{\alpha_1}p_2^{\alpha_2}\ldots p_k^{\alpha_k}}$$
$$=\sum_{\alpha_1,\alpha_2,\ldots\alpha_k}(-1)^{\alpha_1+\alpha_2+\cdots+\alpha_k}\cdot 2^{n:3^{\alpha_1}p_2^{\alpha_2}\ldots p_k^{\alpha_k}}$$
$$+2\sum_{\alpha_1,\alpha_2,\ldots\alpha_k}(-1)^{\alpha_1+\alpha_2+\cdots+\alpha_k}\cdot 2^{n:3^{\alpha_1}p_2^{\alpha_2}\ldots p_k^{\alpha_k}}$$
$$=3\sum_{\alpha_1,\alpha_2,\ldots\alpha_k}(-1)^{\alpha_1+\alpha_2+\cdots+\alpha_k}\cdot 2^{n:3^{\alpha_1}p_2^{\alpha_2}\ldots p_k^{\alpha_k}}$$

(wo $\alpha_1,\alpha_2,\ldots\alpha_k$ unabhängig voneinander die Werte 0 und 1 annehmen sollen); und, wenn $n\equiv 0$ (mod. 3) und $k=1$, also $n=p_1^{\pi_1}=3^{\pi_1}$ ist, beträgt die erstere Anzahl:

$$\sum_{\alpha_1}(-1)^{\alpha_1}2^{n:3^{\alpha_1}}-2(2^{n:3}+1)$$

[nach Nr. 31 und 6) in Nr. 36] und die letztere Anzahl:
$$2(2^n + 1)$$
[nach 4) in Nr. 36], also zusammen:
$$\sum_{\alpha_1}(-1)^{\alpha_1} 2^{n:3^{\alpha_1}} + 2(2^n - 2^{n:3}) = \sum_{\alpha_1}(-1)^{\alpha_1} 2^{n:3^{\alpha_1}}$$
$$+ 2\sum_{\alpha_1}(-1)^{\alpha_1} 2^{n:3^{\alpha_1}} = 3\sum_{\alpha_1}(-1)^{\alpha_1} 2^{n:3^{\alpha_1}};$$

mithin beträgt auch in allen Fällen, wo $n \equiv 0 \pmod{3}$ ist, die Anzahl der aus je drei solchen Elementen bestehenden Tripel, also die Anzahl der primitiven n-ten Koinzidenz-Repräsentationen:
$$\sum_{\alpha_1, \alpha_2, \ldots \alpha_k}(-1)^{\alpha_1+\alpha_2+\cdots+\alpha_k} 2^{n:3^{\alpha_1} p_2^{\alpha_2} \ldots p_k^{\alpha_k}}.$$

Ist aber $n = 2$, so ist die Anzahl der primitiven zweiten Koinzidenz-Repräsentanten gleich 0 (Nr. 31) und ebenso die Anzahl derjenigen Elemente Q_1, für die je $Q_1^{(2)}$ der niedrigste mit einem der beiden Elemente Q_2 und Q_3 zusammenfallende Repräsentant von Q_1 ist, gleich
$$2\left[\sum_{\alpha_1}(-1)^{\alpha_1} 2^{2:2^{\alpha_1}} - 2\right] = 2[2^2 - 2 - 2] = 0$$
[nach 2) in Nr. 36]; mithin muß auch die Anzahl der primitiven zweiten Koinzidenz-Repräsentationen gleich 0 sein.

§ 7.

39. Wie wir sahen, gibt es in einem Gebilde erster Stufe unendlich viele Elemente, welche wiederkehren, wenn wir den Prozeß ihrer Repräsentanten-Bildung hinreichend weit fortsetzen und welche Elemente wir Koinzidenz-Repräsentanten nannten; denn es gibt ja $2^n - (-1)^n$ n-te Koinzidenz-Repräsentanten für jeden beliebigen positiven ganzzahligen Wert von n.

Es fragt sich nun:

> Gibt es auch im Gebilde solche Elemente, welche nie wiederkehren, wie weit auch wir den Prozeß ihrer Repräsentanten-Bildung fortsetzen mögen? und, wenn es deren gibt, welches sind diese?

Zum Teil werden diese Fragen schon durch den folgenden Satz beantwortet.

Satz 22. Unter den 2^n Elementen einer Gruppe in der von ABC im Gebilde erzeugten Involution (2^n)-ten Grades kann höchstens ein Koinzidenz-Repräsentant vorkommen.

In der Tat, kämen zwei Koinzidenz-Repräsentanten, etwa $Q_{n,i}$ und $Q_{n,k}$, vor und wäre der eine ein p-ter und der zweite ein q-ter, wo $p = q$ oder $p \neq q$, so müßten $Q_{n,i}$ und $Q_{n,k}$, weil jeder l-te Koinzidenz-Repräsentant zugleich ein (ml)-ter ist (Nr. 30), zugleich (pq)-te und auch (pqr)-te Koinzidenz-Repräsentanten sein für jeden beliebigen Wert von r; es wären daher $Q_{n,i}^{(pqr)}$ ($\equiv Q_{n,i}$) und $Q_{n,k}^{(pqr)} (\equiv Q_{n,k})$ voneinander verschieden auch für einen solchen Wert von r, für den $pqr > n$ ist, was aber unmöglich ist, da $Q_{n,i}$ und $Q_{n,k}$, welche beide einer und derselben Gruppe in der Involution (2^n)-ten Grades angehören, den n-ten Repräsentanten, der der Repräsentant jener ganzen Gruppe ist (Nr. 24), und mithin auch jeden höhern als den n-ten Repräsentanten gemein haben müssen.

Wenn daher ein Element in einer Involution (2^k)-ten Grades (für irgendeinen Wert von k) einer solchen Gruppe angehört, die unter ihren 2^n Elementen schon einen Koinzidenz-Repräsentanten enthält, so kann das Element kein Koinzidenz-Repräsentant sein und also nie wiederkehren, wie weit auch wir den Prozeß seiner Repräsentanten-Bildung fortsetzen mögen.

40. Gehört aber ein Element in der Involution (2^k)-ten Grades einer einen Koinzidenz-Repräsentanten schon enthaltenden Gruppe an, so muß es auch in jeder höhern Involution, etwa vom (2^{k+i})-ten Grade (für jeden Wert von i), einer ebensolchen Gruppe angehören; denn jede Gruppe in der letztern Involution ist aus 2^i Gruppen der erstern zusammengesetzt (Satz 12 in Nr. 22), mithin müssen das Element und der Koinzidenz-Repräsentant auch in der Involution (2^{k+i})-ten Grades in einer und derselben Gruppe vorkommen.

Ist nun ein Element gegeben, das in der Involution (2^k)-ten Grades einer einen Koinzidenz-Repräsentanten schon enthaltenden Gruppe angehört, und ist in dieser Gruppe der Koinzidenz-Repräsentant mit $Q_{k,r}$ und das gegebene Element mit $Q_{k,s}$ bezeichnet, wo die Ordnung der Elementenzeiger in dieser Gruppe mit der natürlichen Anordnung in einem der beiden Sinne im Gebilde übereinstimmt, und ist endlich $r - s \equiv 2^i \pmod{2^{i+1}}$, wo notwendig $0 \leq i < k$, so ist die Involution (2^{k-i})-ten Grades die niedrigste, in der das gegebene Element einer einen Koinzidenz-Repräsentanten schon enthaltenden Gruppe angehört. Denn, weil $r \equiv s$ (mod. 2^i), gehören $Q_{k,r}$ und $Q_{k,s}$ auch in der Involution (2^{k-i})-ten Grades einer und derselben Gruppe an (Satz 12 in Nr. 22); sollte aber $Q_{k,s}$ schon in einer Involution (2^{k-l})-ten Grades $(i < l < k)$ einer solchen Gruppe angehören, die einen Koinzidenz-Repräsentanten enthält, so würde dieser Koinzidenz-Repräsentant, welcher, weil $r \not\equiv s$ (mod. 2^l) ist, von $Q_{k,r}$ verschieden sein müßte, mit $Q_{k,s}$ auch in der höhern Involution (2^k)-ten Grades in einer und derselben Gruppe vorkommen und mithin kämen in der letzten Gruppe zwei Koinzidenz-Repräsentanten, nämlich dieser und $Q_{k,r}$ vor, was nach Satz 22 unmöglich ist.

Ist die Involution (2^m)-ten Grades die niedrigste, in der ein gegebenes Element einer einen Koinzidenz-Repräsentanten schon enthaltenden Gruppe angehört, so ist die Involution (2^{m-p})-ten Grades $(0 < p < m)$ die niedrigste, in der der p-te Repräsentant des gegebenen Elementes gleichfalls einer einen Koinzidenz-Repräsentanten schon enthaltenden Gruppe angehört. Es kann also der p-te Repräsentant des gegebenen Elementes (für $p < m$) ebenso wie dieses Element selbst kein Koinzidenz-Repräsentant sein; hingegen ist der m-te und mithin auch jeder noch höhere Repräsentant des gegebenen Elementes je ein Koinzidenz-Repräsentant, und zwar je ein primitiver n-ter, wenn der mit dem gegebenen Elemente in einer und derselben Gruppe der Involution (2^m)-ten Grades vorkommende Koinzidenz-Repräsentant ein primitiver n-ter ist. Seien nämlich der letzt erwähnte Koinzidenz-Repräsentant und das gegebene Element in der Gruppe der Involution (2^m)-ten Grades mit $Q_{m,r}$ und $Q_{m,s}$ bezeichnet, so müssen, weil (für jedes $p < m$) $Q_{m,r}$ und $Q_{m,s}$ zwei voneinander verschiedenen Gruppen der Involution (2^p)-ten Grades angehören, ihre p-ten Repräsentanten $Q^{(p)}_{(m,r)}$ und $Q^{(p)}_{(m,s)}$, die die Repräsentanten dieser zwei Gruppen der Involution (2^p)-ten Grades sind (Nr. 24) und wo $Q^{(p)}_{(m,r)}$ ebenso wie $Q_{m,r}$ ein Koinzidenz-Repräsentant ist (Nr. 30), voneinander verschieden sein und einer und derselben Gruppe, nämlich der Repräsentations-Gruppe von der $Q_{m,r}$ und $Q_{m,s}$ enthaltenden Gruppe der Involution (2^m)-ten Grades in der Involution (2^{m-p})-ten Grades angehören (Nr. 19). $Q^{(p)}_{(m,r)}$ und $Q^{(p)}_{(m,s)}$ können aber in einer niedrigern Involution, etwa vom (2^{m-p-i})-ten Grade, nicht einer und derselben Gruppe angehören, da sonst $Q_{m,r}$ und $Q_{m,s}$ gegen die Voraussetzung schon in der Involution (2^{m-i})-ten Grades einer und derselben Gruppe angehören müßten (nach Nr. 19). Sollte nun $Q_{(m,s)}^{(p)}$ schon in einer Involution (2^{m-p-i})-ten Grades einer einen Koinzidenz-Repräsentanten enthaltenden Gruppe angehören, so müßte dieser Koinzidenz-Repräsentant, der nach dem soeben Bewiesenen von $Q_{(m,r)}^{(p)}$ verschieden wäre, zugleich mit $Q_{(m,r)}^{(p)}$, der gleichfalls ein Koinzidenz-Repräsentant ist, in der Involution (2^{m-p})-ten Grades in einer und derselben Gruppe, nämlich in der $Q_{(m,s)}^{(p)}$ enthaltenden Gruppe, vorkommen, was aber nach Satz 22 unmöglich ist. Der m-te Repräsentant von $Q_{m,s}$, der der Repräsentant der ganzen $Q_{m,s}$ enthaltenden Gruppe der Involution (2^m)-ten Grades und also der nämliche wie der m-te von $Q_{m,r}$ ist, muß aber ebenso wie $Q_{m,r}$ ein primitiver n-ter Koinzidenz-Repräsentant sein (Nr. 30).

Ist, umgekehrt, der m-te (und kein niedriger) Repräsentant eines gegebenen Elementes ein Koinzidenz-Repräsentant, so ist die Involution (2^m)-ten Grades die niedrigste, in der das gegebene Element einer solchen Gruppe angehört, die einen Koinzidenz-Repräsentanten schon enthält; und zwar ist dieser letzte Koinzidenz-Repräsentant ein primitiver n-ter, wenn der m-te Repräsentant des gegebenen Elementes es ist. Sei nämlich das gegebene Element mit Q bezeichnet und $m = qn + r$ ($0 \leq r < n$), so muß, weil alle Repräsentanten von $Q^{(m)}$ an und höher primitive n-te Koinzidenz-Repräsentanten sind, der m-te Repräsentant von $Q^{(m+n-r)}$, also $Q^{(m+n-r)(m)} \equiv Q^{(m+n-r)(qn+r)} \equiv Q^{(m-r)(n)(r)(qn)}$ $\equiv Q^{(m-r+r)(qn+n)} \equiv Q^{(m)(qn+n)} \equiv Q^{(m)}$ sein, wo $Q^{(m+n-r)}$, weil $r < n$ und also $m + n - r > m$ ist, ein primitiver n-ter Koinzidenz-Repräsentant sein muß. Mithin gehört Q in der Involution (2^m)-ten Grades einer solchen Gruppe an, die schon den primitiven n-ten Koinzidenz-Repräsentanten $Q^{(m+n-r)}$ enthält; da Q und $Q^{(m+n-r)}$ beide einen und denselben m-ten Repräsentanten, nämlich $Q^{(m)}$, haben (Nr. 24). Sollte aber Q schon in einer Involution (2^l)-ten Grades (wo $l < m$) einer solchen Gruppe angehören, die einen Koinzidenz-Repräsentanten enthält, so müßte, wie wir sahen, gegen die Voraussetzung schon der l-te Repräsentant von Q ein Koinzidenz-Repräsentant sein.

Wenn daher ein Element Q in einer Involution (2^k)-ten Grades, wie groß auch k genommen werden mag, einer keinen

Koinzidenz-Repräsentanten enthaltenden Gruppe angehört, so kann weder Q selbst, noch irgendeiner seiner Repräsentanten $Q^{(l)}$ für irgendeinen Wert von l ein Koinzidenz-Repräsentant sein und also wie weit auch wir den Prozeß der Repräsentanten-Bildung von Q fortsetzen mögen, wird sich ein und derselbe Repräsentant von Q nie zweimal ergeben, da sonst ein solcher Repräsentant ein Koinzidenz-Repräsentant sein müßte.

41. Bis nun haben wir uns nur von der Existenz zweier Arten von Elementen überzeugt, nämlich von Elementen, die selbst Koinzidenz-Repräsentanten sind, und von Elementen, die zwar selbst keine Koinzidenz-Repräsentanten sind, doch von solchen repräsentiert werden, welche letztere Elemente also je in den Involutionen von irgendeinem Grade 2^m an solchen Gruppen angehören, die schon je einen Koinzidenz-Repräsentanten enthalten. Wir werden aber später (Nr. 42) sehen, daß auch die dritte Art von Elementen wirklich existiert, welche letzte Elemente weder selbst Koinzidenz-Repräsentanten sind, noch von solchen repräsentiert werden und welche Elemente also in keiner Involution, wie groß auch deren Grad 2^k genommen werden mag, einer einen Koinzidenz-Repräsentanten enthaltenden Gruppe angehören.

Hiernach ergibt sich, wenn wir als den nullten Repräsentanten eines Elementes das Element selbst ansehen und daher den Prozeß der Repräsentanten-Bildung für ein Element als von diesem Element an beginnend betrachten:

Hinsichtlich des Prozesses der Repräsentanten-Bildung zerfallen die Elemente im Gebilde erster Stufe in drei Klassen:

Die erste Klasse enthält alle die Elemente, welche selbst Koinzidenz-Repräsentanten sind. Für ein Element Q dieser Klasse ist der Prozeß seiner Repräsentanten-Bildung rein periodisch: die Periode beginnt nämlich gleich bei Q und ist n-gliedrig, wenn Q ein primitiver n-ter Koinzidenz-Repräsentant ist; wie weit auch wir den Prozeß der Repräsentanten-Bildung dann fortsetzen mögen, wird sich nur die n-gliedrige Periode Q, $Q^{(1)}$, ... $Q^{(n-1)}$ unaufhörlich wiederholen, nie aber wird sich ein anderes Element ergeben.

Die zweite Klasse enthält alle die Elemente, welche zwar selbst keine Koinzidenz-Repräsentanten sind, doch mit solchen in je einer und derselben Gruppe in den von ABC im Gebilde erzeugten Involutionen (von einem gewissen Grade an und höher) vorkommen. Für ein Element Q dieser Klasse ist der Prozeß seiner Repräsentanten-Bildung gemischt periodisch: die Periode beginnt erst beim m-ten Repräsentanten $Q^{(m)}$ von Q, wenn die Involution (2^m)-ten Grades die niedrigste ist, in der Q einer einen Koinzidenz-Repräsentanten enthaltenden Gruppe angehört, und ist n-gliedrig, wenn der soeben erwähnte Koinzidenz-Repräsentant ein primitiver n-ter ist; wie weit auch wir dann den Prozeß der Repräsentanten-Bildung fortsetzen mögen, werden $Q, Q^{(1)}, \ldots Q^{(m-1)}$ nur je einmal vorkommen und darauf wird sich die n-gliedrige Periode $Q^{(m)}, Q^{(m+1)}, \ldots Q^{(m+n-1)}$ unaufhörlich wiederholen, nie aber wird sich außer diesen ein anderes Element ergeben.

Endlich enthält die dritte Klasse alle die Elemente, die weder selbst Koinzidenz-Repräsentanten sind, noch mit solchen in einer und derselben Gruppe in irgendeiner der von ABC im Gebilde erzeugten Involutionen vorkommen, wie groß auch der Grad 2^k der Involution genommen werden mag. Für ein Element dieser Klasse werden sich, wie weit auch wir den Prozeß der Repräsentanten-Bildung dann fortsetzen mögen, immer neue und neue Elemente ergeben, nie aber wird ein und dasselbe Element zweimal vorkommen.

Die Elemente einer jeden dieser drei Klassen liegen im Gebilde überall dicht.

Denn in einem noch so kleinen Intervalle liegen immer zwei aufeinanderfolgende Elemente einer Gruppe der Involution (2^k)-ten Grades, wenn k hinreichend groß genommen wird (nach Nr. 26), und mithin auch der zwischen zwei solchen Elementen liegende k-te Koinzidenz-Repräsentant (Satz 19 in Nr. 29), welcher ein Element der ersten Klasse ist, und nunmehr auch das auf diesen in der (diesen enthaltenden) Gruppe der Involution (2^k)-ten Grades folgende Element, welches letzte der zweiten Klasse angehört. Es liegen also im Gebilde die Elemente der ersten Klasse und ebenso die der zweiten überall dicht; es gilt aber dasselbe, wie wir bald sehen werden, auch von den Elementen der dritten Klasse.

42. Um nun über die Klasse eines Elementes Q zu entscheiden, haben wir nur den Ordinatenwinkel $\omega = \alpha\pi$ von Q zu betrachten, wo $0 \leq \omega < \pi$ (dies Intervall enthält nämlich die Ordinatenwinkel sämtlicher Elemente des Gebildes), also $0 \leq \alpha < 1$.

Ist, erstens, α rational, also $\alpha = \dfrac{i}{k}$ (wo $i < k$ und i eine zu k relative Primzahl ist) und, zweitens, der Nenner k ungerade, so gehört dann und nur dann das Element Q der ersten Klasse an. Gehört dann die Zahl 2 zu dem Exponenten δ in bezug auf den Modul k, so ist Q ein primitiver $\left(\dfrac{\delta}{2}\right)$-ter, oder δ-ter, oder endlich (2δ)-ter Koinzidenz-Repräsentant und dem entsprechend die Periode seiner Repräsentanten-Bildung $\left(\dfrac{\delta}{2}\right)$-, oder δ-, oder endlich (2δ)-gliedrig, je nachdem $\delta \equiv 2 \pmod{4}$ und $2^{\delta:2} \equiv -1 \pmod{k}$, oder $\delta \equiv 0 \pmod{4}$ oder zwar $\delta \equiv 2 \pmod{4}$, aber $2^{\delta:2} \not\equiv -1 \pmod{k}$, oder endlich δ ungerade ist.

Ist aber der Nenner k des reduzierten echten Bruches $\alpha = \dfrac{i}{k}$ gerade, so gehört dann und nur dann das Element Q der zweiten Klasse an. Ist dann $k \equiv 2^m \pmod{2^{m+1}}$ und gehört die Zahl 2 zu dem Exponenten δ in bezug auf den Modul $(k:2^m)$, so ist die Involution (2^m)-ten Grades die niedrigste, in der Q einer solchen Gruppe angehört, die schon einen Koinzidenz-Repräsentanten enthält, und zwar einen primitiven $\left(\dfrac{\delta}{2}\right)$-ten, oder δ-ten, oder endlich (2δ)-ten, je nachdem welcher der vorigen Fälle der Beschaffenheit von δ eintritt, und dem entsprechend ist dann m die Anzahl der Elemente, die beim Prozesse der Repräsentanten-Bildung von Q der Periode vorangehen, und $\dfrac{\delta}{2}$, oder δ, oder endlich 2δ die Gliederanzahl der Periode.

Ist endlich α irrational, so gehört dann und nur dann das Element Q der dritten Klasse an.

Denn Q ist nur dann ein Koinzidenz-Repräsentant, wenn sein Ordinatenwinkel auf die Form $\dfrac{r\pi}{2^s - (-1)^s}$ gebracht werden kann, also nur dann, wenn α rational und der Nenner k des reduzierten Bruches $\alpha = \frac{i}{k}$ ungerade ist; und zwar ist dann ϱ ein primitiver n-ter, wenn n der kleinste Exponent ist, für welchen eine Kongruenz von der Gestalt:

1) $$2^n \equiv (-1)^n \pmod{k}$$

möglich ist $\left(\text{aus } \frac{i\pi}{k} = \frac{r\pi}{2^n - (-1)^n} \text{ folgt nämlich } i[2^n - (-1)^n]\right.$
$= rk$ und hieraus, weil i und k relative Primzahlen sind:
$2^n \equiv (-1)^n \pmod{k}\bigg)$. Ist nun δ der Exponent, zu dem die Zahl 2 in bezug auf den Modul k gehört, ist also δ der kleinste Exponent, für welchen eine Kongruenz von der Gestalt:

2) $$2^\delta \equiv 1 \pmod{k}$$

möglich ist, so gibt es keinen Exponenten γ, für welchen die Kongruenz

3) $$2^\gamma \equiv -1 \pmod{k}$$

möglich wäre, wenn δ ungerade ist; ist aber δ gerade und gibt es Exponenten, für welche eine Kongruenz von der Gestalt 3) möglich ist, so ist $\frac{\delta}{2}$ der kleinste unter diesen Exponenten (denn γ kann kein Vielfaches von δ sein, ist nun $\gamma = q\delta + r$, wo $0 < r < \delta$, so folgt aus $2^{q\delta + r} \equiv -1 \equiv -2^{q\delta}$, daß dann auch $2^r \equiv -1$ und hieraus: $2^{2r} \equiv 1$, mithin muß $2r$ ein Vielfaches von $\delta > r$ sein, also muß dann $r = \frac{\delta}{2}$ sein, was nur, wenn δ gerade ist, möglich ist). Ist also $\delta \equiv 2 \pmod{4}$, also δ gerade und $\frac{\delta}{2}$ ungerade und ist $2^{\delta : 2} \equiv -1$, also $2^{\delta:2} \equiv (-1)^{\delta:2} \pmod{k}$, so ist $\frac{\delta}{2}$ der kleinste Exponent, für welchen eine Kongruenz von der Gestalt 1) möglich ist. Ist aber $\delta \equiv 0 \pmod{4}$, also auch $\frac{\delta}{2}$ gerade, so ist dann δ der kleinste Exponent, für welchen eine Kongruenz von der Gestalt 1) möglich ist; dasselbe ist der Fall, wenn zwar $\delta \equiv 2 \pmod{4}$, aber $2^{\delta:2} \not\equiv -1 \pmod{k}$ ist. Ist endlich δ ungerade, so ist eine Kongruenz von der Gestalt 3) unmöglich und 2δ ist dann der kleinste Exponent, für den eine Kongruenz von der Gestalt 1) möglich ist.

Wenn aber $k \equiv 2^m$ (mod. 2^{m+1}) ist, so kann erst der Ordinatenwinkel des m-ten Repräsentanten $Q^{(m)}$ von Q, welcher Winkel $= (-2)^m \dfrac{i}{k} \pi = (-1)^m \dfrac{i}{k:2^m} \pi$ ist (Satz 15 in Nr. 26) (wo nunmehr der Nenner $(k:2^m)$ ungerade ist), auf die Form $\dfrac{r\pi}{2^s - (-1)^s}$ gebracht werden; es ist also dann erst $Q^{(m)}$ ein Koinzidenz-Repräsentant und mithin (Nr. 40) die Involution (2^m)-ten Grades die niedrigste, in der Q einer einen Koinzidenz-Repräsentanten enthaltenden Gruppe angehört.

Wenn endlich α irrational ist, so kann weder der Ordinatenwinkel $\alpha\pi$ von Q, noch der Ordinatenwinkel $(-2)^l \alpha\pi$ von $Q^{(l)}$ (für irgendeinen Wert von l) auf die Form $\dfrac{r\pi}{2^s - (-1)^s}$ gebracht werden.

Zugleich sehen wir, daß auch die Elemente der dritten Klasse im Gebilde überall dicht liegen, da der Bereich der irrationalen Zahlen überall dicht ist.

Hiermit ist auch die im Anfang dieses Paragraphen gestellte Frage vollständig beantwortet.

43. Hieraus ergibt sich:

Durchläuft k alle die Zahlen, welche der Forderung genügen, daß in bezug auf sie, als Modulu, eine gegebene Zahl
$$n = p_1^{\pi_1} p_2^{\pi_2} \ldots p_i^{\pi_i} > 2$$
der kleinste Exponent ist, für welchen eine Kongruenz von der Gestalt
1) $\qquad 2^n \equiv (-1)^n \pmod{k}$

möglich ist, so ist die entsprechende Summe
$$\sum_k \varphi(k) = \sum_{\alpha_1, \alpha_2, \ldots \alpha_i} (-1)^{\alpha_1 + \alpha_2 + \cdots + \alpha_i} 2^{n : p_1^{\alpha_1} p_2^{\alpha_2} \ldots p_i^{\alpha_i}},$$

wo $\varphi(k)$ die bekannte zahlentheoretische Funktion bedeutet und wo $\alpha_1, \alpha_2, \ldots \alpha_i$ unabhängig voneinander die Werte 0 und 1 annehmen sollen.

Denn, wie wir sahen, ist ein Element Q nur dann ein primitiver n-ter Koinzidenz-Repräsentant, wenn der Nenner k_1 des reduzierten echten Bruches $\dfrac{i_1}{k_1}$ (wo $\dfrac{i_1}{k_1}\pi$ der Ordinatenwinkel von Q

ist) eine solche Zahl ist, welche der Forderung des vorstehenden Satzes genügt. Es liefern also die $\varphi(k_1)$ voneinander verschiedenen reduzierten echten Brüche, welche den nämlichen Nenner k_1 haben, $\varphi(k_1)$ voneinander verschiedene primitive n-te Koinzidenz-Repräsentanten. In gleicher Weise liefert aber jede andere Zahl k_2, welche ebenso wie k_1 derselben Forderung genügt, $\varphi(k_2)$ voneinander und von den $\varphi(k_1)$ vorigen verschiedene primitive n-te Koinzidenz-Repräsentanten, da die reduzierten Brüche $\dfrac{i_1}{k_1}$ und $\dfrac{i_2}{k_2}$ voneinander verschieden sein müssen, wenn $k_1 \neq k_2$ ist. Mithin muß $\sum_k \varphi(k)$ der Anzahl aller primitiven n-ten Koinzidenz-Repräsentanten gleich sein, diese Anzahl aber wird durch die Summe rechts geliefert (Nr. 31).

Ist $n \equiv 0 \pmod{4}$, so geht der vorstehende Satz (nach Nr. 42) in folgenden über:

Durchläuft k alle die Zahlen, welche der Forderung genügen, daß in bezug auf sie, als Moduln, die Zahl 2 zu dem Exponenten n gehört, so ist die entsprechende Summe

$$\sum_k \varphi(k) = \sum_{\alpha_1, \alpha_2, \ldots \alpha_i} (-1)^{\alpha_1 + \alpha_2 + \cdots + \alpha_i} 2^n \cdot p_1^{\alpha_1} p_2^{\alpha_2} \ldots p_i^{\alpha_i}.$$

44. Die Elemente der ersten Klasse und ebenso die der zweiten lassen sich ihrerseits wieder in je zwei Arten einteilen.

Der ersten Art der ersten Klasse soll jeder solche Koinzidenz-Repräsentant Q_1 angehören, unter dessen Repräsentanten Q_2 und Q_3 vorkommen, wo $Q_1 Q_2 Q_3$ ein Tripel der von ABC im Gebilde erzeugten Involution dritten Grades ist; und zwar muß Q_1 ein primitiver $(3k)$-ter Koinzidenz-Repräsentant sein, wenn $Q_1^{(k)}$ der niedrigste mit einem der beiden Elemente Q_2 und Q_3 zusammenfallende Repräsentant von Q_1 ist (Satz 20 in Nr. 34). Hingegen soll der zweiten Art der ersten Klasse jeder solche Koinzidenz-Repräsentant Q_1 angehören, unter dessen Repräsentanten weder Q_2 noch Q_3 vorkommt.

Ferner soll der ersten Art der zweiten Klasse jedes solche Element Q_1 angehören, unter dessen Repräsentanten zwar weder Q_2 noch Q_3, doch Repräsentanten von Q_2 und Q_3 vorkommen, welches Element Q_1 also mit einem Koinzidenz-Repräsentanten erster Art in einer und derselben Gruppe in den von ABC im Gebilde erzeugten Involutionen (von einem gewissen Grade an und höher) vorkommt; und zwar ist die Involution (2^m)-ten Grades die niedrigste, in der Q_1 mit dem Koinzidenz-Repräsentanten in einer und derselben Gruppe vorkommt, und dieser Koinzidenz-Repräsentant ein primitiver $3(n-m)$-ter, wenn $Q_1^{(m)}$ der niedrigste Repräsentant von Q_1 ist, welcher mit einem der Repräsentanten von Q_2 und Q_3 zusammenfällt, und wenn dieser Repräsentant von Q_2 oder Q_3 der n-te ist, wo notwendig $n > m$ ist. Hingegen soll der zweiten Art der zweiten Klasse jedes solche Element Q_1 derselben Klasse angehören, unter dessen Repräsentanten weder Repräsentanten von Q_2 noch von Q_3 vorkommen, welches Element Q_1 also mit einem Koinzidenz-Repräsentanten zweiter Art in einer und derselben Gruppe vorkommt.

Ist nämlich $Q_1^{(m)} \equiv Q_2^{(n)}$, so muß auch $Q_2^{(m)} \equiv Q_3^{(n)}$ und $Q_3^{(m)} \equiv Q_1^{(n)}$ sein, da $Q_1^{(m)} Q_2^{(m)} Q_3^{(m)}$ und $Q_1^{(n)} Q_2^{(n)} Q_3^{(n)}$ zwei gleichen Sinn habende Tripel in der Involution dritten Grades bilden (Nr. 33), wo $n > m$ sein muß, da sonst gegen die Voraussetzung schon ein niedriger als der m-te Repräsentant von Q_1, nämlich $Q_1^{(n)}$, mit $Q_3^{(m)}$ zusammenfiele, und wo $Q_1^{(n)} \equiv Q_1^{(m+n-m)} \equiv Q_1^{(m)(n-m)}$ der niedrigste mit einem der beiden Elemente $Q_2^{(m)}$ und $Q_3^{(m)}$ zusammenfallende Repräsentant von $Q_1^{(m)}$ sein muß; denn wäre schon $Q_1^{(l)} \equiv Q_2^{(m)}$ oder $\equiv Q_3^{(m)}$, wo $m < l < n$, so müßte gegen die Voraussetzung auch $Q_2^{(m)} \equiv Q_3^{(l)}$ bzw. $Q_2^{(l)}$ sein. Mithin muß $Q_1^{(m)}$ ein primitiver $3(n-m)$-ter Koinzidenz-Repräsentant erster Art sein (Satz 20 in Nr. 34). Sollte schon $Q_1^{(k)}$ und mithin auch $Q_2^{(k)}$ (Satz 20) je ein Koinzidenz-Repräsentant sein, wo $k < m$, so müßte (nach Nr. 35) $Q_2^{k+n-m)} \equiv Q_2^{(k)(n-m)} \equiv Q_1^{(k)}$ sein, ebenso wie $Q_2^{(m)(n-m)} \equiv Q_2^{(m+n-m)} \equiv Q_2^{(n)} \equiv Q_1^{(m)}$ ist, da $Q_2^{(m)} \equiv Q_2^{(k+m-k)} \equiv Q_2^{(k)(m-k)}$ der $(m-k)$-te Repräsentant des (nach Annahme) Koinzidenz-Repräsentanten $Q_2^{(k)}$ wäre; was aber gegen die Voraussetzung, daß erst $Q_1^{(m)}$ mit einem der Repräsentanten von Q_2 und Q_3 zusammenfällt, wäre. Es ist also $Q_1^{(m)}$ der niedrigste Repräsentant von Q_1, welcher ein Koinzidenz-Repräsentant ist; mithin ist dann die Involution (2^m)-ten Grades die niedrigste, in der Q_1 mit einem Koinzidenz-Repräsentanten in einer und derselben Gruppe vorkommt (Nr. 40), und zwar muß dieser Koinzidenz-Repräsentant, der denselben m-ten Repräsentanten wie Q_1 hat, ebenso wie $Q_1^{(m)}$ ein primitiver $3(n-m)$-ter Koinzidenz-Repräsentant erster Art sein (nach Nr. 35). Ist, umgekehrt, der Koinzidenz-Repräsentant, welcher mit Q_1 in einer und derselben Gruppe vorkommt, von der ersten Art, so müssen auch alle seine Repräsentanten, also auch die, welche ihm und Q_1 gemein sind, Koinzidenz-Repräsentanten erster Art sein (Nr. 35); ist nun etwa $Q_1^{(r)}$ ein gemeinsamer Repräsentant von Q_1 und jenem Koinzidenz-Repräsentanten, so müssen, weil $Q_1^{(r)} Q_2^{(r)} Q_3^{(r)}$ ein Tripel der Involution dritten Grades ist, $Q_2^{(r)}$ und $Q_3^{(r)}$ unter den Repräsentanten von $Q_1^{(r)}$ vorkommen, und es kommen dann unter den Repräsentanten von Q_1 Repräsentanten von Q_2 und Q_3 vor.

Weil aus $Q_1^{(m)} \equiv Q_2^{(n)}$ auch $Q_1^{(k)(m-k)} \equiv Q_2^{(k)(n-k)}$ folgt, wo $k < m < n$ ist, und also unter den Repräsentanten von $Q_1^{(k)}$ auch Repräsentanten von $Q_2^{(k)}$ vorkommen, so ergibt sich hieraus mit Hilfe des Satzes 20 in Nr. 34 und Nr. 35:

Gehört Q_1 der ersten Klasse an, so gehören auch Q_2, Q_3 und sämtliche Repräsentanten von Q_1, Q_2 und Q_3 dieser Klasse an, und zwar derselben Art wie Q_1. Gehört ferner Q_1 der zweiten Klasse und erst $Q_1^{(m)}$ der ersten Klasse an, so gehören auch Q_2, Q_3 und alle die Repräsentanten von Q_1, Q_2 und Q_3, welche niedriger als die m-te sind, der zweiten Klasse an, und zwar derselben Art wie Q_1, und alle die Repräsentanten von Q_1, Q_2 und Q_3, welche höher als die $(m-1)$-te sind, der ersten Klasse an, und zwar der ersten oder der zweiten Art, je nachdem Q_1 in der zweiten Klasse der ersten oder der zweiten Art angehört.

45. Auch über die Art eines Elementes der ersten beiden Klassen gibt uns der Ordinatenwinkel $\dfrac{i}{k}\pi$ des Elementes Aufschluß, wo $\dfrac{i}{k}$ ein reduzierter echter Bruch ist.

Es gehört nämlich ein Element der ersten Klasse, für welches also der Nenner k ungerade ist, nur dann der ersten Art an, wenn $k \equiv \pm 3^{2+\nu} \pmod{3^{3+\nu}}$ und $\delta \equiv \pm 3^\nu \pmod{3^{1+\nu}}$ ist, wo $\nu \geqq 0$ und δ der Exponent ist, zu dem die Zahl 2 in bezug auf den Modul $(k:3)$ gehört; sonst gehört das

Element der zweiten Art an. Ferner gehört ein Element der zweiten Klasse, für welches also k gerade ist, wo etwa $k \equiv 2^m \pmod{2^{m+1}}$, nur dann der ersten Art an, wenn $k \equiv \pm 3^{2+\nu}$ (mod. $3^{3+\nu}$) und $\delta \equiv \pm 3^\nu$ (mod. $3^{1+\nu}$) ist, wo $\nu \geqq 0$ und δ der Exponent ist, zu dem die Zahl 2 in bezug auf den Modul $(k : 2^m \cdot 3)$ gehört; sonst gehört das Element der zweiten Art an.

Denn ein Element gehört nur dann der ersten Art der ersten Klasse an, wenn $\dfrac{i}{k}$ auf die Form $\dfrac{r}{3[2^s-(-1)^s]}$ gebracht werden kann, wo r kein Vielfaches von 3 sein soll (Nr. 36); es muß also dann, weil $i \, 3 [2^s - (-1)^s] = r k$ ist (wo i und k relative Primzahlen sind und $r \not\equiv 0$ (mod. 3) ist):

1) $\qquad 2^s \equiv (-1)^s \pmod{k:3}$

und

2) $\qquad k \equiv \pm 3^{\nu+2} \pmod{3^{\nu+3}}$

sein, wenn

3) $\qquad s \equiv \pm 3^\nu \pmod{3^{\nu+1}}$

und also

4) $\qquad 2^s - (-1)^s \equiv (3-1)^s - (-1)^s \equiv \pm 3^{\nu+1} \pmod{3^{\nu+2}}$

ist, wo $\nu \geqq 0$ ist. Sind, umgekehrt, k und s solche Zahlen, die den Kongruenzen 1), 2), 3) und mithin auch 4) genügen, und ist i eine zu k relative Primzahl, so ist

$$\frac{i}{k} = \frac{i \dfrac{3[2^s-(-1)^s]}{k}}{3[2^s-(-1)^s]},$$

wo, weil $i \, 3 [2^s - (-1)^s]$ ebenso wie k nur durch $3^{\nu+2}$, nicht aber durch $3^{\nu+3}$ teilbar ist, $i \dfrac{3[2^s-(-1)^s]}{k}$ kein Vielfaches von 3 ist; mithin muß dann das Element, dessen Ordinatenwinkel $\dfrac{i}{k}\pi$ ist, der ersten Art der ersten Klasse angehören. Es gehört also ein Element nur dann der ersten Art der ersten Klasse an, wenn k eine der Kongruenz 2) genügende Zahl ist und für diese Zahl k eine den Kongruenzen 1) und 3) genügende Zahl s existiert. Ist dies der Fall und ist dann etwa

5) $\qquad 2^n \equiv (-1)^n \pmod{k:3}$

die Kongruenz niedrigsten Grades von der Gestalt 1), so ist einerseits nach 3), weil nach 1) s ein Vielfaches von n sein muß,

n kein Vielfaches von $3^{\nu+1}$, andererseits, weil nach 2) und 5) $2^n - (-1)^n \equiv (3-1)^n - (-1)^n \equiv 0 \pmod{3^{\nu+1}}$ sein muß, $n \equiv 0 \pmod{3^\nu}$, also muß

6) $\qquad\qquad n \equiv \pm 3^\nu \pmod{3^{\nu+1}}$

sein; mithin muß dann, weil n entweder $= \dfrac{\delta}{2}$, oder $= \delta$, oder $= 2\delta$ ist (nach Nr. 42), auch

7) $\qquad\qquad \delta \equiv \pm 3^\nu \pmod{3^{\nu+1}}$

sein. Umgekehrt, folgt aus 7) auch 6) und 5); folglich gehört ein Element nur dann der ersten Art der ersten Klasse an, wenn k und δ den Kongruenzen 2) und 7) genügen. Ferner gehört ein Element der zweiten Klasse, für welches $k \equiv 2^m \pmod{2^{m+1}}$ ist, nur dann der ersten Art an, wenn der m-te Repräsentant des Elementes der ersten Art der ersten Klasse angehört; dieser m-te Repräsentant, dessen Ordinatenwinkel $\dfrac{i\pi}{k:2^m}$ ist, gehört aber, wie soeben gesehen, nur dann der ersten Art der ersten Klasse an, wenn $k:2^m$ und also auch k der Kongruenz 2) und δ der Kongruenz 7) genügen, wo aber jetzt δ nicht mehr in bezug auf den Modul $\dfrac{k}{3}$, sondern in bezug auf den Modul $\dfrac{k}{2^m \cdot 3}$ genommen ist.

Dritter Abschnitt.

Über eine neue, spezielle Erzeugungsart der Kurven dritter Ordnung mit isoliertem Doppelpunkt bzw. dritter Klasse mit isolierter Doppeltangente.

§ 8.

46. Wir wollen nun das Gebilde untersuchen,

welches von denjenigen Punkten gebildet wird, welche einem auf keiner Seite des Dreiecks ABC liegenden reellen Punkte P zugepaart sind in den von ABC auf den sämtlichen durch P gehenden Geraden g erzeugten Punktinvolutionen $(g)^2$, und welches Gebilde mit p^3 bezeichnet werden mag.

Nennen wir zwei solche Punkte, die einander zugepaart sind in der von ABC auf ihrer Verbindungsgeraden erzeugten Punktinvolution zweiten Grades, zwei konjugierte Punkte in bezug auf ABC, so besteht das Gebilde p^3 aus den sämtlichen zu P in bezug auf ABC konjugierten Punkten.

welches von denjenigen Strahlen gebildet wird, welche einer durch keine Ecke von ABC gehenden reellen Geraden p zugepaart sind in den von ABC um die sämtlichen auf p liegenden Punkte Q erzeugten Strahleninvolutionen $(Q)^2$, und welches Gebilde mit P^3 bezeichnet werden mag.

Nennen wir zwei solche Gerade, die einander zugepaart sind in der von ABC um ihren Schnittpunkt erzeugten Strahleninvolution zweiten Grades, zwei konjugierte Strahlen in bezug auf ABC, so besteht das Gebilde P^3 aus den sämtlichen zu p in bezug auf ABC konjugierten Strahlen.

Nun leuchtet sofort ein, daß das Gebilde

p^3 die Ecken von ABC und die drei Schnittpunkte P_a, P_b,

P^3 die Seiten von ABC und die drei durch den Pol P von

P_c der Polare p von P mit den Seiten von ABC enthalten wird.

p gehenden Ecktransversalen p_A, p_B, p_C von ABC enthalten wird.

Denn links ist jede Ecke allen Punkten, darunter auch P, der durch sie und P gehenden Ecktransversalen zugepaart in der auf dieser von ABC erzeugten parabolischen Punktinvolution (Nr. 6). Ferner ist jeder der Schnittpunkte von p mit den Dreieckseiten dem Pole P von p zugepaart in der von ABC auf der ihn mit P verbindenden Geraden erzeugten Punktinvolution zweiten Grades (Ende Nr. 7).

47. Wir bedürfen nun, um einige Eigenschaften dieser Gebilde abzuleiten, des folgenden Hilfssatzes.

Hilfssatz 1. Sind k und l irgend zwei Gerade, K und L ihre Pole, v die K mit L verbindende Gerade und V der Pol von v, so geht die Gerade, welche die beiden dem Schnittpunkte kl in den auf k und l von ABC erzeugten Punktinvolutionen $(k)^2$ und $(l)^2$ zugepaarten Punkte verbindet, durch V.

Und, umgekehrt, geht die Gerade, welche durch V und durch den dem Schnittpunkte kl in $(k)^2$ zugepaarten Punkt geht, auch durch den dem Schnittpunkte kl in $(l)^2$ zupaarten Punkt.

Und dual.

Denn k und l sind Tangenten des Polarkegelschnitts V^2 von v; mithin müssen (Satz 3 in Nr. 10) $(k)^2$ und $(l)^2$ zu der von ABC um V erzeugten Strahleninvolution $(V)^2$ perspektiv sein, und es muß der Strahl, welcher in $(V)^2$ der Verbindungsgeraden von V mit dem Schnittpunkte kl zugepaart ist, durch die beiden dem kl in $(k)^2$ und $(l)^2$ zugepaarten Punkte gehen, und es liegen also diese beiden Punkte mit V in einer Geraden.

Die Umkehrung gilt nicht mehr, wenn k durch eine Ecke von ABC geht. Denn alsdann ist diese Ecke der Pol von k und zugleich auch der Pol der Verbindungsgeraden v der Pole von k und irgendeiner andern Geraden l. Dieselbe Ecke ist aber dann in der parabolischen Involution $(k)^2$ allen Punkten von k, darunter auch kl, zugepaart; mithin bleibt dann die Gerade, welche den Pol von v mit dem dem kl in $(k)^2$ zugepaarten Punkte verbindet, unbestimmt.

48. Nun können wir allererst nachweisen, daß das Gebilde p^3 mit keiner Geraden mehr als drei Punkte gemein haben kann.

Beweis. Sollte irgendeine Gerade d mit p^3 vier Punkte gemein haben und also vier durch P gehende Geraden g_1, g_2, g_3 und g_4, wo notwendig mindestens eine dieser vier Geraden, etwa g_1 keine der drei durch P gehenden Ecktransversalen ist, in denjenigen Punkten P_1, P_2, P_3 und P_4 [1]) schneiden, welche dem P zugepaart sind in den Punktinvolutionen $(g_1)^2$, $(g_2)^2$, $(g_3)^2$ und $(g_4)^2$, so würde nach Hilfssatz 1 die Gerade d, welche in $(g_1)^2$ und $(g_2)^2$, in $(g_1)^2$ und $(g_3)^2$ und in $(g_1)^2$ und $(g_4)^2$ je die beiden dem gemeinsamen Punkte P ihrer Träger zugepaarten Punkte verbindet, durch die Pole derjenigen drei Geraden gehen müssen, welche den Pol G_1 von g_1 mit den Polen G_2, G_3, G_4 von g_2, g_3, g_4 verbinden, was aber unmöglich ist; da die Pole der durch G_1 gehenden Geraden (wo G_1, als Pol einer von den Ecktransversalen und Seiten von ABC verschiedenen Geraden g_1, auf keiner Seite von ABC liegt) einen Kegelschnitt bilden (Nr. 2) und keine drei dieser Pole also in einer Geraden liegen können.

49. Ferner können wir nachweisen, daß, wenn das Gebilde p^3 mit einer Geraden zwei reelle Punkte gemein hat, es mit derselben Geraden noch einen dritten reellen gemein haben muß.

Beweis. Sind die zwei gemeinschaftlichen Punkte von p^3 mit der Geraden zwei der Ecken von ABC und ist die Gerade also eine der Seiten von ABC, so hat diese Seite mit p^3 noch einen dritten reellen Punkt gemein, nämlich ihren Schnittpunkt mit der Polare p von P (Nr. 46). Von diesem Falle können wir nun absehen und nehmen an, daß von den beiden p^3 und der Geraden, welche letztere r heiße, gemeinsamen reellen Punkten, welche P_i und P_k heißen mögen und dem P in $(g_i)^2$ und $(g_k)^2$ zugepaart sind, mindestens einer, etwa P_i, keine der Ecken von ABC ist. Die Gerade r wird dann nach Hilfssatz 1 durch den reellen Pol der reellen Verbindungsgeraden $G_i G_k$ der Pole von g_i und g_k gehen und mithin, weil der Pol von $G_i G_k$ auf dem Polarkegelschnitt g_i^2 des auf keiner Seite von ABC liegenden Punktes G_i

---

[1]) Von nun an soll, wenn irgendein Punkt von p^3 mit P_i bezeichnet wird, die diesen Punkt von P aus projizierende Gerade mit g_i, ihr Pol mit G_i und ihr Schnittpunkt mit der Polare p von P mit Q_i, also stets mit einem und demselben Index bezeichnet werden.

liegt, g_i^2 noch in einem zweiten reellen Punkte treffen. Dieser zweite Schnittpunkt von r mit g_i^2 ist aber Pol[1]) einer durch G_i gehenden Geraden, welche letzte, weil G_i, der Pol der durch P gehenden Geraden g_i, auf dem Polarkegelschnitt[2]) p^2 von P liegt, noch durch einen zweiten reellen Punkt, etwa G_l, von p^2 gehen muß. Nun ist aber der auf p^2 liegende reelle Punkt G_l Pol der durch P gehenden reellen Geraden g_l. Folglich muß nach der Umkehrung des Hilfssatzes 1 die Gerade r, welche durch den Pol der Verbindungsgeraden $G_i G_l$ der Pole von g_i und g_l und durch den dem gemeinsamen Punkt P von g_i und g_l in $(g_i)^2$ zugepaarten Punkt P_i geht, auch durch den dem P in $(g_l)^2$ zugepaarten Punkt P_l, welcher p^3 angehört, gehen und also mit p^3 noch einen dritten reellen Punkt gemein haben.

50. Zugleich haben wir Folgendes erkannt:

I. Eine durch einen p^3 angehörigen, von den Ecken A, B, C aber verschiedenen Punkt P_i gehende Gerade r, welche mit p^3 noch die beiden von P aus durch g_k und g_l projizierten Punkte P_k und P_l gemein hat, hat mit dem Polarkegelschnitt g_i^2 von G_i, dem Pole der P_i von P aus projizierenden Geraden g_i, diejenigen beiden Punkte V_{ik}, V_{il} und nur diejenigen beiden gemein, welche Pole der beiden Verbindungsgeraden v_{ik}, v_{il} von G_i mit bzw. den Polen G_k und G_l von g_k und g_l sind.

Umgekehrt hat eine durch einen solchen Punkt P_i gehende Gerade r, welche mit g_i^2 die beiden Punkte V_{ik} und V_{il} gemein hat, mit p^3 außer P_i noch diejenigen beiden Punkte P_k, P_l und nur diejenigen beiden gemein, welche von P aus durch diejenigen Geraden g_k und g_l projiziert werden, deren Pole G_k und G_l mit G_i, dem Pole der P_i von P aus projizierenden Geraden g_i, verbunden die Polaren v_{ik} und v_{il} von V_{ik} und V_{il} liefern.

Denn die Gerade, die in $(g_i)^2$ und $(g_k)^2$, in $(g_i)^2$ und $(g_l)^2$ die beiden dem g_i, g_k, g_l gemeinsamen Punkte P zugepaarten Punkte P_i und P_k, P_i und P_l verbindet, muß nach Hilfssatz 1 durch die auf g_i^2 liegenden Pole V_{ik} und V_{il} von $v_{ik} \equiv G_i G_k$ und $v_{il} \equiv G_i G_l$ gehen;

---

[1]) In bezug auf ABC; s. oben Fußnote auf S. 12.
[2]) Hier und überall im folgenden, wo von Polarkegelschnitten schlechthin die Rede ist, sollen diese in bezug auf ABC verstanden werden.

und die Gerade, die durch die Pole V_{ik} und V_{il} von $G_i G_k$ und $G_i G_l$ und durch den dem $P \equiv g_i g_k \equiv g_i g_l$ in $(g_i)^2$ zugepaarten Punkt P_i geht, muß nach der Umkehrung des Hilfssatzes 1 auch durch die dem P in $(g_\kappa)^2$ und in $(g_l)^2$ zugepaarten Punkte P_k und P_l gehen; und keine Gerade kann mit g_i^2 und p^3 mehr als zwei bzw. mehr als drei Punkte gemein haben.

Hieraus ergibt sich: Die durch P_i gehende Gerade r ist dann und nur dann Tangente an p^3 in P_k, wenn sie Tangente an g_i^2 ist. Denn dann und nur dann sind die beiden g_i^2 und r gemeinsamen Punkte V_{ik} und V_{il} und mithin auch ihre Polaren $v_{ik} \equiv G_i G_k$ und $v_{il} \equiv G_i G_l$ und also auch G_k und G_l, g_k und g_l und endlich auch die beiden Punkte P_k und P_l je einander unendlich nahe. Ferner ist dann und nur dann die durch P_i gehende Gerade r Tangente an p^3 in demselben Punkte P_i, wenn sie durch den auf p_i^2 liegenden Pol T_i der Tangente t_i an p^2 im Punkte G_i geht. Denn dann und nur dann, wenn einer der beiden r und g_i^2 gemeinsamen Punkte, etwa V_{ik}, mit T_i und also $v_{ik} \equiv G_i G_k$ mit der Tangente t_i an p^2 in G_i identisch ist, sind G_i und G_k und mithin auch g_i und g_k und also auch P_i und P_k je einander unendlich nahe. Wendetangente an p^3 in P_i ist aber die Gerade r dann und nur dann, wenn sie Tangente an g_i^2 in T_i ist. Denn dann und nur dann liegen die beiden r und g_i^2 gemeinsamen Punkte V_{ik} und V_{il} im Berührungspunkte T_i und mithin auch $v_{ik} \equiv G_i G_k$ und $v_{il} \equiv G_i G_l$ in der Tangente t_i an p^2 in G_i, und es sind also nur dann alle drei Punkte G_i, G_k, G_l und alle drei Polaren g_i, g_k, g_l und folglich auch alle drei Punkte P_i, P_k, P_l je einander unendlich nahe. Endlich hat die Gerade r dann und nur dann drei voneinander verschiedene Punkte P_i, P_k, P_l mit p^3 gemein, wenn sie von g_i^2 in zwei voneinander und von T_i verschiedenen Punkten getroffen wird. Denn dann und nur dann sind T_i, V_{ik}, V_{il} und mithin auch t_i, $v_{ik} \equiv G_i G_k$, $v_{il} \equiv G_i G_l$ und G_i, G_k, G_l und g_i, g_k, g_l und P_i, P_k, P_l sämtlich voneinander verschieden. Ist P_i reell, so sind hiernach auch P_k und P_l dann und nur dann reell, wenn r von g_i^2 in zwei reellen Punkten getroffen wird.

51. Hiermit sind die folgenden Aufgaben gelöst.

Aufgabe 1. Auf einer durch einen Punkt P_i von p^3 gehenden Geraden r deren beide weitere Schnittpunkte mit

p^3 zu ermitteln, wobei P_i von P aus durch die Gerade g_i projiziert wird.

Auflösung. Man ermittelt zuerst die beiden Schnittpunkte V_{ik} und V_{il} von r mit dem Polarkegelschnitt (in bezug auf ABC) g_i^2 von G_i, dem auf dem Polarkegelschnitt p^2 von P liegenden Pole von g_i, und ihre durch G_i gehenden Polaren v_{ik} und v_{il}, sodann die beiden zweiten Schnittpunkte G_k und G_l von v_{ik} und v_{il} mit p^2 und ihre durch P gehenden Polaren g_k und g_l; alsdann sind die beiden Schnittpunkte P_k und P_l von r mit g_k und g_l die gesuchten Schnittpunkte von r mit p^3.

Diese Lösung ist aber, nach dem Vorhergehenden, nur dann anwendbar, wenn P_i keine der Ecken von ABC ist.

Anmerkung. Diese Lösung liefert auch dann die beiden weiteren Schnittpunkte P_k und P_l von r mit p^3, wenn r ganz außerhalb g_i^2 liegt, nur sind dann P_k und P_l ebenso wie die beiden Schnittpunkte von r mit g_i^2 konjugiert-imaginär, wenn nur P_i und r reell sind. Denn, wie man sich überzeugen kann, gelten alle Resultate des ersten Abschnittes, darunter der Satz 3 in Nr. 10, und mithin der Hilfssatz 1 in Nr. 47 und die Aussage I auch für imaginäre Punkte und Gerade. Nun müssen aber v_{ik} und v_{il} zugleich mit ihren Polen V_{ik} und V_{il}, den beiden Schnittpunkten von r mit g_i^2, konjugiert-imaginär sein (nach Nr. 3), und alsdann müssen auch die beiden zweiten Schnittpunkte G_k und G_l des reellen Kegelschnitts p^2 mit den konjugiert-imaginären Geraden v_{ik} und v_{il}, deren reeller Schnittpunkt G_i auf dem nämlichen Kegelschnitt p^2 liegt, konjugiert-imaginär sein (es wird nämlich die reelle, elliptische Strahleninvolution um G_i, deren Doppelstrahlen v_{ik} und v_{il} sind, von p^2 in einer reellen, elliptischen, krummen Punktinvolution geschnitten, deren Doppelpunkte G_k und G_l sind) und mithin auch ihre Polaren g_k und g_l; folglich müssen auch P_k und P_l, die nunmehr Schnittpunkte der reellen Geraden r mit den konjugiert-imaginären Geraden g_k und g_l sind, konjugiert-imaginär sein. Auch wenn P_i oder r oder beide zugleich imaginär sind, liefert die gegebene Lösung die beiden weitern Schnittpunkte von r mit p^3. Eine durch P_i gehende Gerade hat also immer mit p^3 noch zwei Punkte gemein, welche aber auch imaginär sein können.

Berliner, Habilitationsschrift.

Aufgabe 2. Die von dem Punkte P_i an p^3 gehenden Tangenten (außer der Tangente in P_i selbst) zu ermitteln.

Auflösung. Man ermittelt die beiden von P_i an g_i^2 gehenden Tangenten, diese und nur diese sind zugleich die gesuchten Tangenten an p^3.

Weil P_i, wenn er reell ist, auf der immer ganz außerhalb des Polarkegelschnitts g_i^2 verlaufenden Geraden g_i (nach Nr. 2) liegt, so folgt hieraus, daß von jedem reellen Punkte von p^3 (die Ecken von ABC vorläufig ausgenommen) außer der Tangente in dem Punkte selbst noch zwei reelle Tangenten an p^3 gehen.

Aufgabe 3. Die Tangente im Punkte P_i von p^3 zu ermitteln.

Auflösung. Man ermittelt den Pol G_i von g_i, welcher Pol auf dem Polarkegelschnitt p^2 von P liegt, sodann die Tangente t_i an p^2 in G_i und den Pol T_i von t_i; die Verbindungsgerade von P_i mit T_i wird dann die gesuchte Tangente von p^3 sein.

Auch die Lösungen der Aufgaben 2 und 3 sind nur dann anzuwenden, wenn P_i keine der Ecken von ABC ist.

Die entsprechenden Aufgaben für das duale Gebilde P^3 sind dual zu lösen.

Zugleich haben wir das folgende Kriterium gewonnen.

Satz 23. Ist P_i ein von den Ecken von ABC verschiedener, reeller Punkt von p^3, g_i die P_i von P aus projizierende Gerade, G_i deren Pol, g_i^2 der Polarkegelschnitt von G_i, p^2 der Polarkegelschnitt von P, welcher letztere Polarkegelschnitt durch den Pol G_i von g_i geht, t_i die Tangente an p^2 in G_i, T_i der Pol von t_i, welcher Pol auf g_i^2 liegt, und r irgendeine durch P_i gehende, reelle Gerade, so sind die beiden weiteren

Ist p_i ein von den Seiten von ABC verschiedener, reeller Strahl von P^3, Q_i der Punkt, in dem p von p_i geschnitten wird, q_i dessen Polare, Q_i^2 der Polarkegelschnitt von q_i, P^2 der Polarkegelschnitt von p, welcher letztere Polarkegelschnitt von der Polare q_i von Q_i tangiert wird, U_i der Berührungspunkt von q_i mit P^2, u_i die Polare von U_i, welche Polare Q_i^2 tangiert, und N irgendein auf p_i liegender, reeller Punkt,

Schnittpunkte P_k und P_l von r mit p^3 konjugiert-imaginär, oder reell und voneinander und von P_i verschieden, oder zwar voneinander, aber P_k ist nicht von P_i verschieden und r ist also die Tangente an p^3 in P_i, oder P_k und P_l sind zwar von P_i, aber nicht voneinander verschieden und r ist also die Tangente an p^3 in P_k, oder endlich ist weder P_k noch P_l von P_i verschieden und r ist also eine Wendetangente von p^3 in P_i, je nachdem r mit g_i^2 zwei konjugiert-imaginäre, oder zwei reelle, voneinander und von T_i verschiedene Punkte, oder T_i und noch einen andern Punkt gemein hat, oder r Tangente an g_i^2 in einem von T_i verschiedenen Punkte ist, oder endlich r Tangente an g_i^2 in T_i ist; und umgekehrt.

so sind die beiden weitern durch N gehenden Strahlen p_m und p_n von P^3 konjugiert-imaginär, oder reell und voneinander und von p_i verschieden, oder zwar voneinander, aber p_m ist nicht von p_i verschieden und N ist also der Berührungspunkt von p_i mit P^3, oder p_m und p_n sind zwar von p_i, aber nicht voneinander verschieden und N ist also der Berührungspunkt von p_m mit P^3, oder endlich ist weder p_m noch p_n von p_i verschieden und N ist also ein Rückkehrpunkt von P^3 auf p_i, je nachdem von N zwei konjugiert-imaginäre, oder zwei reelle voneinander und von u_i verschiedene Tangenten, oder u_i und noch eine andere Tangente an Q_i^2 gehen, oder N Berührungspunkt in einer von u_i verschiedenen Tangente von Q_i^2 ist, oder endlich N Berührungspunkt in der Tangente u_i von Q_i^2 ist; und umgekehrt.

§ 9.

52. Das im letzten Satze gegebene Kriterium der Realität und der Lage der beiden weitern Schnittpunkte von p^3 mit einer durch einen reellen Punkt P_i von p^3 gehenden Geraden versagt aber, wenn P_i eine der Ecken von ABC ist; da alsdann der Hilfssatz 1 (und nämlich seine Umkehrung), auf dem das Kriterium beruht, nicht mehr zur Anwendung gebracht werden kann (Nr. 47),

auch ist dann dieselbe Ecke zugleich der Pol G_i von g_i und der Polarkegelschnitt g_i^2 reduziert sich dann auf die beiden durch die nämliche Ecke gehenden Seiten von ABC (Nr. 2).

Wir wollen deshalb aus diesem Kriterium ein zweites ableiten, welches zweite seine Gültigkeit auch für die Ecken von ABC beibehalten wird.

Zu diesem Ende beweisen wir den folgenden

Hilfssatz 2. Die Tangente t in irgendeinem Punkte G des Polarkegelschnitts p^2 von P ist zu der ihren Berührungspunkt G mit P verbindenden Geraden zugepaart in der von ABC um G erzeugten Strahleninvolution $(G)^2$; und dual.

Beweis. Weil p die Polare von P auch in bezug auf p^2 ist (Nr. 2), so muß der Pol der Verbindungsgeraden GP in bezug auf p^2 der Schnittpunkt der Tangente t mit p sein. Es sind also die beiden Punkte, in denen p von t und GP geschnitten wird, einander zugepaart in der Involution der in bezug auf p^2 konjugierten Punkte auf p und also auch in der mit dieser identischen (Nr. 2) von ABC erzeugten Involution $(p)^2$. Nach Satz 3 (Nr. 10) ist aber $(p)^2$ zu der von ABC um den auf p^2 liegenden Punkt G erzeugten Strahleninvolution $(G)^2$ perspektiv; folglich müssen die beiden Geraden t und GP, welche von G aus ein Punktepaar in $(p)^2$ projizieren, ein Strahlenpaar in $(G)^2$ bilden. (Diesen Satz habe ich in meiner Dissertation Nr. 24 auf andere Weise bewiesen.)

53. Ist nun G_i irgendein auf p^2 liegender Punkt, g_i seine durch P gehende Polare und sind G_{i1} und G_{i2} die beiden Schnittpunkte von p^2 mit g_i[1]) und g_{i1} und g_{i2} ihre durch P gehenden Polaren, so muß nach Satz 3 (Nr. 10) die von ABC erzeugte Strahleninvolution $(G_i)^2$ zu den von ABC erzeugten Punktinvolutionen $(g_i)^2$, $(g_{i1})^2$, $(g_{i2})^2$ perspektiv sein. Folglich muß die Tangente t_i an p^2 im Punkte G_i, welche dem Strahle G_iP in $(G_i)^2$ zugepaart ist (Hilfssatz 2), durch diejenigen drei Punkte P_i, P_{i1}, P_{i2} gehen, welche dem P in $(g_i)^2$, $(g_{i1})^2$, $(g_{i2})^2$ zugepaart sind und welche also p^3 angehören. Hieraus folgt weiter nach Hilfssatz 1, daß die Tangente t_i, die nunmehr die beiden dem

---

[1]) Ist G_i und mithin auch g_i reell, so sind auch G_{i1} und G_{i2} reell, da g_i durch den innerhalb p^2 liegenden Punkt P (Nr. 2) geht.

$P \equiv g_i g_{i1} \equiv g_i g_{i2}$ in $(g_i)^2$ und $(g_{i1})^2$, in $(g_i)^2$ und $(g_{i2})^2$ zugepaarten Punkte P_i und P_{i1}, P_i und P_{i2} verbindet, auch durch die Pole der beiden G_i mit G_{i1} und G_{i2} verbindenden Geraden gehen muß.

Bemerken wir noch, daß die beiden durch P gehenden Geraden g_{i1} und g_{i2} und ebenso die beiden Verbindungsgeraden $G_i G_{i1}$ und $G_i G_{i2}$, deren Pole mit P bzw. mit G_i in je einer Geraden liegen, nämlich in g_i bzw. in t_i, ein Strahlenpaar in $(P)^2$ bzw. in $(G_i)^2$ bilden (Satz 1 in Nr. 7), und daß das Strahlenpaar g_{i1} und g_{i2} durch g_i, den ersten Repräsentanten von g_{i1} und g_{i2}, und $P G_i$, den zweiten Repräsentanten von g_{i1} und g_{i2}, um P harmonisch getrennt wird (Satz 17 in Nr. 28), so ergibt sich:

Satz 24. Auf der Tangente t_i in einem Punkte G_i des Polarkegelschnitts p^2 von P liegen die drei p^3 angehörenden Punkte, welche von P aus durch die Polare g_i von G_i und durch dasjenige Strahlenpaar in $(P)^2$ projiziert werden, dessen Pole auf g_i liegen und also die Schnittpunkte von g_i mit p^2 sind; und zwar ist auf t_i der Berührungspunkt G_i von dem durch g_i projizierten Punkte von p^3 durch die beiden andern Punkte von p^3 harmonisch getrennt. Ferner liegen auf derselben Tangente t_i die beiden Pole desjenigen Strahlenpaares in $(G_i)^2$, welches G_i mit jenen beiden Schnittpunkten von g_i mit p^2 verbindet.

Durch den Berührungspunkt U_i einer Tangente q_i des Polarkegelschnitts P^2 von p gehen die drei P^3 angehörenden Strahlen, welche von p in dem Pole Q_i von q_i und in demjenigen Punktepaare in $(p)^2$ geschnitten werden, dessen Polaren durch Q_i gehen und also die beiden von Q_i an P^2 gehenden Tangenten sind; und zwar ist um U_i die Tangente q_i von dem durch Q_i gehenden Strahle von P^3 durch die beiden andern Strahlen von P^3 harmonisch getrennt. Ferner gehen durch denselben Berührungspunkt U_i die beiden Polaren desjenigen Punktepaares in $(q_i)^2$, in welchem q_i von jenen beiden von Q_i an P^2 gehenden Tangenten geschnitten wird.

54. Ist nun wieder P_i irgendein von den Ecken von ABC verschiedener Punkt von p^3, G_i der auf dem Polarkegelschnitt p^2

von P liegende Pol der P_i von P aus projizierenden Geraden g_i, g_i^2 der Polarkegelschnitt von G_i und sind $t_{i'}$ und $t_{i''}$ die beiden von P_i an p^3 gehenden Tangenten (außer der Tangente an p^3 in P_i selbst), welche zugleich die von P_i an g_i^2 gehenden Tangenten sind und welche stets reell sind, wenn nur P_i reell ist (Nr. 51), $P_{i'}$ und $P_{i''}$, $V_{i'}$ und $V_{i''}$ ihre Berührungspunkte mit p^3 bezw. mit g_i^2, $g_{i'}$ und $g_{i''}$ die $P_{i'}$ und $P_{i''}$ von P aus projizierenden Geraden, $G_{i'}$ und $G_{i''}$ die auf p^2 liegenden Pole von $g_{i'}$ und $g_{i''}$ und endlich $v_{i'}$ und $v_{i''}$ die durch G_i gehenden Polaren von $V_{i'}$ und $V_{i''}$, so müssen nach Nr. 50 $G_{i'}$ und $G_{i''}$ die je zweiten Schnittpunkte von $v_{i'}$ und $v_{i''}$ mit p^2 sein. Nun müssen aber die Berührungspunkte $V_{i'}$ und $V_{i''}$ der beiden von P_i an g_i^2 gehenden Tangenten auf der Polare von P_i in bezug auf g_i^2 liegen, welche Polare die Verbindungsgerade $G_i P$ ist; da in bezug auf g_i^2 P_i, der dem P in $(g_i)^2$ zugepaarte Punkt, dem P konjugiert ist, und G_i der Pol von g_i (nach Nr. 2). Wenn also G_{i1} und G_{i2} die beiden Schnittpunkte von g_i mit p^2 sind, so müssen $v_{i'} \equiv G_i G_{i'}$ und $v_{i''} \equiv G_i G_{i''}$, deren Pole $V_{i'}$ und $V_{i''}$ von G_i aus durch die nämliche Gerade $G_i P$ projiziert werden, und die beiden Verbindungsgeraden $G_i G_{i1}$ und $G_i G_{i2}$, deren Pole von G_i aus durch die Tangente t_i von p^2 in G_i projiziert werden (Satz 24), nach der Anmerkung in Nr. 22, weil $G_i P$ und t_i ein Strahlenpaar in $(G_i)^2$ bilden (Hilfssatz 2), zwei durcheinander harmonisch getrennte Strahlenpaare in $(G_i)^2$ bilden. Weil aber die auf p^2 induzierte Punktinvolution $(p^2)^2$ von dem auf p^2 liegenden Punkte G_i durch die Strahleninvolution $(G_i)^2$ projiziert wird (Nr. 10), so müssen die zweiten Schnittpunkte $G_{i'} G_{i''}$ und $G_{i1} G_{i2}$ von p^2 mit jenen beiden durcheinander harmonisch getrennten Strahlenpaaren $G_i (G_{i'} G_{i''}, G_{i1} G_{i2})$ von $(G_i)^2$ zwei durcheinander harmonisch getrennte Punktepaare in $(p^2)^2$ bilden. Weil ferner vier harmonische Punkte auf einem Kegelschnitt durch zwei in bezug auf diesen konjugierte Gerade eingeschnitten werden und die Involution der in bezug auf p^2 konjugierten Strahlen um P mit $(P)^2$ identisch ist (Nr. 2), so müssen nun die beiden durcheinander harmonisch getrennten Punktepaare $G_{i'} G_{i''}$ und $G_{i1} G_{i2}$ der induzierten Involution $(p^2)^2$, deren Zentrum P ist (Nr. 7), von P aus durch ein Strahlenpaar in $(P)^2$ projiziert werden. Nunmehr sind aber G_{i1} und G_{i2} die Schnittpunkte von p^2 mit der durch P gehenden Geraden g_i; mithin ergibt sich:

I. Die Pole $G_{i'}$ und $G_{i''}$ derjenigen beiden Geraden $g_{i'}$ und $g_{i''}$, welche die Berührungspunkte $P_{i'}$ und $P_{i''}$ der beiden von einem p^3 angehörenden Punkte P_i an p^3 gehenden Tagenten (außer der Tangente in P_i selbst) von P aus projizieren und welche, wie wir sahen, ein Strahlenpaar in $(P)^2$ bilden, liegen auf der zu g_i in $(P)^2$ zugepaarten Geraden.

55. Sind nun V_{ik} und V_{il} die beiden Schnittpunkte von g_i^2 mit irgendeiner durch P_i gehenden Geraden r, v_{ik} und v_{il} ihre durch den auf p^2 liegenden Punkt G_i gehenden Polaren und G_k und G_l die zweiten Schnittpunkte von p^2 mit v_{ik} und v_{il}, so müssen $V_{ik} V_{il} V_{i'} V_{i''}$ vier harmonische Punkte auf g_i^2 sein, da die Berührungspunkte $V_{i'}$ und $V_{i''}$ der beiden von P_i an g_i^2 gehenden Tangenten auf einer zu $r \equiv V_{ik} V_{il}$ in bezug auf g_i^2 konjugierten Geraden, nämlich auf der Polare von P_i in bezug auf g_i^2, liegen. Weil aber der Büschel der Polaren um G_i zu der Punktreihe der Pole auf g_i^2 projektiv ist (nach Nr. 2), so müssen nun $v_{ik} v_{il} v_{i'} v_{i''} \equiv G_i(G_k G_l G_{i'} G_{i''})$ vier harmonische Strahlen um den auf p^2 liegenden Punkt G_i und mithin ihre zweiten Schnittpunkte $G_k G_l G_{i'} G_{i''}$ mit p^2 vier harmonische Punkte auf p^2 sein. Folglich muß die G_k mit G_l verbindende Gerade v_{kl} durch den Pol der $G_{i'}$ mit $G_{i''}$ verbindenden Geraden in bezug auf p^2 gehen; der Pol der letzteren Verbindungsgeraden, der zu g_i in $(P)^2$ zugepaarten Geraden (I in Nr. 54), muß aber, weil $(P)^2$ zugleich die Involution der in bezug auf p^2 konjugierten Strahlen um P und p die Polare von P auch in bezug auf p^2 ist (Nr. 2), der Schnittpunkt Q_i von p mit g_i sein; mithin muß die G_k mit G_l verbindende Gerade v_{kl} durch Q_i gehen.

Geht, umgekehrt, die Gerade v_{kl}, welche zwei Punkte G_k und G_l von p^2 verbindet, durch den Punkt $Q_i \equiv g_i p$, den Pol der Geraden $G_{i'} G_{i''}$ in bezug auf p^2, so sind $G_k G_l G_{i'} G_{i''}$ vier harmonische Punkte auf p^2, die sie von dem gleichfalls auf p^2 liegenden Punkte G_i aus projizierenden Strahlen $G_i(G_k G_l G_{i'} G_{i''})$ $\equiv v_{ik} v_{il} v_{i'} v_{i''}$ vier harmonische Strahlen um G_i und deren Pole (in bezug auf ABC) $V_{ik} V_{il} V_{i'} V_{i''}$ vier harmonische Punkte auf g_i^2, und es muß also dann die Gerade r, welche V_{ik} mit V_{il} verbindet, durch P_i, den Pol der $V_{i'}$ mit $V_{i''}$ verbindenden Geraden in bezug auf g_i^2 (Nr. 54), gehen.

Nunmehr sind nach I in Nr. 50 G_k und G_l die Pole derjenigen Geraden g_k und g_l, welche die beiden weitern Schnittpunkte P_k und P_l der durch P_i gehenden Geraden r mit p^3 von P aus projizieren; mithin ergibt sich:

II. Mit einem Punkte P_i von p^3 liegen in je einer Geraden je zwei solche Punkte von p^3 und nur solche zwei Punkte, welche von P aus durch solche zwei Geraden projiziert werden, deren beide Pole auf einer durch $Q_i \equiv p\,g_i$ gehenden Geraden liegen.

Also haben wir:

Satz 25. Drei Punkte von p^3 liegen dann und nur dann in einer Geraden, wenn die Pole (in bezug auf ABC) von irgend zwei und mithin von je zwei derjenigen drei Geraden, welche die drei Punkte von p^3 aus P projizieren, mit dem Schnittpunkte der dritten Geraden und p, der Polare von P, in einer Geraden liegen.

Drei Strahlen von P^3 gehen dann und nur dann durch einen Punkt, wenn die Polaren (in bezug auf ABC) von irgend zwei und mithin von je zwei derjenigen drei Punkte, in welchen p von den drei Strahlen von P^3 geschnitten wird, mit der den dritten Punkt mit P, dem Pole von p, verbindenden Geraden durch einen Punkt gehen.

56. Nun bilden die Pole der durch Q_i gehenden Geraden den Kegelschnitt q_i^2, welcher letzte ABC umschrieben ist und, weil Q_i auf p liegt, durch P und, weil die Polaren p und p_i der beiden in $(g_i)^2$ ein Paar bildenden Punkte P und P_i auf g_i sich schneiden müssen (Nr. 7) und also $Q_i \equiv p\,g_i$ auch auf p_i liegt, durch P_i geht. Folglich muß der Pol V_{kl} der durch Q_i gehenden, G_k mit G_l verbindenden Geraden v_{kl}, welcher Pol nach Hilfssatz 1 (Nr. 47) auf der durch die beiden dem P in $(g_k)^2$ und $(g_l)^2$ zupepaarten Punkte P_k und P_l und durch den p^3 und q_i^2 angehörenden Punkt P_i gehenden Geraden r liegen muß, der zweite Schnittpunkt von r mit q_i^2 sein. Mithin haben wir nach Nr. 55:

III. Ist P_i ein Punkt von p^3, r irgendeine durch ihn gehende Gerade, Q_i der Schnittpunkt der P_i von P aus projizierenden Geraden g_i mit der Polare p von P, q_i^2 der durch P_i gehende Polarkegelschnitt von Q_i, V_{kl} der zweite

Schnittpunkt von r mit q_i^2 und v_{kl} dessen durch Q_i gehende Polare, so hat r mit p^3 noch diejenigen beiden Punkte P_k und P_l gemein und nur dienigen beiden, welche von P aus durch g_k und g_l, die Polaren der beiden Schnittpunkte G_k und G_l von v_{kl} mit dem Polarkegelschnitt p^2 von P, projiziert werden. (Sind G_k und G_l konjugiert-imaginär, so müssen es auch nach der Anmerkung in Nr. 51 P_k und P_l sein.)

57. Aus dem Satze 25 ergibt sich, beiläufig bemerkt:

Sind G_i, G_k, G_l die Pole irgend dreier durch P gehender Geraden g_i, g_k, g_l, und Q_i, Q_k, Q_l die Schnittpunkte von p, der Polare von P, mit g_i, g_k, g_l und geht $G_i G_k$ durch Q_l, so geht auch $G_k G_l$ durch Q_i und $G_l G_i$ durch Q_k.

Es müssen nämlich die drei von P aus durch g_i, g_k, g_l projizierten Punkte P_i, P_k, P_l von p^3 in einer Geraden liegen, weil $G_i G_k$ durch Q_l geht, mithin müssen auch $G_k G_l$ und $G_l G_i$ durch Q_i bzw. Q_k gehen.

Hieraus folgt:

Die beiden nach (Nr. 2) projektiven

Punktreihen erster und zweiter Ordnung, nämlich die von der Spur Q_x eines um P sich drehenden Strahles g_x auf p, der Polare von P, beschriebene $p(Q_x)$ und die vom Pole G_x von g_x auf p^2, dem Polarkegelschnitt von P, beschriebene $p^2(G_x)$, haben die folgende eigentümliche Lage zueinander:

Sind Q_i, G_i und Q_k, G_k irgend zwei Paare entsprechender Punkte der projektiven Punktreihen $p(Q_x)$ und $p^2(G_x)$, so schneiden sich die beiden Verbindungs-

Strahlenbüschel erster und zweiter Ordnung, nämlich der von dem, einen auf p sich bewegenden Punkt Q_x von P, dem Pole von p, aus projizierenden Strahl g_x beschriebene $P(g_x)$ und der von der Polare q_x von Q_x um P^2, den Polarkegelschnitt von p, beschriebene $P^2(q_x)$, haben die folgende eigentümliche Lage zueinander:

Sind g_i, q_i und g_k, q_k irgend zwei Paare entsprechender Strahlen der projektiven Büschel $P(g_x)$ und $P^2(q_x)$, so ist die Verbindungsgerade der beiden

geraden $Q_i G_k$ und $Q_k G_i$ auf p^2, und zwar in demjenigen Punkte G_l, welcher dem Schnittpunkte Q_l von p mit $G_i G_k$ entspricht.

Aus jedem Punkte G von p^2 und nur aus Punkten von p^2 werden die beiden projektiven Punktreihen $p(Q_x)$ und $p^2(G_x)$ durch involutorische Strahlenbüschel projiziert.

Schnittpunkte $g_i q_k$ und $g_k q_i$ eine Tangente an P^2, und zwar diejenige q_l, welche dem Verbindungsstrahle g_l von P mit $q_i q_k$ entspricht.

Alle Tangenten von P^2 und nur diese Tangenten schneiden die beiden projektiven Büschel $P(g_x)$ und $P^2(q_x)$ in involutorischen Punktreihen.

Denn wenn irgendein Strahl durch G p^2 zum zweitenmal in G_i und p in Q_k trifft, so geht auch $G_k Q_i$ durch G; diese beiden Strahlen $G_i Q_k$ und $G_k Q_i$ von G projizieren sowohl Q_i, G_i als auch Q_k, G_k und entsprechen sich also in der Projektivität der beiden konzentrischen Büschel $G(Q_x)$ und $G(G_x)$ in beiderlei Sinne, diese beiden Büschel um G sind folglich involutorisch. Und umgekehrt, wenn $p(Q_x)$ und $p^2(G_x)$ aus einem Punkte G durch involutorische Büschel projiziert werden, so muß, wie man leicht einsehen kann, G auf p^2 liegen.

58. Die Aussagen I (Nr. 54), II (Nr. 55) und III (Nr. 56) gelten auch dann noch, wenn P_i eine der Ecken von ABC ist.

Soll nämlich irgendeine durch die p^3 angehörende (Nr. 46) Ecke A gehende Gerade r mit p^3 noch einen zweiten Punkt, etwa P_k, und mithin (Nr. 49 und Anmerkung in Nr. 51) noch einen dritten, etwa P_l, gemein haben (wo P_k und P_l von P aus durch g_k und g_l projiziert werden), so wird der Pol V_{kl} der Geraden v_{kl}, welche letzte die beiden Pole G_k und G_l von g_k und g_l verbindet, nach Hilfssatz 1 (Nr. 47) auf r liegen müssen. Weil aber die beiden Geraden $V_{kl} P$ und $V_{kl} A \equiv r \equiv V_{kl} P_k$, die das Punktepaar $P P_k$ in $(g_k)^2$ von V_{kl} aus projizieren, ein Strahlenpaar in der zu $(g_k)^2$ perspektiven (nach Satz 3 in Nr. 10) Strahleninvolution $(V_{kl})^2$ bilden und also (Nr. 4) voneinander durch $V_{kl} B$ und $V_{kl} C$ harmonisch getrennt sein müssen, so wird V_{kl} auf dem von den sämtlichen Punkten, aus denen $PABC$ durch vier harmonische Strahlen projiziert werden, gebildeten Kegelschnitt liegen müssen; dieser Kegelschnitt geht durch die vier Punkte $PABC$ und wird in A von der von $AP \equiv p_A$ durch AB und AC harmonisch getrennten Geraden AP_a (Nr. 2) tangiert und ist also mit dem Polarkegelschnitt p'^2_a des Schnittpunktes P'_a der Polare p von P mit der Geraden $p_A \equiv PA$ (Nr. 5) identisch, da auch dieser Polarkegelschnitt durch A, B, C und, weil P'_a auf p liegt, durch P geht und in A von der von $AP'_a \equiv AP$ durch AB und AC harmonisch getrennten Geraden AP_a tangiert wird (nach Nr. 2). Mithin muß V_{kl} der zweite Schnittpunkt der durch A gehenden Geraden r mit dem Polarkegelschnitt p'^2_a von P'_a sein, und die G_k mit G_l verbindende Gerade v_{kl}, die Polare von V_{kl}, muß durch P'_a, den Schnittpunkt der Polare p von P mit der den p^3 angehörenden Eckpunkt A von P aus projizierenden Geraden p_A, gehen.

Auch wenn die durch A gehende Gerade r eine Dreiecksseite, etwa AB, ist und also mit p^3 außer A noch die Ecke B und den Schnittpunkt P_c von AB mit p, der Polare von P, gemein hat (Nr. 46), ist die Gerade, welche die beiden Pole der von P aus B und P_c projizierenden Geraden $PB \equiv p_B$ und $PP_c \equiv p'_c$ (Nr. 5) verbindet, die durch P'_a gehende Polare des zweiten Schnittpunktes von $r \equiv AB$ mit dem Polarkegelschnitt p'^2_a von P'_a. Denn der auf p^2 liegende Pol von p'_c ist (nach Satz 1 in Nr. 7), weil p'_c zu $p_c \equiv PC$ in $(P)^2$ zugepaart ist (Nr. 4) und der Pol von p_c die auf dieser liegende Ecke C ist, der zweite Schnittpunkt von p^2 mit p_c und also, weil p die Polare von P auch in bezug auf p^2 ist (Nr. 2), von C durch P und P'_c, den Schnittpunkt von p_c mit p (Nr. 5), harmonisch getrennt. Ferner ist der Pol von $p_B \equiv PB$ die Ecke B, welche von C durch (PA, a), den Schnittpunkt von $p_A \equiv PA$ mit der Seite $BC \equiv a$, und P_a, den Schnittpunkt von a mit p, harmonisch getrennt ist (Nr. 1). Nunmehr müssen diese beiden harmonischen Würfe auf p_C und a, die C gemein haben, in der Weise perspektiv liegen, daß die den Pol von p'_C mit B verbindende Gerade durch den Schnittpunkt P'_a der beiden P mit (PA, a) und P'_c mit P_a verbindenden Geraden $PA \equiv p_A$ und p geht. Die Gerade, welche die beiden Pole von p_B und p'_C verbindet, ist also mit der Geraden $P'_a B$ identisch; die letztere Gerade ist aber die durch P'_a gehende Polare des zweiten Schnittpunktes, nämlich B, von $r \equiv AB$ mit p'^2_a.

Geht, umgekehrt, die Gerade v_{kl}, welche zwei Punkte G_k und G_l von p^2 miteinander verbindet, durch den Punkt $P'_a \equiv (p, PA)$, so liegt ihr Pol V_{kl} auf dem Polarkegelschnitt p'^2_a von P'_a; die die

Ecke A mit V_{kl} verbindende Gerade r wird dann, weil, wie wir sahen, $PABC$ aus jedem der Punkte von $p_a'^2$ durch vier harmonische Strahlen projiziert werden, nach Nr. 4 zu der Geraden $V_{kl}P$ in $(V_{kl})^2$ zugepaart sein müssen und folglich, weil $(V_{kl})^2$ zu den Punktinvolutionen $(g_k)^2$ und $(g_l)^2$ auf den durch P gehenden Polaren g_k und g_l von G_k und G_l perspektiv ist (nach Satz 3 in Nr. 10), durch die beiden dem P in $(g_k)^2$ und $(g_l)^2$ zugepaarten und also p^3 angehörenden Punkte P_k und P_l gehen.

Mithin gelten die Aussagen II und III auch dann noch, wenn P_i eine der Ecken von ABC ist; denn, wenn P_i etwa mit A zusammenfallen soll, werden g_i, Q_i und q_i^2 bzw. mit $p_A \equiv PA$, P_a' und $p_a'^2$ zusammenfallen. Es gilt aber für die Ecken von ABC, wie wir bald sehen werden, auch die Aussage 1 in Nr. 54.

59. Aus III (Nr. 56) folgt: Die durch P_i gehende Gerade r ist dann und nur dann Tangente an p^3 in P_k, wenn die durch Q_i gehende Polare v_{kl} des zweiten Schnittpunktes V_{kl} von r mit q_i^2 Tangente an p^2 ist. Denn dann und nur dann sind die beiden Schnittpunkte G_k und G_l von v_{kl} mit p^2 und mithin auch ihre Polaren g_k und g_l und also auch P_k und P_l je einander unendlich nahe. Fällt P_i etwa mit der Ecke A zusammen, so fällt Q_i mit P_a' zusammen, und die durch A gehende Gerade r ist also dann und nur dann Tangente an p^3 in P_k, wenn die durch P_a' gehende Polare v_{kl} von V_{kl}, dem zweiten Schnittpunkte von r mit $p_a'^2$, Tangente an p^2 ist. Der Berührungspunkt der durch P_a' an p^2 gehenden Tangente v_{kl}, dessen Polare den Berührungspunkt der von A an p^3 gehenden Tangente r von P aus projiziert, muß nun auf der Polare von P_a' in bezug auf p^2 liegen, welche Polare, weil P_a' der Schnittpunkt von p mit p_A ist und p die Polare von P auch in bezug auf p^2 und die Involution der in bezug auf p^2 konjugierten Strahlen um P mit $(P)^2$ identisch ist (Nr. 2), die zu p_A, der A von P aus projizierenden Geraden, in $(P)^2$ zugepaarte Gerade p_A' sein muß; mithin gilt die Aussage I (Nr. 54) auch dann noch, wenn P_i eine der Ecken von ABC ist.

Die durch P_i gehende Gerade r ist ferner dann und nur dann Tangente an p^3 in demselben Punkte P_i, wenn die durch Q_i gehende Polare v_{kl} von V_{kl} durch G_i geht. Denn dann und nur dann ist einer der beiden Schnittpunkte G_k und G_l von v_{kl} mit p^2, etwa G_k, von G_i und mithin auch g_k von g_i und P_k von

P_i nicht verschieden und r hat alsdann nur noch einen von P_i verschiedenen Punkt P_l mit p^3 gemein. Fällt P_i etwa mit A und mithin g_i mit $p_A \equiv PA$, G_i wiederum mit A, Q_i mit P'_a und q_i^2 mit p'^2_a zusammen, so ist die durch A gehende Gerade r dann und nur dann Tangente an p^3 in A, wenn die durch P'_a gehende Polare v_{kl} von V_{kl} gleichfalls durch A geht und also mit $P'_a A \equiv p_A \equiv PA$ zusammenfällt, was dann und nur dann der Fall ist, wenn V_{kl}, der zweite Schnittpunkt von r mit p'^2_a, von A, dem ersten Schnittpunkt von r mit p'^2_a, nicht verschieden ist, wenn also r die Tangente AP_a an p'^2_a in A und somit die von $AP \equiv p_A$ durch AB und AC harmonisch getrennte Gerade ist (Nr. 58). Mithin:

Die Tangente an p^3 in einer Ecke von ABC ist von der durch diese Ecke und P gehenden Ecktransversalen durch die beiden Dreieckseiten harmonisch getrennt. Die drei Punkte, in denen die Seiten von ABC von den Tangenten an p^3 in den gegenüberliegenden Ecken geschnitten werden, sind die Schnittpunkte P_a, P_b, P_c derselben Seiten mit der Polare p von P.	Der Berührungspuknt von P^3 mit einer Seite von ABC ist von dem Schnittpunkte dieser Seite mit p durch die beiden Ecken harmonisch getrennt. Die drei Geraden, welche die Ecken von ABC mit den Berührungspunkten der gegenüberliegenden Seiten und P^3 verbinden, sind die durch den Pol P von p gehenden Ecktransversalen p_A, p_B, p_C von ABC.

Ferner ist die durch P_i gehende Gerade r dann und nur dann eine Wendetangente an p^3, wenn die durch Q_i gehende Polare v_{kl} von V_{kl} Tangente an p^2 in G_i ist. Denn dann und nur dann sind die beiden Schnittpunkte G_k und G_l von v_{kl} mit p^2 von G_i und mithin auch g_k und g_l von g_i und die beiden Punkte P_k und P_l von P_i nicht verschieden und r hat alsdann keinen von P_i verschiedenen Punkt mit p^3 gemein. Endlich hat die Gerade r drei voneinander verschiedene Punkte P_i, P_k, P_l mit p^3 gemein, wenn die durch Q_i gehende Polare v_{kl} von V_{kl} zwei voneinander und von G_i verschiedene Punkte G_k und G_l mit p^2 gemein hat, wo P_k und P_l zugleich mit G_k und G_l reell oder imaginär sein müssen.

Hiernach geht das Kriterium des Satzes 23 (Nr. 51) in folgendes über:

Satz 26. Ist P_i irgendein reeller Punkt von p^3 (mag er eine Ecke von ABC sein oder nicht), g_i die P_i von P aus projizierende Gerade, G_i deren Pol, Q_i der Schnittpunkt von g_i mit der Polare p von P, q_i^2 der Polarkegelschnitt von Q_i (in bezug auf ABC), welcher Polarkegelschnitt durch P_i geht, p^2 der durch G_i gehende Polarkegelschnitt von P (in bezug auf ABC), r eine durch P_i gehende reelle Gerade, V_{kl} deren zweiter Schnittpunkt mit q_i^2 und v_{kl} die durch Q_i gehende Polare von V_{kl}, so sind die beiden weiteren Schnittpunkte P_k und P_l von r mit p^3 konjugiert-imaginär, oder reell und voneinander und von P_i verschieden, oder zwar voneinander, aber P_k ist nicht von P_i verschieden und r ist also die Tangente an p^3 in P_i, oder P_k und P_l sind zwar von P_i, aber nicht voneinander verschieden und r ist also die Tangente an p^3 in P_k, oder endlich ist weder P_k noch P_l von P_i verschieden und r ist also eine Wendetangente von p^3 in P_i, je nachdem v_{kl} mit p^2 zwei konjugiert-imaginäre, oder zwei reelle, voneinander

Ist p_i irgendein reeller Strahl von P^3 (mag er eine Seite von ABC sein oder nicht), Q_i der Punkt, in dem p von p_i geschnitten wird, q_i dessen Polare, g_i die Q_i mit dem Pole P von p verbindende Gerade, G_i^2 der Polarkegelschnitt von g_i (in bezug auf ABC), welcher Polarkegelschnitt von p_i tangiert wird, P^2 der von q_i tangierte Polarkegelschnitt von p (in bezug auf ABC), N ein auf p_i liegender reeller Punkt, s_{mn} die zweite von N an G_i^2 gehende Tangente (die erste ist nämlich p_i) und S_{mn} der auf g_i liegende Pol von s_{mn}, so sind die beiden weiteren durch N gehenden Strahlen p_m und p_n von P^3 konjugiert-imaginär, oder reell und voneinander und von p_i verschieden, oder zwar voneinander, aber p_m ist nicht von p_i verschieden und N ist also der Berührungspunkt von p_i mit P^3, oder p_m und p_n sind zwar von p_i, aber nicht voneinander verschieden und N ist also der Berührungspunkt von p_m mit P^3, oder endlich ist weder p_m noch p_n von p_i verschieden und N ist also ein Rückkehrpunkt von P^3 auf p_i, je nachdem von S_{mn} zwei kon-

und von G_i verschiedene Punkte, oder G_i und noch einen andern Punkt gemein hat, oder v_{kl} Tangente an p^2 in einem von G_i verschiedenen Punkte ist, oder endlich v_{kl} die Tangente t_i an p^2 in G_i ist; und umgekehrt.

jugiert-imaginäre, oder zwei reelle, voneinander und von q_i verschiedene Tangenten, oder q_i und noch eine andere Tangente an P^2 gehen, oder S_{mn} Berührungspunkt in einer von q_i verschiedenen Tangente von P^2 ist, oder endlich S_{mn} der Berührungspunkt U_i in der Tangente q_i von P^2 ist; und umgekehrt.

Die Realität von P_i und r wurde deshalb vorausgesetzt, weil nur dann P_k und P_l, wenn sie nicht reell sind, konjugiert-imaginär sein müssen; sonst gilt aber der vorstehende Satz auch für imaginäre Punkte P_i und Geraden r (siehe Anmerkung in Nr. 51).

Eine Ausnahme hiervon macht nur die Gerade $g_i \equiv P_i P$. Der zweite Schnittpunkt von g_i mit q_i^2 ist nämlich P (nach Nr. 56 und 58) und seine Polare p, welche letzte mit p^2 zwei konjugiert-imaginäre Punkte, nämlich die Doppelpunkte der von ABC erzeugten elliptischen Involution $(p)^2$ (Nr. 2), gemein hat. Nun sind aber die Polaren der Doppelpunkte von $(p)^2$ die konjugiert-imaginären Doppelstrahlen von $(P)^2$ (nach Nr. 3, 7 und 2), und die Schnittpunkte dieser Doppelstrahlen mit g_i müssen also nach III die beiden weitern gemeinsamen Punkte von g_i mit p^3 sein. Mithin müssen, weil g_i von den beiden Doppelstrahlen von $(P)^2$ in einem und demselben reellen Punkte, nämlich in P, geschnitten wird, die beiden weitern gemeinsamen Punkte von g_i und p^3, welche Punkte in p^3 von den konjugiert-imaginären Doppelstrahlen von $(P)^2$ herrühren, d. h. welche in den von ABC auf diesen beiden Doppelstrahlen erzeugten Punktinvolutionen zweiten Grades dem P zugeordnet sind, in dem reellen Punkte P vereinigt liegen.

Zugleich sehen wir, daß der Punkt P sich selbst zugeordnet ist in jeder der beiden von ABC auf den konjugiert-imaginären Doppelstrahlen von $(P)^2$ erzeugten Punktinvolutionen zweiten Grades, aber, wie aus Nr. 48 leicht zu folgern ist, auch nur in diesen beiden Punktinvolutionen; in der auf jeder andern durch P gehenden Geraden von ABC erzeugten Punktinvolution zweiten Grades wird dem Punkte P ein von diesem verschiedener Punkt zugeordnet. Es liegt also auf jeder durch P gehenden reellen oder imaginären, von den Doppelstrahlen von $(P)^2$ verschiedenen Geraden außer P noch ein Punkt von p^3, während auf jedem der beiden konjugiert-imaginären Doppelstrahlen von $(P)^2$ außer P mehr kein Punkt von p^3 liegt. Mithin:

Der Punkt P ist ein isolierter Doppelpunkt von p^3 und die beiden Tangenten von p^3 in P, die beiden Doppelpunktstangenten, sind die konjugiert-imaginären Doppelstrahlen von $(P)^2$. Außer P besitzt p^3 mehr keine Doppelpunkte.	Die Gerade p ist ein isolierter Doppelstrahl von P^3 und die beiden Berührungspunkte von p mit P^3, die beiden Berührungspunkte des Doppelstrahles, sind die konjugiert-imaginären Doppelpunkte von $(p)^2$. Außer p besitzt P^3 mehr keine Doppelstrahlen.

Das letzte ergibt sich auch aus der Bemerkung, daß durch jeden von P verschiedenen Punkt und P nur eine einzige Gerade geht und auf dieser gibt es nur einen einzigen Punkt, der dem P zugepaart ist in der von ABC auf dieser Geraden erzeugten Involution zweiten Grades (siehe weiter unten Nr. 63).

60. Der letzte Fall des Satzes 26, nämlich, daß eine durch P_i gehende Gerade r eine Wendetangente an p^3 ist, kann nur dann eintreten, wenn P_i einer der drei Schnittpunkte P_a, P_b, P_c der Seiten von ABC mit der Polare p von P ist. Denn in jenem Falle muß nach dem Satze 26 die Tangente t_i an p^2 in G_i durch Q_i, den Schnittpunkt von g_i mit p, gehen, nach Satz 24 (Nr. 53) geht aber t_i durch den auf g_i liegenden Punkt P_i von p^3; folglich wird dann der Punkt P_i von p^3 mit Q_i zusammenfallen und also auf p liegen müssen, auf p liegen aber keine anderen Punkte von p^3 als P_a, P_b und P_c.

In jedem der drei Punkte P_a, P_b, P_c gibt es aber wirklich eine Wendetangente von p^3. Denn, wenn P_i etwa mit P_a identisch ist, ist g_i mit $PP_a \equiv p'_A$, G_i mit P'_A, Q_i mit P_a und q_i^2 mit demjenigen Polarkegelschnitt p_a^2 des auf der Dreiecksseite a liegenden Punktes P_a identisch, welcher Polarkegelschnitt in das aus der Seite a und der Ecktransversale $p_A \equiv PA$ bestehende Geradenpaar ausartet (nach Nr. 2). Nun ist aber P'_A, der Pol von p'_A, der zweite Schnittpunkt von p_A mit p^2 (Nr. 7) und die

Tangente an p^2 in P'_A geht durch P_a (nach Satz 24 in Nr. 53) und der Pol dieser Tangente muß also auf dem ausgearteten Polarkegelschnitt p_a^2 von P_a, und zwar auf p_A liegen. Folglich wird die Gerade r, welche $(P_i \equiv) P_a$ mit dem auf $(q_i^2 \equiv) p_a^2$ liegenden Pole der durch $(Q_i \equiv) P_a$ gehenden Tangente an p^2 in $(G_i \equiv) P'_A$ verbindet, nach Satz 26 eine Wendetangente von p^3 in $(P_i \equiv) P_a$ sein müssen. Mithin:

Die drei Schnittpunkte P_a, P_b, P_c der Seiten von ABC mit der Polare p von P sind die einzigen Wendepunkte von p^3.	Die drei durch den Pol P von p gehenden Ecktransversalen p_A, p_B, p_C von ABC sind die einzigen Rückkehrstrahlen von P^3.

61. Aus I (Nr. 54), II (Nr. 55) und III (Nr. 56) ergeben sich unmittelbar folgende neue Lösungen der Aufgaben in Nr. 51, welche Lösungen auch im Falle, daß P_i eine der Ecken von ABC ist, anwendbar sind.

Auflösung 2 der Aufgabe 1. Man ermittelt zuerst den zweiten Schnittpunkt V_{kl} von r mit dem Polarkegelschnitt q_i^2 (der erste Schnittpunkt von r mit q_i^2 ist nämlich P_i) von Q_i, dem Schnittpunkt von g_i mit der Polare p von P, und dessen durch Q_i gehende Polare v_{kl} (in bezug auf ABC), sodann die beiden Schnittpunkte G_k und G_l von v_{kl} mit dem Polarkegelschnitt p^2 von P und ihre durch P gehenden Polaren g_k und g_l (in bezug auf ABC); alsdann sind die beiden Schnittpunkte P_k und P_l von r mit g_k und g_l die gesuchten Schnittpunkte von r und p^3.

Diese Lösung liefert auch dann noch die Punkte P_k und P_l, wenn G_k und G_l imaginär sind (siehe Anmerkung in Nr. 51).

Aufgabe 4. Auf einer durch zwei Punkte P_k und P_l von p^3 gehenden Geraden r, wo P_k und P_l von P aus durch die Geraden g_k und g_l projiziert werden, den dritten Schnittpunkt mit p^3 zu ermitteln.

Auflösung 1. Man ermittelt den Schnittpunkt Q_k von g_k mit p, der Polare von P, und den auf p^2, dem Polarkegelschnitt von P, liegenden Pol G_l von g_l, sodann den zweiten Schnittpunkt G_i von $Q_k G_l$ mit p^2 und dessen Polare

g_i (in bezug auf ABC); alsdann ist der Schnittpunkt P_i von g_i mit r der gesuchte dritte Schnittpunkt von r mit p^3.

Auflösung 2. Man ermittelt die beiden Pole G_k und G_l von g_k und g_l, bringt die G_k mit G_l verbindende Gerade zum Schnitt mit der Polare p von P und verbindet diesen Schnittpunkt mit P durch eine Gerade g_i; alsdann ist der Schnittpunkt P_i von r mit g_i der gesuchte dritte Schnittpunkt von r mit p^3.

Diese beiden Lösungen folgen unmittelbar aus II und dienen auch zur Lösung der nächstfolgenden Aufgabe, wenn man beachtet, daß eine Tangente an einer Kurve in ihrem Berührungspunkte zwei einander unendlich nahe liegende Punkte der Kurve enthält.

Aufgabe 5. Auf der Tangente t_k an p^3 in einem Punkte P_k (wo P_k von P aus durch g_k projiziert wird) den weitern Schnittpunkt mit p^3, den Tangentialpunkt von P_k, zu ermitteln.

Auflösung 1. Man ermittelt den Pol G_k von g_k, welcher Pol auf dem Polarkegelschnitt p^2 von P liegt, sodann die Tangente t_k an p^2 in G_k, bringt diese zum Schnitt mit der Polare p von P und verbindet den Schnittpunkt $p t_k$ mit P durch eine Gerade; alsdann ist der Schnittpunkt der letzten Geraden mit t_k der gesuchte Tangentialpunkt von P_k.

Auflösung 2. Man ermittelt den Schnittpunkt Q_k von g_k mit p, der Polare von P, und den auf p^2, dem Polarkegelschnitt von P, liegenden Pol G_k von g_k, sodann den zweiten Schnittpunkt von $Q_k G_k$ mit p^2 und dessen Polare (in bezug auf ABC); alsdann ist der Schnittpunkt dieser Polare mit t_k der gesuchte Tangentialpunkt von P_k.

Auflösung 3. Man ermittelt den Pol G_k von g_k, sodann diejenige Gerade, welche in der von ABC erzeugten Strahleninvolution $(P)^2$ zu der G_k mit P verbindenden Geraden, dem ersten Repräsentanten $g_k^{(1)}$ von g_k (Nr. 24), zugepaart ist; alsdann ist der Schnittpunkt dieser Geraden mit t_k der gesuchte Tangentialpunkt von P_k.

Die dritte Lösung folgt aus der Aussage I (Nr. 54); denn nach dieser Aussage muß der Tangentialpunkt P_i irgendeines Punktes $P_{i'}$ von p^3 (wo $P_{i'}$ von P aus durch $g_{i'}$ projiziert wird) von P aus durch diejenige Gerade g_i projiziert werden, welche in $(P)^2$ zu der den Pol $G_{i'}$ von $g_{i'}$ mit P verbindenden Geraden, dem ersten Repräsentanten $g_{i'}^{(1)}$ von $g_{i'}$, zugepaart ist; mithin muß der Schnittpunkt der Tangente an p^3 in $P_{i'}$ mit $g_i P_i$ sein; auch erhellt diese Lösung aus der ersten, wie man einsehen kann.

Zugleich sehen wir, daß, wenn in jeder der drei Lösungen der Aufgabe 5 an Stelle des Schnittpunktes der letzt zu ermittelnden Geraden mit t_k derjenige Punkt ermittelt wird, der zu P zugepaart ist in der von ABC auf jener letzten Geraden erzeugten Involution zweiten Gerades, dieser Punkt der Tangentialpunkt von P_k sein wird; damit haben wir drei Lösungen der

Aufgabe 5a. Den Tangentialpunkt eines Punktes P_k von p^3 zu ermitteln, wenn weder P_k selbst noch die Tangente t_k in ihm gegeben sind, sondern die ihn von P aus projizierende Gerade g_k.

Aus dem Satze 26 ergibt sich die folgende

Auflösung 2 der Aufgabe 2 (Nr. 51). Man ermittelt die beiden von Q_i, dem Schnittpunkte von g_i mit p, an p^2 gehenden Tangenten, sodann die Pole dieser beiden Tangenten (in bezug auf ABC); alsdann sind die beiden diese Pole mit P_i verbindenden Geraden und nur diese beiden die gesuchten Tangenten an p^3.

Es gehen also aus jedem beliebigen Punkte P_i von p^3 (die Ecken von ABC nicht ausgenommen) zwei und nur zwei Tangenten (außer der Tangente in P_i selbst) an p^3.

Auflösung 3 der Aufgabe 2. Man ermittelt die zu g_i in $(P)^2$ zugepaarte Gerade und ihre beiden Schnittpunkte mit p^2, sodann die durch P gehenden Polaren (in bezug auf ABC) der beiden Schnittpunkte und in den von ABC auf diesen Polaren erzeugten Punktinvolutionen zweiten Grades die beiden dem P zugepaarten Punkte; alsdann sind die beiden P_i mit den letzten Punkten verbindenden Geraden die gesuchten Tangenten an p^3 und jene letzten Punkte ihre Berührungspunkte.

Diese Lösung folgt unmittelbar aus I (Nr. 54) und liefert, wenn P_i einer der drei Wendepunkte P_a, P_b, P_c von p^3 (Nr. 60) ist, nur eine der beiden gesuchten Tangenten (die andere fällt alsdann mit der Wendetangente in P_i zusammen), sonst beide.

Auflösung 2 der Aufgabe 3 (Nr. 51). Man ermittelt den Pol G_i von g_i, sodann den Pol der G_i mit Q_i, dem Schnittpunkte von g_i mit p, verbindenden Geraden; alsdann ist die den letztern Pol mit P_i verbindende Gerade die Tangente von p^3 in P_i.

Diese Lösung ergibt sich unmittelbar aus dem Satze 23.

Auflösung 3 der Aufgabe 3. Man ermittelt den Pol G_i von g_i, sodann diejenige Gerade, welche in $(P)^2$ zu der G_i mit P verbindenden Geraden, dem ersten Repräsentanten $g_i^{(1)}$ von g_i, zugepaart ist, und in der von ABC auf dieser Geraden erzeugten Punktinvolution zweiten Grades den zu P zugepaarten Punkt; alsdann ist dieser letzte Punkt der Tangentialpunkt von P_i und die ihn mit P_i verbindende Gerade die Tangente von p^3 in P_i.

Diese Lösung folgt aus I in Nr. 54 (s. oben Auflösung 3 der Aufgabe 5) und ist nur dann anzuwenden, wenn P_i keiner der Wendepunkte P_a, P_b, P_c von p^3 ist; ist aber P_i einer dieser drei Wendepunkte, so fällt der letzte Punkt, der Tangentialpunkt von P_i, mit P_i zusammen und die Wendetangente in P_i kann hierdurch nicht ermittelt werden; es ist also dann vielmehr die vorhergehende Lösung 2 oder die Lösung der Aufgabe 3 in Nr. 51 anzuwenden, wo dann die Tangente t_i an p^2 in G_i die G_i mit P_i verbindende Gerade sein wird.

Anmerkung. Mit Hilfe der Ordinatenwinkel (Nr. 26) kann man in den Auflösungen 3 der Aufgaben 3 und 5 die in $(P)^2$ zu $g_i^{(1)}$ zugepaarte Gerade direkt, ohne Vermittelung des Poles G_i, bestimmen: ist nämlich ω_i der Ordinatenwinkel von g_i, so ist der Ordinatenwinkel von $g_i^{(1)}$ gleich $-2\omega_i$ (Satz 15 in Nr. 26) und der von der zu $g_i^{(1)}$ in $(P)^2$ zugepaarten Geraden gleich $-2\omega_i \pm \dfrac{\pi}{2}$; ferner sind in der Auflösung 3 der Aufgabe 2 $-\left(\dfrac{\omega_i}{2}+\dfrac{\pi}{4}\right)$ und $-\left(\dfrac{\omega_i}{2}-\dfrac{\pi}{4}\right)$ die Ordinatenwinkel der beiden durch P gehenden Polaren der Schnittpunkte von p^2 mit der zu g_i in $(P)^2$ zugepaarten Geraden.

Aufgabe 6. Die durch zwei Punkte P_i und P_k von p^3 gehende Gerade zu ziehen, wenn P_i und P_k selbst nicht gegeben sind, sondern die sie von P aus projizierenden Geraden g_i und g_k.

Auflösung. Man ermittelt die Pole G_i und G_k von g und g_k und etwa den Schnittpunkt Q_i von g_i mit p, sodann die beiden Pole von $G_i G_k$ und $Q_i G_k$; alsdann wird die die letztern beiden Pole verbindende Gerade die gesuchte sein und ihre Schnittpunkte mit g_i und g_k werden die Punkte P_i und P_k sein.

Denn ist etwa P_l der dritte Schnittpunkt von $P_i P_k$ mit p^3, so müssen nach Hilfssatz 1 (Nr. 47) die drei Pole von $G_i G_k$, $G_k G_l$, $G_l G_i$ auf $P_i P_k$ liegen; $G_k G_l$ ist aber mit $Q_i G_k$ identisch und $G_l G_i$ mit $Q_k G_i$ (Nr. 57). $P_i P_k$ ist also durch zwei jener drei Pole bestimmt.

Aufgabe 7. Die Tangente in einem Punkte P_i von p^3 zu ziehen, wenn P_i selbst nicht gegeben ist, sondern die ihn von P aus projizierende Gerade g_i.

Auflösung. Man ermittelt den Pol G_i von g_i und die Tangente t_i an p^2, dem Polarkegelschnitt von P, in G_i, sodann die beiden Pole (in bezug auf ABC) von t_i und $G_i Q_i$ ($Q_i \equiv p g_i$); alsdann wird die diese beiden Pole verbindende Gerade die gesuchte Tangente sein und ihr Schnittpunkt mit g_i ihr Berührungspunkt P_i mit p^3.

Denn ist etwa P_n der Tangentialpunkt von P_i, geht also die Tangente t_i an p^3 in P_i auch durch P_n, so muß nach Satz 26 der zweite Schnittpunkt von t_i mit q_i^2, dem Polarkegelschnitt von Q_i, der Pol von $Q_i G_i$ sein und der zweite Schnittpunkt von t_i mit q_n^2, dem Polarkegelschnitt von $Q_n \equiv p g_n$, der Pol der durch Q_n gehenden Tangente t_i von p^2 in G_i.

Diese Lösung versagt nur dann, wenn P_i ein Wendepunkt von p^3 ist, wenn also (Nr. 60) t_i mit $Q_i G_i$ zusammenfällt; alsdann aber genügt es, den Pol von $t_i \equiv Q_i G_i$ mit Q_i zu verbinden (wo dann Q_i mit dem Wendepunkte P_i identisch ist) und diese Verbindungsgerade wird die Wendetangente in P_i sein.

Aufgabe 8. Die beiden aus einem Punkte P_i von p^3 an diese gehenden Tangenten zu ziehen, wenn nur g_i, nicht aber P_i gegeben ist.

Auflösung. Man ermittelt die beiden aus $Q_i \equiv p g_i$ an p^2, den Polarkegelschnitt von P, gehenden Tangenten $t_{i'}$ und $t_{i''}$, ihre Berührungspunkte $G_{i'}$ und $G_{i''}$ und den Pol G_i von g_i (in bezug auf ABC), sodann die Pole (in bezug auf ABC)

von $t_{i'}$, $t_{i''}$, $G_{i'}G_i$ und $G_{i''}G_i$; alsdann werden die die Pole von $t_{i'}$ und $G_iG_{i'}$ und die die Pole von $t_{i''}$ und $G_iG_{i''}$ verbindenden Geraden die beiden gesuchten Tangenten sein.

Diese Lösung ergibt sich aus dem Satze 26 ganz analog wie die vorige.

Alle entsprechenden Aufgaben für das duale Gebilde P^3 sind dual zu lösen.

62. Ist, wie im Satze 26 (Nr. 59) angenommen wurde, der Punkt P_i von p^3 und mithin auch Q_i, der Schnittpunkt von g_i mit der gänzlich außerhalb des Polarkegelschnitts p^2 von P verlaufenden Polare p von P (Nr. 2), reell, so gehen von Q_i zwei reelle Tangenten an p^2; durch diese beiden Tangenten werden die durch Q_i gehenden und stetig aufeinanderfolgenden Geraden v, welche mit p^2 zwei konjugiert-imaginäre Punkte gemein haben, von den durch Q_i gehenden und gleichfalls stetig aufeinanderfolgenden Geraden v, welche mit p^2 zwei reelle Punkte gemein haben, getrennt. Weil nun der Strahlenbüschel der Polaren v um Q_i zu der Punktreihe der Pole V auf dem Polarkegelschnitt q_i^2 von Q^i projektiv ist, so wird jeder stetigen Aufeinanderfolge von Polaren v um Q_i eine stetige Aufeinanderfolge von Polen V auf q_i^2 entsprechen und diese wird von dem auf p^3 und q_i^2 liegenden Punkte P_i aus durch eine stetige Aufeinanderfolge von Geraden r projiziert. Demnach werden die durch P_i gehenden Geraden r, welche q_i^2 zum zweitenmal in solchen Punkten V schneiden, welche Pole der durch Q_i gehenden und p^2 in je zwei konjugiert-imaginären Punkten schneidenden Geraden v sind, stetig aufeinander folgen und ebenso die durch P_i gehenden Geraden r, welche q_i^2 zum zweitenmal in solchen Punkten V schneiden, welche Pole der durch Q_i gehenden und p^2 in je zwei reellen Punkten schneidenden Geraden v sind; und die erstern Geraden r werden von den letztern durch diejenigen beiden Geraden von P_i getrennt, welche q_i^2 zum zweitenmal in den Polen der beiden von Q_i an p^2 gehenden Tangenten schneiden. Unter den erstern Geraden r befindet sich die Gerade $g_i \equiv P_iP$, da die Polare p des zweiten Schnittpunktes P von g_i mit q_i^2 (Nr. 56 und 58) ganz außerhalb p^2 verläuft. Mithin haben wir nach Satz 26:

Von jedem p^3 angehörenden reellen Punkte P_i (mag	Auf jedem P^3 angehörenden reellen Strahle p_i (mag

dieser eine Ecke von ABC sein oder nicht) gehen außer der Tangente in P_i selbst nur noch zwei reelle Tangenten an p^3, von denen eine, wenn P_i einer der drei Wendepunkte P_a, P_b, P_c von p^3 ist, mit der Wendetangente in P_i zusammenfällt (Nr. 60). In dem einen der beiden von diesen zwei Tangenten um P_i gebildeten vollkommenen Winkel, und zwar in dem, innerhalb dessen P, der isolierte Doppelpunkt von p^3 (Ende Nr. 59), nicht liegt, sind diejenigen und nur diejenigen durch P_i gehenden Geraden enthalten, welche mit p^3 außer P_i noch je zwei reelle Punkte gemein haben, und in dem zweiten Winkel sind diejenigen und nur diejenigen durch P_i gehenden Geraden enthalten, welche mit p^3 außer P_i mehr keinen reellen Punkt gemein haben. Die Kurve p^3 ist also gänzlich in dem einen der beiden vollkommenen Winkel enthalten, die von zwei aus einem beliebigen p^3 angehörenden Punkte an p^3 gehenden Tangenten gebildet werden, und zwar in demjenigen Winkel, innerhalb dessen P nicht liegt.

dieser eine Seite von ABC sein oder nicht) liegen außer dem Berührungspunkt von P^3 mit p_i selbst nur noch zwei reelle Berührungspunkte von P^3, von denen einer, wenn p_i einer der drei Rückkehrstrahlen p_A, p_B, p_C von P^3 ist, mit dem Rückkehrpunkte auf p_i zusammenfällt. Auf der einen der beiden von diesen zwei Berührungspunkten auf p_i begrenzten Strecken, und zwar auf der, die von p, dem isolierten Doppelstrahle von P^3, nicht getroffen wird, liegen diejenigen und nur diejenigen Punkte, durch welche außer p_i noch je zwei reelle Strahlen von P^3 gehen, und auf der zweiten Strecke liegen diejenigen und nur diejenigen Punkte, durch welche außer p_i mehr kein reeller Strahl von P^3 geht. Jeder Strahl des Büschels P^3 wird also von den sämtlichen Strahlen von P^3 in der einen der beiden Strecken getroffen, die auf ihm von den zwei Berührungspunkten von P^3 (außer dem Berührungspunkt mit ihm selbst) begrenzt werden, und zwar in derjenigen Strecke, die von p nicht getroffen wird.

63. Aus den Aussagen I (Nr. 54), II (Nr. 55) und III (Nr. 56) läßt sich nun eine Reihe bekannter Sätze über Kurven dritter Ordnung für unsere Kurve p^3 von neuem ableiten.

Nach II bilden die Pole je zweier Geraden, welche letzte von P aus zwei mit einem Punkte P_i von p^3 in einer und derselben Geraden liegende Punkte von p^3 projizieren, auf dem Polarkegelschnitt p^2 von P eine hyperbolische Punktinvolution, deren Zentrum der außerhalb p^2 liegende (Nr. 62) Punkt $Q_i \equiv g_i \, p$ ist und deren Doppelpunkte $G_{i'}$ und $G_{i''}$, die Pole der die Berührungspunkte $P_{i'}$ und $P_{i''}$ der beiden von P_i an p^3 gehenden Tangenten von P aus projizierenden und ein Strahlenpaar in $(P)^2$ bildenden Geraden $g_{i'}$ und $g_{i''}$, sind und auf der zu g_i in $(P)^2$ zugepaarten Geraden liegen (I in Nr. 54). Nun ist der Büschel der Polaren um P zu der Punktreihe der Pole auf p^2 projektiv (Nr. 2); mithin ergibt sich:

Die Punktepaare auf p^3, welche mit einem von P, dem isolierten Doppelpunkte von p^3, aus durch die Gerade g_i projizierten Punkte P_i in je einer Geraden liegen, werden von P aus durch Strahlenpaare einer auf $(P)^2$ sich stützenden Involution projiziert, deren Doppelstrahlen dasjenige Strahlenpaar in $(P)^2$ bilden, welches die Berührungspunkte der beiden von P_i an p^3 gehenden Tangenten projiziert und dessen Pole mithin auf der zu g_i in $(P)^2$ zugepaarten Geraden liegen, welches Strahlenpaar also (Nr. 8) die letzte Gerade zu ihrem Repräsentanten hat; und umgekehrt. Dabei wird der Tangentialpunkt von P_i durch derjenigen Strahl von P aus projiziert, welcher in der auf $(P)^2$ sich stützenden Involution zu g_i zugepaart ist.

Denn auf der P_i mit seinem Tangentialpunkte verbindenden Geraden, also auf der Tangente von p^3 in P_i, liegt kein weiterer Punkt von p^3.

Weil in jeder auf $(P)^2$ sich stützenden Involution die Doppelstrahlen von $(P)^2$ ein Paar bilden, so muß nun dasjenige Punktepaar auf p^3, welches von P aus durch die Doppelstrahlen von $(P)^2$ projiziert wird, mit jedem beliebigen Punkte von p^3 in einer Geraden liegen; dieses Punktepaar muß folglich in einem einzigen Punkte und also in dem Schnittpunkte P der Doppelstrahlen von $(P)^2$ zusammenfallen, da sonst alle Punkte von p^3 auf der dieses Punktepaar verbindenden Geraden liegen müßten. P ist also, wie schon oben (Ende Nr. 59) bewiesen wurde, ein Doppelpunkt von p^3, und zwar der einzige Doppelpunkt, da die Doppelstrahlen von $(P)^2$ die einzigen sind, die in den sämtlichen auf $(P)^2$ sich stützenden Involutionen ein Paar bilden.

Weil ferner jedes Strahlenpaar in einer Involution durch deren Doppelstrahlen harmonisch getrennt wird, so ergibt sich:

Auf jeder durch einen Punkt P_i von p^3 gehenden Geraden werden die beiden weitern Schnittpunkte mit p^3 durch die beiden Geraden, welche von P, dem isolierten Doppelpunkte von p^3, aus die Berührungspunkte der beiden von P_i an p^3 gehenden Tangenten projizieren, harmonisch getrennt.

64. Verstehen wir unter dem Ordinatenwinkel eines Punktes P_i von p^3 den Ordinatenwinkel ω_i des diesen Punkt von P aus projizierenden Strahles g_i (Nr. 26), so ergibt sich hieraus die folgende lineare Relation zwischen den Ordinatenwinkeln dreier in einer Geraden liegender Punkte von p^3.

Satz 27. Drei Punkte P_i, P_k, P_l von p^3 liegen dann und nur dann in einer Geraden, wenn ihre Ordinatenwinkel der Forderung genügen:

$$\omega_i + \omega_k + \omega_l = \frac{2k+1}{2}\pi,$$

wo k eine beliebige ganze Zahl bedeutet.

Beweis. Sind g_i, g_k, g_l die P_i, P_k, P_l von P aus projizierenden Strahlen, g'_i der zu g_i in $(P)^2$ zugepaarte Strahl, $g_{i'}$ und $g_{i''}$ die die Berührungspunkte $P_{i'}$ und $P_{i''}$ der beiden von P_i an p^3 gehenden Tangenten von P aus projizierenden Strahlen, deren Repräsentant, wie wir sahen, g'_i ist, und sind also $\omega_i, \omega_k, \omega_l, \omega'_i$, $\omega_{i'}, \omega_{i''}$ der Reihe nach die Ordinatenwinkel von $g_i, g_k, g_l, g'_i, g_{i'}, g_{i''}$, so ist $\omega'_i = \omega_i + \frac{\pi}{2}$ und nach Satz 15 (Nr. 26) $\omega_{i'} = -\left(\omega_i + \frac{\pi}{2}\right):2$
$= -\left(\frac{\omega_i}{2} + \frac{\pi}{4}\right)$ und $\omega_{i''} = -\left(\frac{\omega_i}{2} + \frac{\pi}{4}\right) + \frac{\pi}{2} = -\left(\frac{\omega_i}{2} - \frac{\pi}{4}\right).$
Weil aber, wie wir sahen, P_i, P_k, P_l dann und nur dann in einer Geraden liegen, wenn $g_k g_l g_{i'} g_{i''}$ vier harmonische Strahlen sind

und mithin auch die ihre Spuren auf p von R, dem Scheitel der Ordinatenwinkel (Nr. 26), aus projizierenden Geraden, so ist jenes dann und nur dann der Fall, wenn

$$\frac{\sin(\omega_k - \omega_{i'})}{\sin(\omega_k - \omega_{i''})} : \frac{\sin(\omega_l - \omega_{i'})}{\sin(\omega_l - \omega_{i''})} = -1,$$

also:

$$\frac{\sin\left(\omega_k + \frac{\omega_i}{2} + \frac{\pi}{4}\right)}{\sin\left(\omega_k + \frac{\omega_i}{2} - \frac{\pi}{4}\right)} : \frac{\sin\left(\omega_l + \frac{\omega_i}{2} + \frac{\pi}{4}\right)}{\sin\left(\omega_l + \frac{\omega_i}{2} - \frac{\pi}{4}\right)}$$

$$= \operatorname{tg}\left(\omega_k + \frac{\omega_i}{2} + \frac{\pi}{4}\right) : \operatorname{tg}\left(\omega_l + \frac{\omega_i}{2} + \frac{\pi}{4}\right) = -1,$$

oder:

$$\operatorname{tg}\left(\omega_k + \frac{\omega_i}{2} + \frac{\pi}{4}\right) = -\operatorname{tg}\left(\omega_l + \frac{\omega_i}{2} + \frac{\pi}{4}\right),$$

folglich:

$$\omega_k + \frac{\omega_i}{2} + \frac{\pi}{4} = k\pi - \left(\omega_l + \frac{\omega_i}{2} + \frac{\pi}{4}\right),$$

oder

$$\omega_i + \omega_k + \omega_l = \frac{2k-1}{2}\pi.$$

Anmerkung. Sind die Ordinatenwinkel zweier Punkte von p^3 bekannt, so liefert der vorstehende Satz den Ordinatenwinkel des dritten Schnittpunktes von p^3 mit der jene zwei Punkte verbindenden Geraden, wodurch, weil Ordinatenwinkel, die sich nur um ein Vielfaches von π voneinander unterscheiden, ein und dasselbe Element liefern, der dritte Schnittpunkt eindeutig bestimmt ist. Es müssen also (weil, wenn man zwei Punkte von p^3 einander immer mehr nähern läßt, bis sie schließlich in einen Punkt hineinfallen, der Tangentialpunkt des letztern Punktes der dritte Schnittpunkt von p^3 mit der die ersten zwei verbindenden Geraden [Tangente] ist) die Ordinatenwinkel $\omega_{i'}$ und ω_i eines Punktes $P_{i'}$ und seines Tangentialpunktes P_i der Forderung genügen:

$$2\omega_{i'} + \omega_i = \frac{2k+1}{2}\pi,$$

was auch direkt (mit Hilfe des ersten Ergebnisses der vorigen Nummer) ähnlich wie vorher bewiesen werden kann. Wenn also $P_{i'}$ gegeben ist, so ist P_i eindeutig bestimmt, denn es ist $\omega_i = \dfrac{\pi}{2} - 2\omega_{i'}$ (für $k = 0$); ist aber P_i gegeben, so ist $P_{i'}$ nur zweideutig bestimmt, denn es ist $\omega_{i'} = \dfrac{\pi}{4} - \dfrac{\omega_i}{2}$ (für $k = 0$) und $\omega_{i'} = \dfrac{3\pi}{4} - \dfrac{\omega_i}{2}$ (für $k = 1$), was wir auch schon längst wissen. Soll nunmehr $P_{i'}$ mit seinem Tangentialpunkt zusammenfallen, so ist dann und nur dann:

$$3\omega_{i'} = \frac{2k+1}{2}\pi,$$

also: $\omega_{i'} = \dfrac{\pi}{6}$ (für $k = 0$), $\omega_{i'} = \dfrac{\pi}{2}$ (für $k = 1$) und $\omega_{i'} = \dfrac{5\pi}{6}$ (für $k = 2$), welche drei Ordinatenwinkel die bekannten Wendepunkte P_c, P_a, P_b liefern.

65. Mit Hilfe des ersten Ergebnisses in Nr. 63 kann nun Folgendes bewiesen werden:

Liegen drei Punkte P_i, P_k, P_l von p^3, welche von P aus durch g_i, g_k, g_l projiziert werden, in einer Geraden, so liegen auch diejenigen drei Punkte von p^3, welche von P aus durch die drei in $(P)^2$ zu $g_i^{(1)}, g_k^{(1)}, g_l^{(1)}$, den ersten Repräsentanten von g_i, g_k, g_l, zugepaarten Strahlen projiziert werden und welche drei Punkte also (Auflösung 3 der Aufgabe 5 in Nr. 61) die Tangentialpunkte von P_i, P_k, P_l sind, in einer zweiten Geraden, welche letztere die Begleiterin der erstern Geraden genannt wird.

Beweis. Die auf p^2 liegenden Pole G_k und G_l (von g_k und g_l), welche mit $Q_i \equiv g_i p$ in einer Geraden liegen (II), und also auch die ersten Repräsentanten $g_k^{(1)} \equiv PG_k$ und $g_l^{(1)} \equiv PG_l$ werden durch das Strahlenpaar $g_i\, g_i'$ von $(P)^2$ harmonisch getrennt; da in bezug auf p^2 P der Pol von p und $(P)^2$ die Involution konjugierter Strahlen um P sind und also g_i' die Polare von $Q_i \equiv g_i p$ in bezug auf p^2. Bezeichnen wir nun für einen Augenblick die in $(P)^2$ zu $g_k^{(1)}$ und $g_l^{(1)}$ zugepaarten Strahlen mit g_x bzw. g_y, so müssen, weil $g_i\, g_i'$, $g_k^{(1)} g_x$, $g_l^{(1)} g_y$ drei Strahlenpaare in einer Involution, nämlich $(P)^2$, bilden und also $g_k^{(1)} g_l^{(1)} g_i g_i' \barwedge g_x g_y g_i' g_i$ ist, auch g_x und g_y durch das Strahlenpaar $g_i g_i'$ harmonisch getrennt sein; mithin bilden $g_x g_y$ ein Strahlenpaar in der auf $(P)^2$ sich stützenden Involution, deren Doppelstrahlen aus dem Strahlenpaare $g_i g_i'$ von $(P)^2$ bestehen. Folglich müssen (nach der Umkehrung des ersten Ergebnisses in Nr. 63) die beiden Punkte von p^3, welche von P aus durch die in $(P)^2$ zu $g_k^{(1)}$ und $g_l^{(1)}$ zugepaarten Strahlen g_x und g_y projiziert werden, mit demjenigen Punkte von p^3 in einer Geraden liegen, welcher von P aus durch den in $(P)^2$ zu dem Repräsentanten des Strahlenpaares $g_i g_i'$, also (Nr. 24) zu dem ersten Repräsentanten $g_i^{(1)}$ von g_i und g_i', zugepaarten Strahl projiziert wird, was zu beweisen war.

Weil nun die Tangentialpunkte dreier in einer Geraden liegender Punkte P_i, P_k, P_l von p^3 gleichfalls in einer Geraden liegen, so liegen auch die drei Tangentialpunkte dieser Tangentialpunkte, also die zweiten Tangentialpunkte von P_i, P_k, P_l, und mithin auch die dritten, vierten und überhaupt die n-ten Tangentialpunkte von P_i, P_k, P_l in je einer Geraden. Nunmehr wird aber der Tangentialpunkt von P_i aus P durch den in $(P)^2$ zu $g_i^{(1)}$, dem ersten Repräsentanten von g_i, zugepaarten Strahl projiziert und der Tangentialpunkt dieses Tangentialpunktes, also der zweite Tangentialpunkt von P_i, wird (weil der den ersten Tangentialpunkt aus P projizierende Strahl denselben ersten Repräsentanten hat, wie der zu ihm in $(P)^2$ zugepaarte $g_i^{(1)}$, nämlich den zweiten Repräsentanten $g_i^{(2)} \equiv g_i^{(1)(1)}$ von g_i) von P aus durch den in $(P)^2$ zu $g_i^{(2)}$ zugepaarten Strahl projiziert, und überhaupt wird der n-te Tangentialpunkt von P_i, wie man leicht in gleicher Weise durch den Schluß von n auf $n+1$ beweisen kann, von P aus durch den in $(P)^2$ zu $g_i^{(n)}$, dem n-ten Repräsentanten von g_i, zugepaarten Strahl projiziert. Mithin:

Liegen drei Punkte P_i, P_k, P_l von p^3, welche von P aus durch g_i, g_k, g_l projiziert werden, in einer Geraden, so liegen auch diejenigen drei Punkte von p^3, welche von P aus durch die drei in $(P)^2$ zu $g_i^{(n)}, g_k^{(n)}, g_l^{(n)}$, den n-ten Repräsentanten von g_i, g_k, g_l, zugepaarten Strahlen projiziert werden und welche drei Punkte also die n-ten Tangentialpunkte von P_i, P_k, P_l sind, in einer Geraden, welche letztere die n-te Begleiterin der erstern ist.

Dies ergibt sich auch aus dem Satze 27. Sind nämlich $\omega_i, \omega_k, \omega_l, \omega_i^{(n)}, \omega_k^{(n)}, \omega_l^{(n)}$ der Reihe nach die Ordinatenwinkel von $g_i, g_k, g_l, g_i^{(n)}, g_k^{(n)}, g_l^{(n)}$ und mithin $\omega_i^{(n)} + \frac{\pi}{2}, \omega_k^{(n)} + \frac{\pi}{2}, \omega_l^{(n)} + \frac{\pi}{2}$ die von den in $(P)^2$ zu $g_i^{(n)}$, $g_k^{(n)}$, $g_l^{(n)}$ zugepaarten Strahlen, so ist nach Satz 15 (Nr. 26):

$$\left(\omega_i^{(n)} + \frac{\pi}{2}\right) + \left(\omega_k^{(n)} + \frac{\pi}{2}\right) + \left(\omega_l^{(n)} + \frac{\pi}{2}\right)$$
$$= (-2)^n (\omega_i + \omega_k + \omega_l) + \frac{3\pi}{2}.$$

Sollen nun P_i, P_k, P_l in einer Geraden liegen und also nach Satz 27:
$$\omega_i + \omega_k + \omega_l = \frac{2k+1}{2},$$
so wird auch
$$\left(\omega_i^{(n)} + \frac{\pi}{2}\right) + \left(\omega_k^{(n)} + \frac{\pi}{2}\right) + \left(\omega_l^{(n)} + \frac{\pi}{2}\right)$$
$$= (-2)^n \frac{2k+1}{2}\pi + \frac{3\pi}{2} = \frac{2k'+1}{2}\pi$$

sein und mithin (nach demselben Satze 27) werden auch die n-ten Tangentialpunkte von P_i, P_k, P_l in einer Geraden liegen müssen.

66. Mit Hilfe des ersten Ergebnisses in Nr. 63 kann auch Folgendes bewiesen werden:

Sind P_1, P_4, P_7 die Schnittpunkte von p^3 mit irgendeiner Geraden und P_2, P_5, P_8 die mit einer zweiten Geraden, so schneidet p^3 die drei Geraden $P_1 P_2$, $P_4 P_5$, $P_7 P_8$ in drei neuen Punkten P_3, P_6, P_9, welche wiederum auf einer Geraden liegen.

Beweis. Es sei, wie bisher, die irgendeinen Punkt P_i von p^3 aus P projizierende Gerade mit g_i, ihr Pol mit G_i und ihr Schnittpunkt mit der Polare p von P mit Q_i bezeichnet. Die Pole der vier P_1, P_2, P_4, P_5 von P aus projizierenden Geraden g_1, g_2, g_4, g_5 bilden ein p^2 eingeschriebenes vollständiges Viereck $G_1 G_2 G_4 G_5$, von welchem, weil P_1 und P_2 mit P_3, P_4 und P_5 mit P_6, P_1 und P_4 mit P_7, P_2 und P_5 mit P_8 in je einer Geraden liegen, das Paar Gegenseiten $G_1 G_2$ und $G_4 G_5$ durch Q_3 und Q_6, die Schnittpunkte von p mit g_3 und g_6, und das Paar Gegenseiten $G_1 G_4$ und $G_2 G_5$ durch Q_7 und Q_8, die Schnittpunkte von p mit g_7 und g_8, gehen (nach II in Nr. 55). Es bilden also nach dem bekannten Satze von Desargues die drei Punktepaare, nämlich $Q_3 Q_6$, $Q_7 Q_8$ und das aus den Doppelpunkten der von ABC erzeugten Involution $(p)^2$ bestehende Paar, in denen p zwei Paar

Gegenseiten des p^2 eingeschriebenen Vierecks $G_1 G_2 G_4 G_5$ und p^2 (nach Nr. 2) schneidet, eine Involution und zwar eine auf $(p)^2$ sich stützende. Mithin bilden die diese drei Punktepaare von P aus projizierenden Geraden, nämlich $g_3 g_6$, $g_7 g_8$ und die beiden Doppelstrahlen der von ABC erzeugten Involution $(P)^2$ (nach Nr. 5), drei Strahlenpaare einer auf $(P)^2$ sich stützenden Involution. Folglich muß nach dem ersten Ergebnisse in Nr. 63 das Punktepaar $P_3 P_6$ von p^3 (welches durch $g_3 g_6$ von P aus projiziert wird) mit demjenigen Punkte von p^3 in einer Geraden liegen, mit welchem auch das Punktepaar $P_7 P_8$ von p^3 (welches durch $g_7 g_8$ von P aus projiziert wird) in einer Geraden liegt und welcher Punkt also P_9 ist, was zu beweisen war.

Auch dies ergibt sich gleichfalls aus dem Satze 27. Nach Voraussetzung muß nämlich sein:

$$\omega_1 + \omega_4 + \omega_7 = \frac{2k_1 + 1}{2}\pi, \quad \omega_2 + \omega_5 + \omega_8 = \frac{2k_2 + 1}{2}\pi$$

und

$$\omega_3 = \frac{2k_3 + 1}{2}\pi - \omega_1 - \omega_2$$

$$\omega_6 = \frac{2k_4 + 1}{2}\pi - \omega_4 - \omega_5$$

$$\omega_9 = \frac{2k_5 + 1}{2}\pi - \omega_7 - \omega_8,$$

also ist:

$$\omega_3 + \omega_6 + \omega_9 = \frac{2(k_3 + k_4 + k_5) + 3}{2}\pi - (\omega_1 + \omega_4 + \omega_7)$$

$$- (\omega_2 + \omega_5 + \omega_8) = \frac{2(k_3 + k_4 + k_5) + 3}{2}\pi - \frac{2k_1 + 1}{2}\pi$$

$$- \frac{2k_2 + 1}{2}\pi = \frac{2(k_3 + k_4 + k_5 - k_1 - k_2) + 1}{2}\pi = \frac{2k' + 1}{2}\pi$$

und folglich müssen auch P_3, P_6, P_9 in einer Geraden liegen.

In gleicher Weise kann auch Folgendes bewiesen werden:

Die drei Paar Gegenseiten eines p^3 eingeschriebenen vollständigen Vierecks $P_1 P_2 P_3 P_4$ schneiden p^3 je zum drittenmal in drei neuen Punktepaaren, deren drei Sehnen durch einen und denselben Punkt von p^3 laufen.

Sind nämlich P_5, P_6; P_7, P_8; P_9, P_{10} der Reihe nach die dritten Schnittpunkte von p^3 mit den Viereckseiten $P_1 P_2$, $P_3 P_4$; $P_1 P_3$, $P_2 P_4$; $P_1 P_4$, $P_2 P_3$, so müssen die drei Paar Gegenseiten

G_1G_2, G_3G_4; G_1G_3, G_2G_4; G_1G_4, G_2G_3 des p^2 eingeschriebenen vollständigen Vierecks $G_1G_2G_3G_4$ der Reihe nach von p in den drei Punktepaaren Q_5Q_6, Q_7Q_8, Q_9Q_{10} geschnitten werden (nach II in Nr. 55), welche Punktepaare, wie wir sahen, eine auf $(p)^2$ sich stützende Involution bilden; diese drei Punktepaare werden nun von P aus durch die drei Strahlenpaare g_5g_6, g_7g_8, g_9g_{10} projiziert, welche also eine auf $(P)^2$ sich stützende Strahleninvolution bilden. Mithin müssen die durch diese drei Strahlenpaare von P aus projizierten Punktepaare P_5P_6, P_7P_8, P_9P_{10} von p^3, nach dem ersten Ergebnisse in Nr. 63, mit einem und demselben Punkte von p^3 in je einer Geraden liegen.

67. Aus II ergibt sich ferner:

Von den drei Diagonalpunkten eines p^3 eingeschriebenen vollständigen Vierecks können niemals alle drei zugleich auf p^3 liegen. Zwei dieser drei Diagonalpunkte liegen dann und nur dann auf p^3, wenn das vollständige Viereck aus solchen zwei Punktepaaren von p^3 besteht, welche von P aus durch zwei Strahlenpaare von $(P)^2$ projiziert werden; und zwar bestehen alsdann diese zwei Diagonalpunkte (welche diejenigen sein müssen, durch denen nur die je zwei kein solches Punktepaar bildende Ecken verbindenden Seiten des Vierecks gehen) aus einem dritten ebensolchen Punktepaare von p^3 und das im dritten Diagonalpunkte sich schneidende Paar je eins der zwei Punktepaare verbindender Gegenseiten des Vierecks schneidet p^3 zum drittenmal in solchen zwei Punkten, welche mit dem gemeinsamen Tangentialpunkte der erstern zwei Diagonalpunkte in einer Geraden liegen.

Beweis. Ist $P_1P_2P_3P_4$ das p^3 eingeschriebene vollständige Viereck und sollten alle drei Diagonalpunkte des Vierecks p^3 angehören, sollte also jedes Paar Gegenseiten des Vierecks von p^3 zum drittenmal in einem Punkte geschnitten werden, so müßte nach II jedes Paar Gegenseiten des dem Polarkegelschnitt p^2 von P eingeschriebenen vollständigen Vierecks $G_1G_2G_3G_4$ von p, der Polare von P, in einem Punkt geschnitten werden und also müßten alle drei Diagonalpunkte von $G_1G_2G_3G_4$ auf einer und derselben Geraden, nämlich auf p, liegen, was aber unmöglich ist. Ferner gehören (nach II) zwei Diagonalpunkte, die etwa P_m und P_n heißen mögen, des

Vierecks $P_1P_2P_3P_4$ dann und nur dann p^3 an, wenn zwei Diagonalpunkte des p^2 eingeschriebenen Vierecks $G_1G_2G_3G_4$ auf p liegen und also die Schnittpunkte Q_m und Q_n von p mit den P_m und P_n von P aus projizierenden Geraden g_m und g_n sind; dies ist aber, weil p die Polare von P auch in bezug auf p^2 ist (Nr. 2), dann und nur dann der Fall, wenn P der dritte Diagonalpunkt von $G_1G_2G_3G_4$ ist und also (Satz 1 in Nr 7) die vier P_1, P_2, P_3, P_4 von P aus projizierenden Polaren g_1, g_2, g_3, g_4 (von G_1, G_2, G_3, G_4) aus zwei Strahlenpaaren von $(P)^2$ bestehen. Derjenige Diagonalpunkt von $P_1P_2P_3P_4$, in dem die je eins der zwei Punktepaare (die durch je ein Strahlenpaar von $(P)^2$ projiziert werden) verbindenden Gegenseiten sich schneiden und dessen entsprechender Diagonalpunkt in $G_1G_2G_3G_4$ der nicht auf p liegende Punkt P ist, kann nach II p^3 nicht angehören. Alsdann müssen aber die beiden Diagonalpunkte Q_m und Q_n des p^2 eingeschriebenen Vierecks $G_1G_2G_3G_4$ einander konjugiert sein in bezug auf p^2 und mithin, weil die Involution der in bezug auf p^2 konjugierten Punkte auf p mit $(p)^2$ identisch ist, ein Punktepaar in $(p)^2$ bilden. Folglich müssen dann, weil $(P)^2$ zu $(p)^2$ perspektiv ist (Nr. 5), g_m und g_n, welche das Punktepaar Q_m und Q_n von $(p)^2$ und ebenso die zwei p^3 angehörenden Diagonalpunkte P_m und P_n von $P_1P_2P_3P_4$ aus P projizieren, ein Strahlenpaar in $(P)^2$ bilden. Sind dann Q_x und Q_y die Schnittpunkte von p mit dem in P sich schneidenden Paar Gegenseiten von $G_1G_2G_3G_4$, so bilden Q_x und Q_y ein Paar in der von $G_1G_2G_3G_4$ in p eingeschnittenen Involution, deren Doppelpunkte aus dem Punktepaare Q_m und Q_n von $(p)^2$ bestehen und welche Involution sich also auf $(p)^2$ stützt, und die dritten Schnittpunkte P_x und P_y von p^3 mit demjenigen Paar Gegenseiten von $P_1P_2P_3P_4$, welches sich in dem p^3 nicht angehörenden Diagonalpunkte von $P_1P_2P_3P_4$ schneidet, müssen demnach von P aus durch das Strahlenpaar g_xg_y, welches nach II zugleich auch das Punktepaar Q_x und Q_y projiziert, derjenigen auf $(P)^2$ sich stützenden Involution projiziert werden, deren Doppelstrahlen aus dem Paare g_m und g_n von $(P)^2$ bestehen. Folglich müssen (nach der Umkehrung des ersten Ergebnisses in Nr. 63) P_x und P_y mit demjenigen Punkte von p^3 in einer Geraden liegen, welcher von P aus durch die in $(P)^2$ dem ersten Repräsentanten $g_m^{(1)} \equiv g_n^{(1)}$, dem Repräsentanten des Strahlenpaares g_mg_n von $(P)^2$, zugepaarten Geraden projiziert wird und welcher Punkt also (Auflösung 3 der Aufgabe 5 in Nr. 61) der Tangentialpunkt von P_m und zugleich von P_n ist, was zu beweisen war.

Indem wir die Ecken des vollständigen Vierecks und zwei seiner Diagonalpunkte als die sechs Ecken eines vollständigen Vierseits auffassen, läßt sich das letzte Ergebnis auch wie folgt aussprechen:

Wenn zweimal zwei Gegenpunkte eines vollständigen Vierseits solche Punktepaare von p^3 sind, die von P aus durch Strahlenpaare von $(P)^2$ projiziert werden, so sind es auch die dritten.

68. Mit Hilfe der Aussage III (Nr. 56) ergibt sich:

Verbindet man alle diejenigen Punktepaare von p^3, welche von P, dem isolierten Doppelpunkte von p^3, aus durch Strahlenpaare von $(P)^2$ projiziert werden, mit irgendeinem p^3 angehörenden Punkte P_i durch Strahlenpaare, so bilden diese Strahlenpaare, von denen jedes (wie aus dem Ergebnisse der letzten Nummer hervorgeht) noch durch ein zweites solches Punktepaar von p^3 geht, eine hyperbolische Involution um P_i, deren Doppelstrahlen $P_i P \equiv g_i$ und $P_i G_i$ sind, wobei G_i der Pol von g_i in bezug auf ABC und $P_i G$ die Tangente t_i an p^2 in G_i ist (nach Satz 24 in Nr. 53).

Beweis. Bilden P_k und P_k' irgendein solches Punktepaar von p^3, welches also von P aus durch das Strahlenpaar $g_k g_k'$ von $(P)^2$ projiziert wird, und sind V_k und V_k' die zweiten Schnittpunkte von $P_i P_k$ und $P_i P_k'$ mit dem Polarkegelschnitt q_i^2 von $Q_i \equiv g_i p$, welcher Polarkegelschnitt durch P_i, P und G_i geht (Nr. 56), so ist der Strahlenwurf $P_i(P_k P_k' P G_i)$ zu dem Punktwurf $q_i^2(V_k V_k' P G_i)$ seiner zweiten Schnittpunkte mit q_i^2 perspektiv, und dieser Punktwurf ist wieder zu dem Strahlenwurf seiner Polaren um Q_i, nämlich $Q_i(v_k v_k' p g_i)$, projektiv (Nr. 2). Der letzte Strahlenwurf muß aber ein harmonischer sein, da v_k und v_k' nach III durch die auf p^2 liegenden Pole G_k und G_k' des Strahlenpaares $g_k g_k'$ und g_i durch P gehen und G_k und G_k' in einer durch P gehenden Geraden liegen (Satz 1 in Nr. 7) und durch P und p, die Polare von P auch in bezug auf p^2, harmonisch getrennt sind. Folglich muß auch der erste Strahlenwurf, nämlich $P_i(P_k P_k' P G_i)$, ein harmonischer sein. Die P_i mit den im vor-

Berliner, Habilitationsschrift.

stehenden Satze erwähnten Punktepaaren von p^3 verbindenden Strahlenpaare, von denen jedes durch P_iP und P_iG_i harmonisch getrennt ist, müssen also eine hyperbolische Involution um P_i bilden, deren Doppelstrahlen P_iP und P_iG_i sind.

69. Mit Hilfe der Aussage III ergibt sich ferner:

Bestimmt man auf jeder durch einen Punkt P_i von p^3 gehenden Geraden r, die noch ein Paar weiterer Punkte mit p^3 gemein hat, den zu P_i zugeordneten vierten harmonischen Punkt in bezug auf das Punktepaar, so beschreibt derselbe bei der Drehung von r um P_i einen Kegelschnitt, den sogenannten Polarkegelschnitt von P_i in bezug auf p^3. Dieser Kegelschnitt geht durch den Punkt P_i, den isolierten Doppelpunkt P von p^3, die Berührungspunkte der beiden von P_i an p^3 gehenden Tangenten und durch den Pol G_i der P_i von P aus projizierenden Geraden g_i (in bezug auf ABC) und hat in P_i dieselbe Tangente, wie p^3, und in P die zu g_i in $(P)^2$ zugepaarte Gerade zur Tangente.

Beweis. Der von r um den auf p^3 und q_i^2, dem Polarkegelschnitt von $Q_i \equiv pg_i$ (Nr. 56), liegenden Punkt P_i beschriebene Strahlenbüschel $P_i(r)$ ist zu der von V, dem zweiten Schnittpunkte von r mit q_i^2, beschriebenen Punktreihe $q_i^2(V)$ perspektiv; diese Punktreihe ist wieder zu dem von v, der durch Q_i gehenden Polare von V in bezug auf ABC, beschriebenen Strahlenbüschel $Q_i(v)$ projektiv (nach Nr. 2); $Q_i(v)$ ist ferner zu dem von der durch G_i, den auf dem Polarkegelschnitt p^2 von P liegenden Pol von g_i, gehenden, zu v in bezug auf p^2 konjugierten Geraden s beschriebenen Strahlenbüschel $G_i(s)$ projektiv; $G_i(s)$ ist weiter zu der von G_s, dem zweiten Schnittpunkte von s mit p^2, beschriebenen Punktreihe $p^2(G_s)$ perspektiv, und diese endlich ist zu dem von g_s, der durch P gehenden Polare von G_s in bezug auf ABC, beschriebenen Strahlenbüschel $P(g_s)$ projektiv. Folglich sind auch der erste und der letzte Strahlenbüschel, nämlich $P_i(r)$ und $P(g_s)$ zueinander projektiv. Nunmehr wird aber p^2 von den beiden in bezug auf ihn konjugierten Geraden v und s in vier harmonischen Punkten geschnitten, von denen die beiden Schnittpunkte G_i und G_s von p^2 mit s die Pole der durch P gehenden Geraden g_i und g_s sind und die beiden Schnittpunkte von p^2 mit v die Pole der von P aus die beiden weitern Schnittpunkte (außer P_i) von r mit p^3 projizierenden Geraden sind; mithin wird auch um P g_s von g_i durch die beiden letztern Geraden harmonisch getrennt und der auf r zu P_i zugeordnete vierte harmonische Punkt in bezug auf die beiden weitern Schnittpunkte von r mit p^3 muß also der Schnittpunkt von r mit g_s sein. Der zu P_i vierte harmonische Punkt, als Schnittpunkt zweier entsprechender Strahlen in den projektiven Büscheln $P_i(r)$ und $P(g_s)$, muß nun einen solchen Kegelschnitt beschreiben, welcher durch die Grundpunkte P_i und P der beiden projektiven Büschel geht und (weil, wenn g_s nach $PP_i \equiv g_i$ kommt, G_s mit G_i, $s(\equiv G_i G_s)$ mit der Tangente t_i von p^2 in G_i, die durch Q_i gehende, zu s in bezug auf p^2 konjugierte Gerade v mit $Q_i G_i$ und r also nach Satz 26 (Nr. 59) mit der Tangente von p^3 in P_i zusammenfallen und mithin dem Strahle PP_i, als dem Büschel um P angehörig, im Büschel um P_i die Tangente von p^3 in P_i entspricht) in P_i dieselbe Tangente, wie p^3, hat und (weil, wenn r nach $P_i P$ kommt, V mit P (Nr. 56), v mit p, s mit $G_i P$, G_s mit dem zweiten Schnittpunkte von p^2 mit $G_i P$ und also g_s (nach Satz 1 in Nr. 7) mit der zu g_i in $(P)^2$ zugepaarten Geraden zusammenfallen und mithin die letzte Gerade im Büschel um P dem Strahle $P_i P$, als dem Büschel um P_i angehörig, entspricht) in P von der zu g_i in $(P)^2$ zugepaarten Geraden tangiert wird. Dieser Kegelschnitt geht aber auch durch die Berührungspunkte der beiden von P_i an p^3 gehenden Tangenten, weil in einem solchen Berührungspunkte zwei der vier harmonischen Punkte, nämlich die beiden weitern Schnittpunkte (außer P_i) der Tangente mit p^3, und mithin auch der dritte, nämlich der in bezug auf diese zwei zu P_i zugeordnete vierte harmonische Punkt, vereinigt liegen, und außerdem noch durch G_i, da nach Satz 24 (Nr. 53) auf der von P_i an p^2 gehenden Tangente t_i, deren Berührungspunkt G_i ist, G_i von P_i durch die beiden weitern Schnittpunkte von t_i mit p^3 harmonisch getrennt ist.

Wenn aber P_i ein Wendepunkt von p^3, also (Nr. 60) einer der drei Schnittpunkte P_a, P_b, P_c von p mit den Seiten von ABC, etwa P_a, ist, so ist $g_i \equiv PP_a \equiv p'_A$, $Q_i \equiv P_a$ und $G_i \equiv P'_A$ liegt auf der Ecktransversale $PA \equiv p_A$ (Nr. 60), welche letzte, weil $P_a \equiv p\, p'_A$ ist, $p_A\, p'_A$ ein Strahlenpaar in $(P)^2$ bilden und in bezug auf p^2 die Involution konjugierter Strahlen um P mit $(P)^2$ identisch ist und p die Polare von P ist (Nr. 2), die Polare von

P_a in bezug auf p^2 ist. Mithin muß in diesem Falle in der Reihe der obigen Projektivitäten:
$$P_i(r) \barwedge q_i^2(V) \barwedge Q_i(v) \barwedge G_i(s) \barwedge p^2(G_s) \barwedge P(g_s)$$
die Projektivität zwischen $Q_i(v) \equiv P_a(v)$ und $G_i(s) \equiv P_A'(s)$ eine ausgeartete sein, indem allen durch $Q_i \equiv P_a$ gehenden Strahlen ein einziger durch $G_i \equiv P_A'$ gehender Strahl, nämlich p_A, entspricht (da p_A, als Polare von P_a in bezug auf p^2, allen durch P_a gehenden Geraden konjugiert ist) mit Ausnahme eines einzigen durch $Q_i \equiv P_a$ gehenden Strahles, nämlich des $Q_i \equiv P_a$ mit $G_i \equiv P_A'$ verbindenden Strahles (welcher die Tangente an p^2 in P_A' ist (Nr. 60) und also zu allen durch den Berührungspunkt $P_A' \equiv G_i$ gehenden Geraden konjugiert ist in bezug auf p^2), welchem alle durch $G_i \equiv P_A'$ gehenden Strahlen entsprechen. Nunmehr ist aber A der zweite Schnittpunkt des durch $G_i \equiv P_A'$ gehenden Strahles p_A mit p^2 und p_A die durch P gehende Polare dieses zweiten Schnittpunktes, ferner ist die $P_i \equiv P_a$ mit dem Pole von $Q_i\, G_i \equiv P_a P_A'$ verbindende Gerade r die Wendetangente von p^3 in P_a (Nr. 60); mithin entspricht der gemeinsame Strahl $p_A \equiv P_A' P$ der beiden projektiven Büschel $G_i(s) \equiv P_A'(s)$ und $P(g_s)$ sich selbst und in den beiden konzentrischen, projektiven Büscheln $Q_i(v) \equiv P_a(v)$ und $P_i(r) \equiv P_a(r)$ entspricht dem Strahle $P_a P_A'$ des erstern Büschels die Wendetangente von p^3 in P_a im letztern. Folglich ist auch die Projektivität zwischen $P_i(r) \equiv P_a(r)$ und $P(g_s)$ eine ausgeartete, indem allen durch P_a gehenden Strahlen der einzige durch P gehende Strahl p_A entspricht mit Ausnahme des einzigen durch P_a gehenden Strahles, nämlich der Wendetangente von p^3 in P_a, welchem wiederum alle durch P gehenden Strahlen entsprechen. Nunmehr muß der Polarkegelschnitt von P_a in bezug auf p^3, welcher das Erzeugnis der ausgearteten Projektivität zwischen den beiden Büscheln $P_a(r)$ und $P(g_s)$ ist und also aus den beiden singulären Strahlen derselben besteht, in das aus der Ecktransversale p_A und der Wendetangente von p^3 in P_a bestehende Geradenpaar ausarten.

Mithin:

Der Polarkegelschnitt eines Wendepunktes von p^3 (in bezug auf p^3) artet in dasjenige Geradenpaar aus, welches aus der Wendetangente im selben Wendepunkte und aus derjenigen durch P, den isolierten Doppelpunkt von p^3, gehenden Ecktransversale von ABC, welche in $(P)^2$ zu der denselben Wendepunkt von P aus projizierenden Geraden zugepaart ist, besteht.

§ 10.

70. Mit Hilfe der Aussage III (Nr. 56) läßt sich nun der folgende Satz aufstellen, aus dem alle Beziehungen zwischen der Kurve p^3 und einem durch irgend zwei ihrer Punkte gehenden Kegelschnitte hervorgehen.

Satz 28. Sind P_i und P_k irgend zwei **voneinander verschiedene** Punkte von p^3, Q_i und Q_k die Schnittpunkte von p, der Polare von P, mit den P_i und P_k von P aus projizierenden Geraden g_i und g_k, r eine durch P_i gehende Gerade und s eine durch P_k, v die durch Q_i gehende Polare des zweiten Schnittpunktes V von r mit q_i^2, dem durch P_i gehenden Polarkegelschnitt von Q_i, und w die durch Q_k gehende Polare des zweiten Schnittpunktes W von s mit q_k^2, dem durch P_k gehenden Polarkegelschnitt von Q_k, und drehen sich r um P_i und s um P_k in der Weise, daß die von ihnen beschriebenen Strahlenbüschel $P_i(r)$ und $P_k(s)$ projektiv sind und also einen Kegelschnitt k^2 erzeugen, so beschreiben auch v und w zwei projektive Strahlenbüschel $Q_i(v)$

Sind p_i und p_k irgend zwei **voneinander verschiedene** Strahlen von P^3, g_i und g_k die Verbindungsgeraden von P, dem Pole von p, mit den Schnittpunkten Q_i und Q_k von p mit p_i und p_k, also $g_i \equiv PQ_i$ und $g_k \equiv PQ_k$, M ein auf p_i liegender Punkt und N ein auf p_k, L der auf g_i liegende Pol der zweiten von M an G_i^2, den p_i berührenden Polarkegelschnitt von g_i, gehenden Tangente l und U der auf g_k liegende Pol der zweiten von N an G_k^2, den p_k berührenden Polarkegelschnitt von g_k, gehenden Tangente u, und bewegen sich M auf p_i und N auf p_k derart, daß die von ihnen beschriebenen Punktreihen $p_i(M)$ und $p_k(N)$ projektiv sind und also einen Kegelschnitt C^2 erzeugen, so beschreiben auch L und U zwei projektive Punktreihen $g_i(L)$ und $g_k(U)$, deren Erzeugnis ein

und $Q_k(w)$, deren Erzeugnis ein zweiter Kegelschnitt $\varkappa^2$ ist, welchen zweiten wir den aus dem ersten Kegelschnitt **abgeleiteten** nennen wollen. Der durch $P_i(r)$ und $P_k(s)$ erzeugte Kegelschnitt k^2 hat nun mit p^3 außer P_i und P_k diejenigen vier Punkte P_l, P_m, P_n und P_o und nur diejenigen vier gemein, welche von P aus durch g_l, g_m, g_n und g_o, die Polaren der vier Schnittpunkte G_l, G_m, G_n, G_o des Polarkegelschnitts p^2 von P mit dem abgeleiteten, durch $Q_i(v)$ und $Q_k(w)$ erzeugten Kegelschnitt $\varkappa^2$, projiziert werden.

zweiter Kegelschnitt $\varGamma^2$ ist, welchen zweiten wir den aus dem ersten Kegelschnitt abgeleiteten nennen wollen. Der durch $p_i(M)$ und $p_k(N)$ erzeugte Kegelschnitt $\mathfrak{L}^2$ hat nun mit P^3 außer p_i und p_k diejenigen vier Strahlen p_l, p_m, p_n und p_o und nur diejenigen vier gemein, welche von p in den vier Punkten Q_l, Q_m, Q_n und Q_o, den Polen der vier gemeinschaftlichen Tangenten q_l, q_m, q_n, q_o des Polarkegelschnitts P^2 von p und des abgeleiteten, durch $g_i(L)$ und $g_k(U)$ erzeugten Kegelschnitts $\varGamma^2$, geschnitten werden.

Beweis. Weil $P_i(r)$ zu $q_i^2(V)$ und $P_k(s)$ zu $q_k^2(W)$ perspektiv und $q_i^2(V) \barwedge Q_i(v)$ und $q_k^2(W) \barwedge Q_k(w)$ und mithin auch $P_i(r) \barwedge Q_i(v)$ und $P_k(s) \barwedge Q_k(w)$ sind, so muß $Q_i(v) \barwedge Q_k(w)$ sein, wenn $P_i(r) \barwedge P_k(s)$ ist. Wenn nun der durch $P_i(r)$ und $P_k(s)$ erzeugte Kegelschnitt mit p^3 außer P_i und P_k noch irgendeinen Punkt, etwa P_m, gemein hat, wenn also zwei entsprechende Strahlen r und s von P_i und P_k durch P_m gehen, so müssen die in den Büscheln um Q_i und Q_k einander entsprechenden Strahlen v und w, die Polaren der zweiten Schnittpunkte von r mit q_i^2 und von s mit q_k^2, nach III durch G_m, den auf p^2 liegenden Pol der P_m von P aus projizierenden Geraden g_m, gehen und also muß dann der abgeleitete Kegelschnitt, nämlich der durch $Q_i(v)$ und $Q_k(w)$ erzeugte, mit p^2 den Punkt G_m gemein haben; und umgekehrt. Hiermit ist der vorstehende Satz bewiesen.

Der durch $P_i(r)$ und $P_k(s)$ erzeugte Kegelschnitt wird dann und nur dann von p^3 in einem der beiden Grundpunkte der Büschel, etwa in P_i, berührt, wenn dem Strahle $P_k P_i$, als dem Büschel $P_k(s)$ angehörig, im Büschel $P_i(r)$ die Tangente von p^3 in

P_i entspricht; dies ist aber, weil die durch Q_i gehende Polare des zweiten Schnittpunktes von q_i^2 mit der Tangente an p^3 in P_i nach Satz 26 (Nr. 59) durch G_i, den auf p^2 liegenden Pol von g_i, gehen muß, dann und nur dann der Fall, wenn in den projektiven Büscheln $Q_i(v)$ und $Q_k(w)$ die beiden Strahlen $Q_i G_i$ und $Q_k G_i$ einander entsprechen und G_i also einer der vier Schnittpunkte von p^2 mit dem abgeleiteten Kegelschnitt, dem durch $Q_i(v)$ und $Q_k(w)$ erzeugten, ist. Wird nun der abgeleitete Kegelschnitt von p^2 in G_i n-punktig berührt, wo $2 \leq n \leq 4$ ist, liegen also n der vier gemeinsamen Punkte G_l, G_m, G_n, G_o des abgeleiteten Kegelschnitts und p^2 im Punkte G_i unendlich benachbart, so müssen dann n der vier weitern (außer P_i, P_k) gemeinsamen Punkte P_l, P_m, P_n, P_o des erstern (ursprünglichen) Kegelschnitts, des durch $P_i(r)$ und $P_k(s)$ erzeugten, und p^3 im Punkte P_i unendlich benachbart liegen und also wird dann der erstere Kegelschnitt von p^3 in P_i $(n+1)$-punktig berührt; und umgekehrt. Wird aber der abgeleitete Kegelschnitt von p^2 in einem von G_i und G_k verschiedenen Punkte G_l n-punktig berührt, so müssen dann n der vier weitern (außer P_i, P_k) gemeinsamen Punkte des erstern (ursprünglichen) Kegelschnitts und p^3 in dem von P_i und P_k verschiedenen Punkte P_l unendlich benachbart liegen und also wird dann der erstere Kegelschnitt von p^3 in P_l nur n-punktig berührt; und umgekehrt. Mithin haben wir:

Satz 29. Sind P_i und P_k zwei beliebige voneinander verschiedene Punkte von p^3, G_i und G_k die auf p^2, dem Polarkegelschnitt von P, liegenden Pole der P_i und P_k von P aus projizierenden Geraden g_i und g_k, k^2 irgendein durch P_i und P_k gehender Kegelschnitt (welcher als Erzeugnis zweier projektiver Büschel $P_i(r)$ und $P_k(s)$ gedacht werden kann) und $\varkappa^2$ der aus diesem abgeleitete Kegelschnitt

Sind p_i und p_k zwei beliebige voneinander verschiedene Strahlen von P^3, q_i und q_k die P^2, den Polarkegelschnitt von p, berührenden Polaren der Schnittpunkte Q_i und Q_k von p mit p_i und p_k, C^2 irgendein p_i und p_k berührender Kegelschnitt (welcher als Erzeugnis zweier projektiver Punktreihen $p_i(M)$ und $p_k(N)$ gedacht werden kann) und Γ^2 der aus diesem abgeleitete Kegelschnitt, so

(Satz 28), so gibt es unter den vier weitern (außer P_i und P_k) Schnittpunkten von k^2 mit p^3 ebensoviel reelle und ebensoviel imaginäre, wieviel es deren unter den vier Schnittpunkten von $\varkappa^2$ mit p^2 gibt. Ferner wird k^2 von p^3 in P_i oder in P_k dann und nur dann $(n+1)$-punktig berührt, wo $1 \leq n \leq 4$ ist, wenn $\varkappa^2$ von p^2 in G_i bzw. in G_k n-punktig berührt wird; in einem von P_i und P_k verschiedenen Punkte P_l wird aber k^2 von p^3 dann und nur dann n-punktig berührt, wenn $\varkappa^2$ von p^2 in G_l, dem Pole der P_l von P aus projizierenden Geraden g_l, gleichfalls n-punktig berührt wird.

gibt es unter den vier weitern (außer p_i und p_k) gemeinschaftlichen Strahlen (Tangenten) von C^2 und P^3 ebensoviel reelle und ebensoviel imaginäre, wieviel es deren unter den vier gemeinschaftlichen Tangenten von Γ^2 und P^2 gibt. Ferner haben C^2 und P^3 in p_i oder in p_k dann und nur dann einen $(n+1)$-punktigen Berührungspunkt, also $n+1$ aufeinanderfolgende Strahlen (Tangenten) gemein (wo $1 \leq n \leq 4$ ist), wenn Γ^2 und P^2 in q_i bzw. in q_k n aufeinanderfolgende Tangenten gemein haben; in einem von p_i und p_k verschiedenen Strahle p_l aber hat P^3 mit C^2 dann und nur dann n aufeinanderfolgende Strahlen gemein, wenn P^2 mit Γ^2 in q_l, der Polare des Schnittpunktes Q_l von p mit p_l, gleichfalls n aufeinanderfolgende Tangenten gemein hat.

71. Aus dem Satze 28 folgt ferner:

Satz 30. Sechs Punkte von p^3 liegen dann und nur dann auf einem Kegelschnitt, wenn irgend zwei und mithin je zwei derjenigen sechs Geraden, welche die sechs Punkte von P aus projizieren, durch ein Punktepaar derjenigen Involution gehen,

Sechs Strahlen von P^3 tangieren dann und nur dann einen und denselben Kegelschnitt, wenn irgend zwei und infolgedessen je zwei derjenigen sechs Punkte, in denen die sechs Strahlen von p geschnitten werden, von P, dem Pole von p, aus

welche auf p, der Polare von P, durch das aus den Polen (in bezug auf ABC) der je vier übrigen von jenen sechs Geraden gebildete vollständige Viereck festgelegt wird.

durch ein Strahlenpaar derjenigen Involution projiziert werden, welche um P durch das aus den Polaren (in bezug auf ABC) der je vier übrigen jener sechs Punkte gebildete vollständige Vierseit festgelegt wird.

Beweis. Sind P_1, P_2, P_3, P_4, P_5, P_6 sechs Punkte von p^3, g_1, g_2, g_3, g_4, g_5, g_6 die sie von P aus projizierenden Geraden, G_1, G_2, G_3, G_4, G_5, G_6 und Q_1, Q_2, Q_3, Q_4, Q_5, Q_6 deren sechs Pole bzw. deren sechs Schnittpunkte mit p, so liegen P_1, P_2, P_3, P_4, P_5, P_6 dann und nur dann auf einem Kegelschnitt, welcher, wenn etwa P_5 und P_6 voneinander verschieden sind, als das Erzeugnis der projektiven Büschel $P_5(P_1 P_2 P_3 \ldots) \barwedge P_6(P_1 P_2 P_3 \ldots)$ gedacht werden kann, wenn der aus diesem abgeleitete, durch die beiden projektiven Büschel $Q_5(G_1 G_2 G_3 \ldots) \barwedge Q_6(G_1 G_2 G_3 \ldots)$ erzeugte Kegelschnitt auch durch G_4 geht (nach Satz 28), wenn also Q_5, Q_6, G_1, G_2, G_3, G_4 sechs Punkte eines Kegelschnitts sind; dies ist aber nach dem bekannten Satze von Desargues über den einem Viereck umschriebenen Kegelschnitt dann und nur dann der Fall, wenn Q_5 und Q_6 ein Punktepaar in der auf p durch das Viereck $G_1 G_2 G_3 G_4$ festgelegten Involution bilden; wodurch der vorstehende Satz bewiesen ist.

Anmerkung. Weil das im vorstehenden Satze genannte Viereck dem Polarkegelschnitt p^2 von P eingeschrieben ist und p^2 von p in den konjugiert-imaginären Doppelpunkten von $(p)^2$ geschnitten wird, so ist die auf p durch jenes Viereck festgelegte Involution eine auf $(p)^2$ sich stützende hyperbolische und ist also schon durch ein von den Doppelpunkten von $(p)^2$ verschiedenes Punktepaar vollständig bestimmt.

Hieraus ergibt sich nun die folgende lineare Relation zwischen den Ordinatenwinkeln (Nr. 64) von sechs auf einem Kegelschnitt liegenden Punkten von p^3.

Satz 31. Sechs Punkte P_1, P_2, P_3, P_4, P_5, P_6 von p^3 liegen dann und nur dann auf einem Kegelschnitt, wenn ihre Ordinatenwinkel der Forderung genügen:
$$\omega_1 + \omega_2 + \omega_3 + \omega_4 + \omega_5 + \omega_6 = k\pi,$$
wo k eine beliebige ganze Zahl bedeutet.

Beweis. Bezeichnen wir mit Q_m und Q_n die Schnittpunkte von p mit $G_1 G_2$ und $G_3 G_4$, so liegen nach Satz 30 P_1, P_2, P_3, P_4, P_5, P_6 dann und nur dann auf einem Kegelschnitt, wenn g_5 und g_6 durch ein Punktepaar der auf p durch $G_1 G_2 G_3 G_4$ festgelegten Involution $(i)^2$ gehen, welche Involution, wie wir sahen, sich auf $(p)^2$ stützt und in welcher Q_m und Q_n ein Punktepaar bilden. Nunmehr wird aber die auf $(p)^2$ sich stützende Involution $(i)^2$ von P aus durch eine auf $(P)^2$ sich stützende Strahleninvolution $(I)^2$ projiziert. In dieser Strahleninvolution $(I)^2$ bilden nun g_m und g_n, die das Punktepaar $Q_m Q_n$ und zugleich (nach II in Nr. 55) die dritten Schnittpunkte P_m und P_n von p^3 mit $P_1 P_2$ und $P_3 P_4$ von P aus projizierenden Strahlen, ein Paar; und wenn g_5 und g_6 durch ein Punktepaar von $(i)^2$ gehen sollen, so werden dann und nur dann auch $g_5 g_6$ ein Strahlenpaar in $(I)^2$ bilden müssen. Mithin werden dann und nur dann (nach dem ersten Ergebnisse in Nr. 63) die beiden Punktepaare $P_m P_n$ und $P_5 P_6$, welche von P aus durch zwei Strahlenpaare einer auf $(P)^2$ sich stützenden Involution projiziert werden, mit einem und demselben Punkte von p^3, der etwa P_x heißen mag, in je einer Geraden liegen. Dies ist aber nach Satz 27 (Nr. 64) nur dann der Fall, wenn

$$\omega_m + \omega_n + \omega_x = \frac{2k_1 + 1}{2}\pi \quad \text{und} \quad \omega_5 + \omega_6 + \omega_x = \frac{2k_2 + 1}{2}\pi,$$

wenn also

1) $\qquad \omega_5 + \omega_6 - \omega_m - \omega_n = (k_2 - k_1)\pi.$

Weil aber P_m und P_n die dritten Schnittpunkte von p^3 mit $P_1 P_2$ und $P_3 P_4$ sind, so ist nach demselben Satze 27:

$$\omega_m = \frac{2k' + 1}{2}\pi - \omega_1 - \omega_2 \quad \text{und} \quad \omega_n = \frac{2k'' + 1}{2}\pi - \omega_3 - \omega_4.$$

Substituieren wir diese Werte von ω_m und ω_n in 1), so ergibt sich:

$$\omega_5 + \omega_6 + \omega_1 + \omega_2 - \frac{2k' + 1}{2}\pi + \omega_3 + \omega_4 - \frac{2k'' + 1}{2}\pi = (k_2 - k_1)\pi$$

oder

$$\omega_1 + \omega_2 + \omega_3 + \omega_4 + \omega_5 + \omega_6 = (k_2 + k' + k'' + 1 - k_1)\pi = k\pi$$

als notwendige und hinreichende Bedingung dafür, daß P_1, P_2, P_3, P_4, P_5, P_6 auf einem Kegelschnitt liegen.

72. Der Satz 30 bleibt auch dann noch richtig, wenn von den sechs Punkten von p^3 n (wo $2 \leq n \leq 6$) einander unendlich

benachbart sind, wenn also der Kegelschnitt von p^3 n-punktig berührt werden soll; nur muß alsdann die den n-punktigen Berührungspunkt von P aus projizierende Gerade und ebenso ihr Pol n-fach gezählt werden, wenn also die n-fache Gerade als eine der zwei im Satze 30 erwähnten Geraden oder als diese zwei genommen wird, so liefert ihr Pol $n-1$ bzw. $n-2$ Ecken des im Satze 30 genannten Vierecks, sonst liefert ihr Pol n dieser Ecken. Hierbei muß Folgendes beachtet werden: wird eine solche n-fache Gerade als die zwei im Satz 30 erwähnten Geraden genommen, so muß ihr Schnittpunkt mit p ein Doppelpunkt der im selben Satze genannten Involution sein; liefert ferner ein solcher n-facher Pol zwei Ecken des Vierecks, so tritt an Stelle der diese zwei Ecken verbindenden Seite des Vierecks die Tangente von p^2 in dem n-fachen Pole; liefert er aber drei Ecken des Vierecks, so treten die Tangente von p^2 in ihm und die ihn mit der vierten Ecke des Vierecks verbindende Gerade an Stelle eines Paares von Gegenseiten des Vierecks; liefert er endlich alle vier Ecken des Vierecks, so tritt die Tangente von p^2 in ihm an Stelle eines Paares von Gegenseiten des Vierecks, und die auf p durch das Viereck festgelegte Involution ist (nach Anmerkung in Nr. 71) in den letzteren beiden Fällen durch das einzige Punktepaar bzw. durch den einzigen Doppelpunkt vollkommen bestimmt.

Beweis. Jede Gerade wird bekanntlich von den sämtlichen Kegelschnitten (eines Büschels), welche durch zwei feste Punkte gehen und in einem dritten sich berühren, oder welche durch einen festen Punkt gehen und in einem zweiten sich dreipunktig berühren, oder endlich welche in einem festen Punkte sich vierpunktig berühren, in den Punktepaaren einer solchen Involution geschnitten, in der die Schnittpunkte der Geraden mit der gemeinsamen die beiden erstern festen Punkte verbindenden Sehne und der gemeinsamen Tangente im dritten Punkte ein Punktepaar bilden, bzw. die Schnittpunkte der Geraden mit der gemeinsamen die zwei festen Punkte verbindenden Sehne und der gemeinsamen Tangente im zweiten Punkte, bzw. der Schnittpunkt der Geraden mit der gemeinsamen Tangente im festen Punkte den einen Doppelpunkt bildet. Mithin liegen sechs Punkte $P_1, P_2, P_3, P_4, P_5, P_6$ von p^3, wenn auch mehrere, ja sogar fünf dieser sechs Punkte einander unendlich benachbart sind, wenn nur zwei der sechs Punkte, etwa P_5 und P_6, voneinander verschieden sind, dann und

und nur dann (nach Satz 29) auf einem Kegelschnitt, wenn Q_5 und Q_6 ein Punktepaar in der auf p durch das Viereck $G_1 G_2 G_3 G_4$ (das sich auch auf einen einzigen Punkt reduzieren kann) festgelegten, auf $(p)^2$ sich stützenden hyperbolischen Involution bilden; und umgekehrt. Hält man nun das Viereck $G_1 G_2 G_3 G_4$ (das sich auch auf einen einzigen Punkt reduzieren kann) fest und läßt Q_5 und Q_6 in der Weise einander immer näher rücken, daß sie bei dieser Bewegung fortwährend ein Punktepaar in der auf p durch $G_1 G_2 G_3 G_4$ festgelegten Involution bildet (was wegen des hyperbolischen Charakters dieser Involution immer möglich ist), so müssen nach dem soeben Bewiesenen auch P_5 und P_6 in der Weise auf p^3 einander immer näher rücken, daß während dieser Bewegung durch die vier festen Punkte P_1, P_2, P_3, P_4 und die beiden beweglichen P_5 und P_6 immer ein Kegelschnitt gelegt werden kann; und umgekehrt. Gehen wir nun zur Grenze über, wo Q_5 und Q_6 in einen Doppelpunkt der auf p durch $G_1 G_2 G_3 G_4$ festgelegten Involution hineinfallen, so müssen dann P_5 und P_6 in einen solchen Punkt von p^3 hineinfallen, in welchem der durch ihn und P_1, P_2, P_3, P_4 gelegte Kegelschnitt von p^3 berührt wird (wo unter Umständen dieser Punkt derjenige ist, in welchem einer oder mehrere der vier Punkte P_1, P_2, P_3, P_4 liegen); und umgekehrt. Wir sehen also, daß die den Berührungspunkt von p^3 mit dem Kegelschnitt von P aus projizierende Gerade durch den Doppelpunkt der entsprechenden Involution auf p geht; wodurch unsere Behauptung, daß der Satz 30 immer, sogar wenn alle sechs Punkte einander unendlich benachbart sind, seine Gültigkeit behält, vollständig nachgewiesen ist.

Auch der Satz 31 behält seine Gültigkeit, wenn mehrere der sechs Punkte einander unendlich benachbart sind; es gilt nämlich der

Satz 32. Durch i ($1 \leq i \leq 6$) Punkte P_1, P_2, ... P_i von p^3 geht dann und nur dann ein solcher Kegelschnitt, welcher von p^3 in P_1 m_1-punktig, in P_2 m_2-punktig, ... in P_i m_i-punktig berührt wird, wo $m_1 + m_2 + \cdots + m_i = 6$, wenn die Ordinatenwinkel von P_1, P_2, ... P_i der Forderung genügen:
$$m_1 \omega_1 + m_2 \omega_2 + \cdots + m_i \omega_i = k\pi,$$
wo k eine beliebige ganze Zahl bedeutet.

Dieser Satz kann nach dem eben Bewiesenen direkt analog wie der Satz 31 bewiesen werden; er ergibt sich aber auch aus dem letzten (mit Hilfe von Grenzverfahren). Denn nach diesem Satze 31 geht dann und nur dann durch P_1, P_2, P_3, P_4, P_5 ein p^3 in P_1 berührender Kegelschnitt, wenn $2\omega_1 + \omega_2 + \omega_3 + \omega_4 + \omega_5 = k\pi$. Nunmehr geht dann und nur dann durch P_1, P_2, P_3, P_4 ein p^3 in P_1 dreipunktig berührender Kegelschnitt, wenn $3\omega_1 + \omega_2 + \omega_3 + \omega_4 = k\pi$. Fahren wir so fort, so ergibt sich: durch $P_1, P_2, \ldots P_{6-m_1}$ geht dann und nur dann ein p^3 in P_1 m_1-punktig berührender Kegelschnitt, wenn $m_1\omega_1 + \omega_2 + \cdots + \omega_{6-m_1} = k\pi$. Nun geht durch $P_1, P_2, \ldots P_{6-m_1-1}$ dann und nur dann ein p^3 in P_1 m_1-punktig und in P_2 einfach berührender Kegelschnitt, wenn $m_1\omega_1 + 2\omega_2 + \omega_3 + \cdots + \omega_{6-m_1-1} = k\pi$. In dieser Weise fortfahrend gelangt man schließlich zu der im Satze 32 angegebenen Bedingung.

73. Aus dem Satze 30 ergibt sich nun der bekannte Satz über die Kurven dritter Ordnung, nämlich:

Sechs Punkte $P_1, P_2, P_3, P_4, P_5, P_6$ von p^3 liegen dann und nur dann auf einem Kegelschnitt, wenn irgend drei der die sechs Punkte zu je zwei verbindenden Sehnen, wie etwa P_1P_2, P_3P_4, P_5P_6, von p^3 zum drittenmal in drei Punkten einer Geraden geschnitten werden.

Sind nämlich P_x und P_y die dritten Schnittpunkte von p^3 mit P_1P_2 und P_3P_4 und gehen also G_1G_2 und G_3G_4 durch $Q_x \equiv pg_x$ bzw. $Q_y \equiv pg_y$ (nach II in Nr. 55), so sind dann und nur dann (nach Satz 30) Q_xQ_y und Q_5Q_6 zwei Punktepaare einer auf $(p)^2$ sich stützenden Involution $(i)^2$ und mithin g_xg_y und g_5g_6 zwei Strahlenpaare in der $(i)^2$ von P aus projizierenden, auf $(P)^2$ sich stützenden Involution $(I)^2$, wenn $P_1, P_2, P_3, P_4, P_5, P_6$ auf einem Kegelschnitt liegen. Folglich (nach dem ersten Ergebnisse in Nr. 63) gehen dann und nur dann P_xP_y und P_5P_6 durch einen und denselben Punkt von p^3, welcher letzte Punkt P_z heißen möge, oder, was dasselbe aussagt, es liegen dann und nur dann P_x und P_y, die dritten Schnittpunkte von p^3 mit P_1P_2 und P_3P_4, mit P_z, dem dritten Schnittpunkt von p^3 mit P_5P_6, in einer Geraden.

Dasselbe ergibt sich auch aus den Sätzen 27 und 31. Nach Voraussetzung ist:

$$\omega_x + \omega_y + \omega_z = \frac{2k_1+1}{2}\pi - \omega_1 - \omega_2 + \frac{2k_2+1}{2}\pi - \omega_3 - \omega_4$$
$$+ \frac{2k_3+1}{2}\pi - \omega_5 - \omega_6$$
$$= (k_1 + k_2 + k_3)\pi + \frac{3\pi}{2} - (\omega_1 + \omega_2 + \omega_3 + \omega_4 + \omega_5 + \omega_6)$$

und dies ist (nach Satz 31) dann und nur dann gleich
$$(k_1 + k_2 + k_3)\pi + \frac{3\pi}{2} - k\pi = \frac{2k'+1}{2}\pi,$$
wenn $P_1, P_2, P_3, P_4, P_5, P_6$ auf einem Kegelschnitt liegen.

Hieraus ergibt sich der zweite bekannte Satz:

Jeder durch vier Punkte P_1, P_2, P_3, P_4 von p^3 gehende Kegelschnitt schneidet p^3 in zwei weiteren Punkten, welche mit einem festen Punkte von p^3, mit dem sogenannten Gegenpunkte des Punktquadrupels $P_1 P_2 P_3 P_4$, in einer Geraden liegen. Dieser Gegenpunkt ist nämlich der dritte Schnittpunkt von p^3 mit $P_x P_y$, wo P_x und P_y die dritten Schnittpunkte von p^3 mit $P_1 P_2$ und $P_3 P_4$ sind.

74. Mit Hilfe der Sätze 27 und 31 läßt sich auch der folgende Satz leicht beweisen.

Liegen sechs Punkte $P_1, P_2, P_3, P_4, P_5, P_6$ von p^3 auf einem Kegelschnitt und verbindet man einen dieser Punkte, etwa P_1, mit den fünf übrigen durch die Geraden $P_1 P_2$, $P_1 P_3$, $P_1 P_4$, $P_1 P_5$, $P_1 P_6$, so liegen die fünf Punkte P_{12}, P_{13}, P_{14}, P_{15}, P_{16}, in denen jene fünf Geraden der Reihe nach von p^3 zum drittenmal geschnitten werden, und der zweite Tangentialpunkt von P_1 auf einem Kegelschnitt.

Denn nach Satz 31 ist:
$$\omega_1 + \omega_2 + \omega_3 + \omega_4 + \omega_5 + \omega_6 = k\pi,$$
nach Satz 27:
$$\omega_1 + \omega_2 + \omega_{12} = \frac{2k_2+1}{2}\pi$$
$$\omega_1 + \omega_3 + \omega_{13} = \frac{2k_3+1}{2}\pi$$
$$\omega_1 + \omega_4 + \omega_{14} = \frac{2k_4+1}{2}\pi$$
$$\omega_1 + \omega_5 + \omega_{15} = \frac{2k_5+1}{2}\pi$$
$$\omega_1 + \omega_6 + \omega_{16} = \frac{2k_6+1}{2}\pi$$

und nach Nr. 65 und Satz 15 (Nr. 26) ist der Ordinatenwinkel des zweiten Tangentialpunktes von P_1 gleich

$$\omega_1^{(2)} + \frac{\pi}{2} = 4\omega_1 + \frac{\pi}{2};$$

mithin ist:

$$\omega_{12} + \omega_{13} + \omega_{14} + \omega_{15} + \omega_{16} + \left(\omega_1^{(2)} + \frac{\pi}{2}\right) = (k_2 + k_3 + k_4 + k_5 + k_6)\pi + \frac{5}{2}\pi - 5\omega_1 - (\omega_2 + \omega_3 + \omega_4 + \omega_5 + \omega_6) + 4\omega_1 + \frac{\pi}{2}$$

$$= (k_2 + k_3 + k_4 + k_5 + k_6)\pi + \frac{5}{2}\pi - k\pi + \frac{\pi}{2} = k'\pi,$$

woraus nach Satz 31 der vorstehende Satz folgt.

75. Mit Hilfe der Sätze 28, 29 und 30 können nun die folgenden Aufgaben gelöst werden.

Aufgabe 9. Den sechsten Schnittpunkt von p^3 mit einem durch fünf ihrer Punkte P_1, P_2, P_3, P_4, P_5 gehenden Kegelschnitt zu bestimmen.

Auflösung. Man ermittelt etwa die vier Pole (in bezug auf ABC) G_1, G_2, G_3, G_4 der P_1, P_2, P_3, P_4 von P, dem isolierten Doppelpunkt von p^3, aus projizierenden Geraden g_1, g_2, g_3, g_4 und den Schnittpunkt Q_5 von p, der Polare (in bezug auf ABC) von P, mit der P_5 von P aus projizierenden Geraden g_5; sodann ermittelt man in der auf p durch das Viereck $G_1 G_2 G_3 G_4$ festgelegten, auf $(p)^2$ sich stützenden Involution den zu Q_5 zugepaarten Punkt, dieser möge Q_6 heißen, und verbindet diesen mit P durch eine Gerade g_6; alsdann wird derjenige Punkt P_6, welcher in der von ABC auf g_6 erzeugten Involution $(g_6)^2$ dem P zugepaart ist, der gesuchte sechste Schnittpunkt sein.

Diese Lösung, welche mit Hilfe des Lineals allein ausführbar ist, ergibt sich unmitelbar aus dem Satze 30 und behält ihre Gültigkeit (nach Nr. 72) auch dann noch, wenn mehrere der fünf gegebenen Punkte, ja sogar wenn alle fünf einander unendlich benachbart sind und also (im letztern Falle) der sechste Schnittpunkt von p^3 mit einem p^3 fünfpunktig berührenden Kegelschnitt gesucht wird.

Sind $\omega_1, \omega_2, \omega_3, \omega_4, \omega_5$ die Ordinatenwinkel von P_1, P_2, P_3, P_4, P_5, so ist der Ordinatenwinkel des sechsten Schnittpunktes P_6 nach Satz 31 gleich $-(\omega_1 + \omega_2 + \omega_3 + \omega_4 + \omega_5)$.

Aufgabe 10. Die weitern Schnittpunkte von p^3 mit einem durch zwei voneinander verschiedene Punkte P_i und P_k von p^3 gehenden Kegelschnitt k^2 zu bestimmen.

Auflösung. Man leitet in der in Satz 28 angegebenen Weise aus dem Kegelschnitt k^2 den durch $Q_i \equiv p g_i$ und $Q_k \equiv p g_k$ gehenden Kegelschnitt $\varkappa^2$ ab und ermittelt die vier Schnittpunkte G_1, G_2, G_3, G_4 dieses Kegelschnitts mit p^2, dem Polarkegelschnitt von P, und deren durch P gehenden Polaren (in bezug auf ABC) g_1, g_2, g_3, g_4, sodann in den auf diesen von ABC erzeugten Involutionen $(g_1)^2, (g_2)^2, (g_3)^2, (g_4)^2$ die dem P zugepaarten Punkte P_1, P_2, P_3, P_4; diese werden dann die gesuchten weitern Schnittpunkte von p^3 mit k^2 sein.

Sind außer P_i und P_k noch ein oder mehrere der Schnittpunkte von p^3 mit k^2 bekannt, so sind dem entsprechend ein oder mehrere der Schnittpunkte von p^2 mit $\varkappa^2$ gleichfalls bekannt und, um die übrigen der erstern Schnittpunkte zu finden, kommt es nur noch auf die Bestimmung der übrigen der letztern an.

Sind außer P_i und P_k noch zwei der weitern vier Schnittpunkte von p^3 mit k^2, etwa P_1 und P_2, bekannt, so ermittelt man in derjenigen auf $(p)^2$, der von ABC auf p erzeugten Involution, sich stützenden Involution, von der $Q_i Q_k$ ein Punktepaar sind, den zu Q_x, dem Schnittpunkte von p mit $G_1 G_2$, zugepaarten Punkt Q_y, sodann die beiden Polaren von Q_y in bezug auf die Kegelschnitte p^2 und $\varkappa^2$ (wobei die Polare von Q_y in bezug auf p^2 nach Nr. 2 die P mit dem zu Q_y in $(p)^2$ zugepaarten Punkte verbindende Gerade sein wird), verbindet den Schnittpunkt dieser beiden Polaren mit Q_y durch eine Gerade und ermittelt endlich die beiden Schnittpunkte dieser Geraden mit p^2; alsdann werden diese Schnittpunkte die Pole G_3 und G_4 der die übrigen Schnittpunkte P_3 und P_4 von p^3 mit k^2 aus P projizierenden Geraden g_3 und g_4 sein.

Denn nach Satz 30 muß $G_3 G_4$, die gemeinschaftliche Sekante von p^2 und $\varkappa^2$, durch Q_y und mithin auch durch den Schnittpunkt der beiden Polaren von Q_y in bezug auf p^2 und $\varkappa^2$ gehen.

Aufgabe 11. Durch zwei voneinander verschiedene Punkte P_1 und P_2 von p^3 denjenigen Kegelschnitt zu legen, welcher in einem der beiden Punkte, etwa in P_1, von p^3 dreipunktig berührt wird und außerdem noch durch irgendeinen gegebenen Punkt P_3 von p^3 geht.

Auflösung. Man ermittelt von demjenigen Kegelschnitt $\varkappa^2$, welcher durch $Q_1 \equiv pg_1$, $Q_2 \equiv pg_2$, G_1, G_3 geht und in G_1 von p^2, dem Polarkegelschnitt von P, einfach berührt wird, etwa seine Tangente v in Q_1, sodann die Pole (in bezug auf ABC) V, V_1 von v, $v_1 \equiv Q_1 G_1$; alsdann wird derjenige Kegelschnitt k^2, welcher durch die beiden projektiven Strahlenbüschel

$$P_1(V, V_1, P_3, \ldots) \barwedge P_2(P, P_1, P_3, \ldots)$$

erzeugt wird, durch P_1, P_2 und P_3 gehen und in P_1 von p^3 dreipunktig berührt werden.

Denn der erstere Kegelschnitt, nämlich $\varkappa^2$, hat mit dem aus k^2 in der in Satz 28 angegebenen Weise abgeleiteten Kegelschnitt, welcher letzte durch

$$Q_1(v, v_1, Q_1 G_3, \ldots) \barwedge Q_2(p, Q_2 G_1, Q_2 G_3, \ldots)$$

erzeugt wird, die vier Punkte Q_1, Q_2, G_1, G_3 und die Tangente v in Q_1 (da $p \equiv Q_2 Q_1$ ist) gemein und ist folglich mit diesem identisch; mithin muß nach Satz 29 k^2 von p^3 in P_1 dreipunktig berührt werden, da $\varkappa^2$ von p^2 in G_1 einfach berührt wird.

Aufgabe 12. Durch zwei voneinander verschiedene Punkte P_1 und P_2 von p^3 denjenigen Kegelschnitt zu legen, welcher in einem derselben, etwa in P_1, von p^3 vierpunktig berührt wird.

Auflösung. Man ermittelt in derjenigen auf $(p)^2$ sich stützenden Involution $(i)^2$, in der $Q_1 Q_2$ ein Punktepaar bilden, den zu dem Schnittpunkte $p t_1$ (wo t_1 die Tangente von p^2 in G_1 ist) zugepaarten Punkt, verbindet diesen mit G_1 durch eine Gerade und ermittelt den zweiten Schnittpunkt G_4 dieser Geraden mit p^2; sodann ermittelt man im Punkte Q_1 die Tangente v desjenigen Kegelschnitts $\varkappa^2$, welcher durch Q_1, Q_2, G_1, G_4 geht und in G_1 dieselbe Tangente t_1 hat, wie p^2, und die Pole (in bezug auf ABC) V, V_1, V_4, W_4 von v, $v_1 \equiv Q_1 G_1$,

$v_4 \equiv Q_1 G_4$, $w_4 \equiv Q_2 G_4$; alsdann wird derjenige Kegelschnitt k^2, welcher durch die beiden projektiven Strahlenbüschel

$$P_1(V, V_1, V_4, \ldots) \barwedge P_2(P, P_1, W_4, \ldots)$$

erzeugt wird, durch P_1 und P_2 gehen und in P_1 von p^3 vierpunktig berührt werden.

Denn derjenige Kegelschnitt, welcher durch G_1, G_4, Q_1 geht und in G_1 von p^2 dreipunktig berührt wird, muß auch durch Q_2 gehen (s. oben Nr. 72) und also mit $\varkappa^2$ identisch sein, da sie die vier Punkte Q_1, Q_2, G_1, G_4 und die Tangente t_1 in G_1 gemein haben; $\varkappa^2$ ist aber mit dem aus k^2 abgeleiteten identisch. Mithin muß (nach Satz 29) k^2 in P_1 von p^3 vierpunktig berührt werden.

Dieses Verfahren versagt aber, wenn der Schnittpunkt pt_1 einer der Doppelpunkte von $(i)^2$ ist, da dann G_4 mit G_1 zusammenfallen wird und wir werden die zur Bestimmung von $\varkappa^2$ nötigen fünf Elemente nicht mehr haben; alsdann wird aber, wie wir bald sehen werden, derjenige durch Q_1, Q_2, G_1 gehende Kegelschnitt, welcher in G_1 von p^2 mehr als zweipunktig berührt wird, notwendig von p^2 in G_1 vierpunktig berührt werden. Dieser Fall, nämlich, daß pt_1 ein Doppelpunkt von $(i)^2$ ist, tritt dann und nur dann ein, wenn der dritte Schnittpunkt von p^3 mit $P_1 P_2$ der zweite Tangentialpunkt von P_1 ist. Denn die auf $(p)^2$ sich stützende Punktinvolution $(i)^2$ wird von P aus durch eine auf $(P)^2$ sich stützende Strahleninvolution $(I)^2$ projiziert; und durch die Strahlenpaare von $(I)^2$, von denen eins $g_1 g_2$ ist (da $Q_1 Q_2$ ein Punktepaar von $(i)^2$ ist), werden nun (nach Nr. 63) solche Punktepaare auf p^3 projiziert, die mit einem und demselben Punkte von p^3, nämlich mit dem gemeinsamen Tangentialpunkte der beiden von P aus durch die Doppelstrahlen von $(I)^2$ projizierten Punkte von p^3, in je einer Geraden liegen und von denen eins $P_1 P_2$ ist. Ferner geht der P mit pt_1 verbindende Strahl durch den Tangentialpunkt von P_1 (nach II in Nr. 55). Mithin ist pt_1 dann und nur dann ein Doppelpunkt von $(i)^2$, wenn ein Doppelstrahl von $(I)^2$ den Tangentialpunkt von P_1 aus P projiziert, wenn also derjenige Punkt von p^3, mit welchem alle durch Strahlenpaare von $(I)^2$ projizierten Punktepaare auf p^3, darunter auch $P_1 P_2$, in je einer Geraden liegen, der Tangentialpunkt jenes Tangentialpunktes von P_1, also der zweite Tangentialpunkt von P_1 ist.

Aufgabe 13. Durch zwei voneinander verschiedene Punkte P_1 und P_2 von p^3 denjenigen Kegelschnitt zu legen, welcher in einem derselben, etwa in P_1, von p^3 fünfpunktig berührt wird; was aber dann und nur dann möglich ist, wenn $P_1 P_2$ durch den zweiten Tangentialpunkt von P_1 geht.

Denn nach Satz 30 und Nr. 72 geht der p^3 in P_1 fünfpunktig berührende Kegelschnitt dann und nur dann durch P_2, wenn $Q_1 Q_2$ ein Punktepaar in derjenigen auf $(p)^2$ sich stützenden Involution bilden, von der der Schnittpunkt $p\,t_1$ (wo t_1 die Tangente von p^2 in G_1 ist) ein Doppelpunkt ist; dies ist aber, wie wir eben sahen, dann und nur dann der Fall, wenn $P_1 P_2$ durch den zweiten Tangentialpunkt von P_1 geht.

Dasselbe ergibt sich auch aus dem Satze 32. Denn wenn P_2 auf dem p^3 in P_1 fünfpunktig berührenden Kegelschnitt liegt, so ist dann und nur dann (Satz 32):
$$5\,\omega_1 + \omega_2 = k\,\pi,$$
also ist nur dann:
$$\omega_1 + \omega_2 + \left(\omega_1^{(2)} + \frac{\pi}{2}\right) = k\pi - 4\,\omega_1 + 4\,\omega_1 + \frac{\pi}{2} = \frac{2k+1}{2}\pi;$$
mithin (nach Satz 27 in Nr. 64) geht dann und nur dann $P_1 P_2$ durch den zweiten Tangentialpunkt von P_1.

Auflösung. Man ermittelt in einer auf $(p)^2$ sich stützenden Involution, in der $Q_1 Q_x$ ein Punktepaar bilden (wo Q_x irgendein beliebiger, von Q_2 aber verschiedener Punkt von p ist), den zu dem Schnittpunkte $p\,t_1$ (wo t_1 die Tangente von p^2 in G_1 ist) zugepaarten Punkt, verbindet diesen mit G_1 durch eine Gerade und ermittelt auf dieser Geraden ihren zweiten Schnittpunkt G_3 mit p^2. Sodann zieht man durch Q_2 eine beliebige Gerade l und ermittelt ihre beiden Schnittpunkte M und N mit demjenigen Kegelschnitt $\varkappa_x^2$, welcher durch Q_1, Q_x, G_1, G_3 geht und in G_1 von t_1 tangiert wird. Ferner ermittelt man in derjenigen Involution auf l, von der MN und die beiden Schnittpunkte von l mit t_1 und $G_1 Q_1$ zwei Punktepaare sind, den zu Q_2 zugepaarten Punkt, er heiße etwa L; darauf ermittelt man in Q_1 die Tangente v desjenigen Kegelschnitts $\varkappa^2$, welcher durch Q_1, Q_2, G_1, L geht und in G_1 von t_1 tangiert wird, und die Pole (in bezug auf ABC) V, V_1, V_2, W_2 von $v, v_1 \equiv Q_1 G_1$, $v_2 \equiv Q_1 L$, $w_2 \equiv Q_2 L$; alsdann wird derjenige Kegelschnitt k^2, welcher durch die beiden projektiven Strahlenbüschel

$$P_1(V, V_1, V_2, \ldots) \barwedge P_2(P, P_1, W_2, \ldots)$$

erzeugt wird, durch P_1 und P_2 gehen und in P_1 von p^3 fünfpunktig berührt werden.

Denn der Kegelschnitt $\varkappa_x^2$ wird, wie wir in der Auflösung der Aufgabe 12 sahen, von p^2 in G_1 dreipunktig berührt. Nunmehr muß derjenige Kegelschnitt, welcher durch G_1, Q_1, Q_2 geht und in G_1 von $\varkappa_x^2$ dreipunktig berührt wird, auch durch den zu Q_2 in der genannten Involution auf l zugepaarten Punkt L gehen (s. oben Nr. 72) und also mit $\varkappa^2$ identisch sein, da sie die vier Punkte G_1, Q_1, Q_2, L und die Tangente t_1 in G_1 gemein haben; mithin muß $\varkappa^2$ von $\varkappa_x^2$ und also auch von p^2 in G_1 dreipunktig berührt werden. Weil aber der Kegelschnitt, welcher durch G_1 und Q_1 geht und in G_1 von p^2 vierpunktig berührt wird, auch durch denjenigen Punkt geht, welcher in der auf $(p)^2$ sich stützenden Involution $(i)^2$, deren einer Doppelpunkt $p t_1$ ist, zu Q_1 zugepaart ist, und welcher Punkt also, weil $P_1 P_2$ durch den zweiten Tangentialpunkt von P_1 geht, wie wir sahen, Q_2 sein muß, und somit mit $\varkappa^2$, der durch G_1, Q_1, Q_2 gehende und p^2 in G_1 dreipunktig berührende Kegelschnitt, identisch ist, so wird $\varkappa^2$ von p^2 in G_1 vierpunktig und mithin (nach Satz 29) k^2 von p^3 in P_1 fünfpunktig berührt.

Aufgabe 14. Vier beliebige Punkte P_1, P_2, P_3, P_4 von p^3 seien gegeben, es soll ein solcher Punkt von p^3 ermittelt werden, welcher ein Berührungspunkt eines durch die vier gegebenen Punkte gehenden Kegelschnitts mit p^3 sein soll.

Auflösung. Man ermittelt die Doppelpunkte der auf p durch das Viereck $G_1 G_2 G_3 G_4$ festgelegten, auf $(p)^2$ sich stützenden Involution, verbindet diese Doppelpunkte mit P durch zwei Strahlen, welche ein Strahlenpaar in $(P)^2$ bilden, und ermittelt in den auf diesen zwei Strahlen von ABC erzeugten Involutionen zweiten Grades die zu P zugepaarten Punkte; jeder dieser beiden Punkte und nur einer dieser beiden Punkte liefert eine Lösung der gestellten Aufgabe.

Die Ordinatenwinkel der beiden soeben gefundenen Punkte sind nach Satz 32 (für $k = 0{,}1$):

$$-\frac{\omega_1 + \omega_2 + \omega_3 + \omega_4}{2} \quad \text{und} \quad \frac{\pi - (\omega_1 + \omega_2 + \omega_3 + \omega_4)}{2}.$$

(Diese Lösung folgt unmittelbar aus Satz 30 nach Nr. 72.)

Die gestellte Aufgabe hat also im allgemeinen zwei und nur zwei eigentliche Lösungen, nur wenn P_1, P_2, P_3, P_4 vier aufeinanderfolgende Punkte von p^3 sind, oder wenn zweimal zwei dieser Punkte aufeinander folgen, oder endlich wenn ein und nur ein Diagonalpunkt des vollständigen Vierecks $P_1 P_2 P_3 P_4$ auf p^3 liegt, hat die Aufgabe nur eine eigentliche Lösung, die zweite liefert dann einen in ein Geradenpaar ausartenden Kegelschnitt, und nur wenn zwei der Diagonalpunkte von $P_1 P_2 P_3 P_4$ auf p^3 liegen, wenn also (Nr. 67) aus P_1, P_2, P_3, P_4 solche zwei Punktepaare gebildet werden können, welche von P aus durch zwei Strahlenpaare von $(P)^2$ projiziert werden, hat die Aufgabe keine eigentlichen Lösungen.

Denn wenn P_1, P_2, P_3, P_4 vier aufeinanderfolgende Punkte von p^3 sind, so sind auch G_1, G_2, G_3, G_4 vier aufeinanderfolgende Punkte von p^2 und die Tangente t_1 von p^2 in G_1 geht (Nr. 72) durch einen Doppelpunkt der auf p durch $G_1 G_2 G_3 G_4$ festgelegten, auf $(p)^2$ sich stützenden Involution; der diesen Doppelpunkt mit P verbindende Strahl projiziert nun (nach II in Nr. 55) den Tangentialpunkt von P_1 und der hierdurch gelieferte Kegelschnitt muß ein ausgearteter sein. Ebenso wenn etwa P_1, P_2 und P_3, P_4 je zwei aufeinanderfolgende Punkte sind, sind auch G_1, G_2 und G_3, G_4 je zwei aufeinanderfolgende Punkte von p^2 und $G_1 G_3 \equiv G_2 G_4$ geht (Nr. 72) durch einen Doppelpunkt der erwähnten Involution; der diesen Doppelpunkt mit P verbindende Strahl projiziert nun (nach II) den dritten Schnittpunkt von p^3 mit $P_1 P_3 \equiv P_2 P_4$ und der hierdurch gelieferte Kegelschnitt muß wiederum ein ausgearteter sein. Wenn ferner ein und nur ein Diagonalpunkt von $P_1 P_2 P_3 P_4$ auf p^3 liegt, so liegt dann (nach II) ein und nur ein Diagonalpunkt von $G_1 G_2 G_3 G_4$ auf p und dieser Diagonalpunkt ist dann ein Doppelpunkt der auf p durch $G_1 G_2 G_3 G_4$ festgelegten Involution; der diesen Doppelpunkt mit P verbindende Strahl wird dann jenen auf p^3 liegenden Diagonalpunkt von

$P_1 P_2 P_3 P_4$ projizieren. Endlich wenn zwei der Diagonalpunkte von $P_1 P_2 P_3 P_4$ auf p^3 liegen, so liegen dann (nach II) zwei der Diagonalpunkte von $G_1 G_2 G_3 G_4$ auf p und sie sind die Doppelpunkte der genannten Involution; die diese beiden Doppelpunkte mit P verbindenden Strahlen projizieren dann jene beiden auf p^3 liegenden Diagonalpunkte von $P_1 P_2 P_3 P_4$, und die beiden hierdurch gelieferten Kegelschnitte müssen dann ausgeartete sein.

Zugleich haben wir für die speziellen Fälle die folgenden Lösungen gewonnen.

Aufgabe 15. Es soll auf p^3 derjenige Punkt gefunden werden, welcher ein einfacher Berührungspunkt von p^3 mit einem dieselbe Kurve p^3 in einem gegebenen Punkte P_1 vierpunktig berührenden Kegelschnitt sein soll.

Auflösung. Man ermittelt den ersten Repräsentanten $g_1^{(1)} \equiv P G_1$ von $g_1 \equiv P P_1$, sodann in der auf $g_1^{(1)}$ von $A B C$ erzeugten Involution $(g_1^{(1)})^2$ den zu P gepaarten Punkt; dieser letztere Punkt wird dann der gesuchte sein.

Der Ordinatenwinkel des gesuchten Punktes ist:
$$\omega_1^{(1)} = -2\omega_1.$$

Denn, wie wir eben sahen, wird von demjenigen Strahlenpaare von $(P)^2$, welches die Doppelpunkte der auf p durch das Viereck der vier in G_1 aufeinanderfolgenden Punkte festgelegten, auf $(p)^2$ sich stützenden Involution projiziert, der eine Strahl von P aus den Tangentialpunkt von P_1 projizieren und mithin (nach Nr. 65) muß der zweite Strahl des Paares der erste Repräsentant von g_1 sein.

Aufgabe 16. Es seien irgend zwei Punkte P_1 und P_2 von p^3 gegeben, es soll derjenige Punkt auf p^3 gefunden werden, welcher zusammen mit P_1 und P_2 solche drei Punkte bildet, durch die ein p^3 in jedem derselben einfach berührender Kegelschnitt geht.

Auflösung. Man ermittelt die Pole G_1 und G_2 von g_1 und g_2, sodann in der von $A B C$ erzeugten Involution $(p)^2$ den zum Schnittpunkte $(p, G_1 G_2)$ zugepaarten Punkt, verbindet diesen mit P durch eine Gerade und ermittelt in der auf dieser Geraden von $A B C$ erzeugten Involution zweiten Grades den zu P zugepaarten Punkt; dieser letzte Punkt wird dann der gesuchte sein.

Der Ordinatenwinkel des gesuchten Punktes ist (nach Satz 32): $-(\omega_1 + \omega_2)$.

Ganz analog ist zu verfahren, wenn etwa $P_1 P_2$ und $P_3 P_4$ auf p^3 sich schneiden.

Aufgabe 17. Drei beliebige Punkte P_1, P_2, P_3 von p^3 seien gegeben, es soll ein solcher Punkt auf p^3 ermittelt werden, welcher ein (zweiter) Berührungspunkt von p^3 mit einem durch P_1 und P_2 gehenden und außerdem p^3 in P_3 einfach berührenden Kegelschnitt sein soll.

Auflösung 1. Man ermittelt die Pole G_1, G_2, G_3 von g_1, g_2, g_3, sodann die Berührungspunkte, die etwa G_m und G_n heißen mögen, der beiden aus dem Schnittpunkte $(p, G_1 G_2)$ an p^2, den Polarkegelschnitt von P, gehenden Tangenten und ihre durch P gehenden Polaren (in bezug auf ABC) g_m und g_n, bringt g_m und g_n zum Schnitt mit p in Q_m und Q_n und ermittelt die zweiten Schnittpunkte, die etwa G_k und G_l heißen mögen, von p^2 mit $Q_m G_3$ und $Q_n G_3$ und ihre durch P gehenden Polaren (in bezug auf ABC) g_k und g_l; alsdann wird jeder der beiden Punkte P_k und P_l und nur einer dieser beiden, welche in den von ABC erzeugten Involutionen $(g_k)^2$ und $(g_l)^2$ zu P zugepaart sind, der in der Aufgabe gestellten Forderung genügen.

Denn soll etwa durch P_1, P_2, P_3, P_x ein solcher Kegelschnitt gehen, welcher von p^3 in P_3 und P_x je einfach berührt werden soll, so werden dann und nur dann (nach Satz 30 und Nr. 72) g_3 und g_x durch ein Punktepaar der auf p durch $G_1 G_2 G_3 G_x$ festgelegten, auf $(p)^2$ sich stützenden Involution $(i)^2$ gehen und mithin $g_3 g_x$ ein Paar in der $(i)^2$ von P aus projizierenden, auf $(P)^2$ sich stützenden Strahleninvolution $(I)^2$ bilden. Bezeichnen wir dann mit Q_{12} und Q_y die Schnittpunkte von p mit $G_1 G_2$ und $G_3 G_x$, so werden auch g_{12} und g_y, welche das Punktepaar $Q_{12} Q_y$ von $(i)^2$ und zugleich (nach II in Nr. 55) P_{12} und P_y, die dritten Schnittpunkte von p^3 mit $P_1 P_2$ und $P_3 P_x$, von P aus projizieren, ein Strahlenpaar in $(I)^2$ bilden müssen. Es wird also dann und nur dann nach Nr. 63 (weil $g_3 g_x$ ein Paar in der auf $(P)^2$ sich stützenden Strahleninvolution $(I)^2$ bilden) P_y, der dritte Schnittpunkt von p^3 mit $P_3 P_x$, derjenige Punkt sein, mit welchem alle die durch Strahlenpaare von $(I)^2$ aus P projizierten

Punktepaare von p^3 in je einer Geraden liegen, und mithin (Nr. 63) $P_{1\,2}$, der zusammen mit P_y durch ein Strahlenpaar von $(I)^2$ projizierte Punkt von p^3, der Tangentialpunkt von P_y. Folglich wird dann und nur dann (nach II) die Tangente von p^2 in G_y, dem Pole von g_y, durch $Q_{1\,2} \equiv (p, G_1 G_2)$ gehen und mithin G_y mit einem der beiden Berührungspunkte G_m und G_n der beiden von $(p, G_1 G_2)$ aus an p^2 gehenden Tangenten, g_y mit g_m oder g_n, $Q_y \equiv p g_y$ mit $Q_m \equiv p g_m$ oder $Q_n \equiv p g_n$, $G_x \equiv (p^2, Q_y G_3)$ mit $G_k \equiv (p^2, Q_m G_3)$ oder $G_l \equiv (p^2, Q_n G_3)$, g_x mit g_k oder g_l und endlich P_x mit P_k oder P_l identisch sein.

Auflösung 2. Man ermittelt den Pol G_3 von g_ε, legt die Tangente t_3 an p^2 in G_3 und ermittelt in derjenigen auf $(p)^2$ sich stützenden Involution, von der $Q_1 Q_2 (Q_1 \equiv p g_1, Q_2 \equiv p g_2)$ ein Punktepaar sind, den zum Schnittpunkte $p t_3$ zugepaarten Punkt, sodann die Berührungspunkte G_k und G_l der beiden aus dem letzt gefundenen Punkte an p^2 gehenden Tangenten und die durch P gehenden Polaren (in bezug auf ABC) g_k und g_l von G_k und G_l; alsdann wird jeder der beiden Punkte P_k und P_l und nur einer dieser beiden, welche zu P zugepaart sind in den von ABC erzeugten Involutionen $(g_k)^2$ und $(g_l)^2$, der in der Aufgabe gestellten Forderung genügen.

Denn soll etwa durch P_1, P_2, P_3, P_x ein solcher Kegelschnitt gehen, welcher von p^3 in P_3 und P_x je einfach berührt werden soll, so werden dann und nur dann (nach Satz 30 und Nr. 72) die Schnittpunkte Q_{33} und Q_{xx} von p mit t_3 und t_x, den Tangenten an p^2 in G_3 und G_x, ein Punktepaar in derjenigen auf $(p)^2$ sich stützenden Involution $(i)^2$ bilden, in der $Q_1 Q_2$ gleichfalls ein Punktepaar bilden; mithin wird dann und nur dann G_x mit einem der beiden Berührungspunkte G_k und G_l der beiden aus Q_{xx}, dem in $(i)^2$ zu Q_{33} zugepaarten Punkte, an p^2 gehenden Tangenten und also P_x mit einem der beiden Punkte P_k und P_l identisch sein.

Diese beiden Lösungen sind auch dann noch anzuwenden, wenn auf dem Berührungspunkte P_3 einer der beiden übrigen, etwa P_2, gleich folgt, wenn also P_3 ein dreipunktiger Berührungspunkt von p^3 mit dem Kegelschnitt sein soll; nur wird dann P_3 auch die Stelle von P_2 und also G_3 auch die Stelle von G_2 vertreten.

Außer diesen beiden Lösungen kann die Aufgabe 17, die nur ein Spezialfall der Aufgabe 14 darbietet, auch wie diese, die allgemeinere, gelöst werden.

Aufgabe 18. Drei beliebige Punkte P_1, P_2, P_3 von p^3 seien gegeben, es soll ein solcher Punkt auf p^3 gefunden werden, welcher ein dreipunktiger Berührungspunkt eines durch die drei gegebenen Punkte gehenden Kegelschnitts mit p^3 sein soll.

Auflösung. Man ermittelt etwa den Pol G_3 von g_3, bezieht den Büschel der Tangenten um p^2, den Polarkegelschnitt von P, auf die Punktreihe auf p in der Weise, daß einer Tangente t_i, deren Berührungspunkt mit p^2 G_i ist, derjenige Punkt auf p entsprechen soll, welcher zu dem Schnittpunkte $(p, G_3 G_i)$ zugepaart ist in derjenigen auf $(p)^2$ sich stützenden Involution $(i)^2$, in der $Q_1 Q_2$ ($Q_1 \equiv pg_1$, $Q_2 \equiv pg_2$) ein Punktepaar bilden, und ermittelt sodann diejenigen drei einzig vorhandenen Tangenten t_{i_1}, t_{i_2}, t_{i_3} von p^2, von denen jede durch den entsprechenden Punkt von p geht (und welche drei Tangenten sämtlich reell sind, wenn auch nur einer der drei gegebenen Punkte reell und die übrigen beiden konjugiertimaginär sind), und die durch P gehenden Polaren (in bezug auf ABC) g_{i_1}, g_{i_2}, g_{i_3} der Berührungspunkte G_{i_1}, G_{i_2}, G_{i_3} von t_{i_1}, t_{i_2}, t_{i_3} mit p^2, welche drei Polaren ein Tripel in der von ABC erzeugten Involution $(P)^3$ bilden, und also, wenn deren einer bekannt ist, die beiden übrigen mit bestimmt sind; alsdann wird jeder der drei Punkte P_{i_1}, P_{i_2}, P_{i_3} und nur einer dieser drei, welche zu P zugepaart sind in den von ABC erzeugten Involutionen $(g_{i_1})^2$, $(g_{i_2})^2$ und $(g_{i_3})^2$, der in der Aufgabe gestellten Forderung genügen.

Dies erhellt folgendermaßen: Verbindet man G_3 mit irgendeinem zweiten Punkte G_i von p^2 und läßt G_i den ganzen Polarkegelschnitt p^2 durchlaufen, so beschreibt $G_3 G_i$ einen Strahlenbüschel um G_3, welcher einerseits zu dem von t_i, der Tangente an p^2 in G_i, um p^2 beschriebenen Tangentenbüschel projektiv und andererseits zu der von der Spur von $G_3 G_i$ auf p beschriebenen Punktreihe perspektiv und mithin zu derjenigen Punktreihe auf p, welche von dem in $(i)^2$ zu dem Schnittpunkte $(p, G_3 G_i)$ zugepaarten Punkte beschrieben wird, projektiv ist. Folglich ist auch der Tangentenbüschel $p^2(t_i)$ zu der letztern Punktreihe auf p projektiv und es gehen bekanntlich drei und nur drei Tangenten t_{i_1}, t_{i_2}, t_{i_3} von p^2 durch die entsprechenden Punkte der projektiven Punktreihe, wo von den drei Tangenten t_{i_1}, t_{i_2}, t_{i_3} mindestens eine bekanntlich reell sein muß, wenn auch P_1 und P_2 und mithin Q_1 und Q_2 konjugiert-imaginär sein sollen, wenn nur P_3 und mithin G_3 reell ist, wo also reellen Tangenten von p^2 reelle Punkte von p entsprechen. Diese drei Tangenten t_{i_1}, t_{i_2}, t_{i_3} müssen aber, wie wir sofort sehen werden, sämtlich reell sein, und zwar durch ein Punktetripel der von ABC auf p erzeugten Involution $(p)^3$ gehen. Bilden nämlich G_x, G_y, G_z ein solches Punktetripel in der durch $(P)^3$ auf p^2 induzierten Involution $(p^2)^3$ (s. oben Nr. 7), dessen Sinn mit dem Sinne ABC auf p^2 übereinstimmt, so werden die Spuren Q_{3x}, Q_{3y}, Q_{3z} der drei Geraden $G_3 G_x$, $G_3 G_y$, $G_3 G_z$ auf p (weil G_3 auf p^2 liegt) ein solches Tripel in $(p)^3$ bilden, dessen Sinn zum Sinne $P_a P_b P_c$ auf p entgegengesetzt ist (Nr. 12). Sind nun Q'_x, Q'_y, Q'_z die in $(i)^2$ der Reihe nach zu Q_{3x}, Q_{3y}, Q_{3z} zugepaarten Punkte, so muß auch $Q'_x Q'_y Q'_z$ ein Tripel von $(p)^3$ sein, und zwar ein solches, dessen Sinn mit $P_a P_b P_c$ übereinstimmt. Denn die auf $(p)^2$ sich stützende Involution $(i)^2$ wird aus demjenigen Punkte R, aus dem $(p)^2$ und $(p)^3$ durch eine rechtwinklige Strahleninvolution bzw. durch eine Involution der regelmäßigen Dreistrahlen projiziert werden, durch eine symmetrische Strahleninvolution projiziert; mithin müssen die drei Strahlen RQ'_x, RQ'_y, RQ'_z ebenso wie die drei Strahlen RQ_{3x}, RQ_{3y}, RQ_{3z} miteinander Winkel von je 60^0 bilden, und folglich bilden $Q'_x Q'_y Q'_z$ ein solches Tripel in $(p)^3$, dessen Sinn zu $Q_{3x} Q_{3y} Q_{3z}$ entgegengesetzt ist und also mit dem Sinne $P_a P_b P_c$ übereinstimmt. Weil ferner die drei Geraden, nämlich die Tangente t_x an p^2 in G_x, $G_x G_y$ und $G_x G_z$, welche drei Gerade das Tripel $G_x G_y G_z$ von $(p^2)^3$ aus G_x projizieren, von p in einem solchen Tripel von $(p)^3$ geschnitten werden, dessen Sinn zu $P_a P_b P_c$ entgegengesetzt ist, und weil durch die Schnittpunkte von p mit $G_x G_y$ und $G_x G_z$ der Reihe nach t_z und t_y, die Tangenten an p^2 in G_z und G_y, gehen (Nr. 15), so müssen die Schnittpunkte von p mit t_x, t_y, t_z ein solches Tripel in $(p)^3$ bilden, dessen Sinn mit $P_a P_b P_c$ übereinstimmt. Folglich müssen t_y und t_z, die Tangenten an p^2 in G_y und G_z, der Reihe nach durch Q'_y und Q'_z, die in $(i)^2$ zu $Q_{3y} \equiv (p, G_3 G_y)$ und $Q_{3z} \equiv (p, G_3 G_z)$ zugepaarten Punkte, gehen, wenn t_x, die Tangente an p^2 in G_x, durch Q'_x, den in $(i)^2$ zu $Q_{3x} \equiv (p, G_3 G_x)$ zugepaarten Punkt, gehen soll; da das Tripel $p\,(t_x t_y t_z)$ von $(p)^3$, welches dann mit dem Tripel $Q'_x Q'_y Q'_z$ gleichen Sinn und außerdem einen Punkt, nämlich $Q'_x \equiv p t_x$, gemein hat, mit demselben auch dem Sinne nach identisch sein muß und also $Q'_y \equiv p t_y$, $Q'_z \equiv p t_z$. Hiernach müssen die drei einzig vorhandenen Tangenten t_{i_1}, t_{i_2}, t_{i_3} von p^2 in G_{i_1}, G_{i_2}, G_{i_3}, welche Tangenten durch die in $(i)^2$ zu $(p, G_3 G_{i_1})$, $(p, G_3 G_{i_2})$, $(p, G_3 G_{i_3})$ zugepaarten Punkte gehen, durch ein Tripel von $(p)^3$ gehen und also alle drei zugleich reell sein. Gleichzeitig folgt hieraus, daß G_{i_1}, G_{i_2}, G_{i_3}, die Berührungspunkte von t_{i_1}, t_{i_2}, t_{i_3}, ein reelles Tripel in $(p^2)^3$ bilden müssen und mithin g_{i_1}, g_{i_2}, g_{i_3} ein reelles Strahlentripel in $(P)^3$. Nunmehr geht aber (nach Satz 30 und Nr. 72) durch vier Punkte P_1, P_2, P_3, P_x von p^3 dann und nur dann ein p^3 in P_x dreipunktig berührender Kegelschnitt, wenn die Tangente t_x von p^2 in G_x durch den in $(i)^2$ zum Schnittpunkte $(p, G_3 G_x)$ zugepaarten Punkt geht, wenn also t_x eine der drei Tangenten t_{i_1}, t_{i_2}, t_{i_3} ist und mithin G_x einer der drei Berührungspunkte G_{i_1}, G_{i_2}, G_{i_3}.

Diese Lösung behält ihre Gültigkeit auch dann noch, wenn zwei der drei gegebenen Punkte oder alle drei aufeinander folgen; doch gibt es im letztern Falle, wie wir bald sehen werden, eine einfachere Lösung.

Die Ordinatenwinkel der drei gefundenen Punkte P_{i_1}, P_{i_2}, P_{i_3} sind nach Satz 32 (für $k = 0, 1, 2$):

$$\omega_{i_1} = -\frac{\omega_1 + \omega_2 + \omega_3}{3}, \quad \omega_{i_2} = \frac{\pi - (\omega_1 + \omega_2 + \omega_3)}{3},$$

$$\omega_{i_3} = \frac{2\pi - (\omega_1 + \omega_2 + \omega_3)}{3}.$$

Dies bestätigt abermals, daß $g_{i_1} g_{i_2} g_{i_3}$ ein Tripel in $(P)^3$ bilden.

Aufgabe 19. Ein beliebiger Punkt P_1 von p^3 sei gegeben, es soll ein solcher zweiter Punkt auf p^3 gefunden werden; der zugleich mit P_1 je ein dreipunktiger Berührungspunkt von p^3 mit einem und demselben Kegelschnitt sein soll.

Auflösung. Man ermittelt den Pol G_1 von g_1, verbindet diesen mit den drei Wendepunkten von p^3, also mit den drei Schnittpunkten P_a, P_b, P_c von p mit den Seiten von ABC, und ermittelt die zweiten Schnittpunkte G_{i_1}, G_{i_2}, G_{i_3} der drei Geraden $G_1 P_a$, $G_1 P_b$, $G_1 P_c$ mit p^2 und deren durch

P gehende Polaren (in bezug auf ABC) g_{i_1}, g_{i_2}, g_{i_3}; alsdann wird jeder der drei Punkte P_{i_1}, P_{i_2}, P_{i_3} und nur einer dieser drei, welche in $(g_{i_1})^2$, $(g_{i_2})^2$, $(g_{i_3})^2$ zu P zugepaart sind, der in der Aufgabe gestellten Forderung genügen.

Die Ordinatenwinkel dieser drei Punkte sind nach Satz 32:

$$\omega_{i_1} = -\omega_1, \quad \omega_{i_2} = \frac{\pi}{3} - \omega_1, \quad \omega_{i_3} = \frac{2\pi}{3} - \omega_1$$

Diese Lösung ergibt sich in folgender Weise: Nach Satz 30 und Nr. 72 geht durch zwei Punkte P_1 und P_x von p^3 dann und nur dann ein p^3 in jedem derselben dreipunktig berührender Kegelschnitt, wenn g_1 und g_x durch ein Punktepaar derjenigen auf $(p)^2$ sich stützenden Involution gehen, deren einer Doppelpunkt der Schnittpunkt Q_y von p mit $G_1 G_x$ ist, wenn also $g_1 g_x$ ein Strahlenpaar in derjenigen auf $(P)^2$ sich stützenden Involution $(I)^2$ bilden, die $(i)^2$ von P aus projiziert und deren einer Doppelstrahl also g_y, der Q_y mit P verbindende Strahl, ist. Dies ist aber (nach Nr. 63) dann und nur dann der Fall, wenn P_y, der (nach II in Nr. 55) von P aus durch g_y projizierte dritte Schnittpunkt von p^3 mit $P_1 P_x$, einerseits, weil $g_1 g_x$ ein Paar in der auf $(P)^2$ sich stützenden Strahleninvolution $(I)^2$ bilden, derjenige Punkt ist, mit dem alle die durch Strahlenpaare von $(I)^2$ projizierten Punktepaare auf p^3 in je einer Geraden liegen, andererseits, weil g_y ein Doppelstrahl von $(I)^2$ ist, ein solcher Punkt, dessen Tangentialpunkt derjenige letzt erwähnte Punkt und nunmehr also P_y selbst ist; mithin wenn P_y einer der drei Wendepunkte P_a, P_b, P_c von p^3 ist und also P_x einer der drei dritten Schnittpunkte von p^3 mit $P_1 P_a$, $P_1 P_b$, $P_1 P_c$, welche drei Schnittpunkte aber (nach II) keine anderen als die ermittelten Punkte P_{i_1}, P_{i_2}, P_{i_3} sind.

Aufgabe 20. Zwei beliebige Punkte P_1 und P_2 von p^3 seien gegeben, es soll ein solcher Punkt auf p^3 gefunden werden, welcher ein vierpunktiger Berührungspunkt eines durch P_1 und P_2 gehenden Kegelschnitts mit p^3 sein soll.

Auflösung. Man ermittelt die beiden Doppelpunkte derjenigen auf $(p)^2$ sich stützenden Involution $(i)^2$, in der $Q_1 Q_2$ ($Q_1 \equiv pg_1$, $Q_2 \equiv pg_2$) ein Punktepaar bilden, sodann die vier Schnittpunkte G_{k_1}, G_{k_2}, G_{k_3}, G_{k_4} von p^2 mit den die beiden ermittelten Doppelpunkte von P aus projizierenden Geraden und deren durch P gehenden Polaren (in bezug auf ABC)

g_{k_1}, g_{k_2}, g_{k_3}, g_{k_4}, welche letzte ein Strahlenquadrupel in der von ABC um P erzeugten Involution $(P)^4$ bilden, und also, wenn deren einer bekannt ist, die drei übrigen mit bestimmt sind; alsdann wird jeder der vier Punkte P_{k_1}, P_{k_2}, P_{k_3}, P_{k_4} und nur einer dieser vier, welche in den von ABC erzeugten Involutionen $(g_{k_1})^2$, $(g_{k_2})^2$, $(g_{k_3})^2$, $(g_{k_4})^2$ zu P zugepaart sind, der in der Aufgabe gestellten Forderung genügen.

Die Ordinatenwinkel von P_{k_1}, P_{k_2}, P_{k_3}, P_{k_4} sind nach Satz 32 (für $k = 0, 1, 2, 3$):

$$\omega_{k_1} = -\frac{\omega_1 + \omega_2}{4}, \qquad \omega_{k_2} = \frac{\pi - (\omega_1 + \omega_2)}{4},$$

$$\omega_{k_3} = \frac{2\pi - (\omega_1 + \omega_2)}{4}, \qquad \omega_{k_4} = \frac{3\pi - (\omega_1 + \omega_2)}{4}.$$

Denn nach Satz 30 und Nr. 72 geht durch drei Punkte P_1, P_2, P_x von p^3 dann und nur dann ein p^3 in P_x vierpunktig berührender Kegelschnitt, wenn die Tangente t_x von p^2 in G_x durch einen Doppelpunkt von $(i)^2$ geht; dies ist aber, weil in bezug auf p^2 die Involution konjugierter Punkte auf p mit $(p)^2$ identisch ist und P der Pol von p (Nr. 2) und $(i)^2$ sich auf $(p)^2$ stützt und die Doppelpunkte von $(i)^2$ also ein Punktepaar in $(p)^2$ bilden, dann und nur dann der Fall, wenn G_x einer der vier Punkte G_{k_1}, G_{k_2}, G_{k_3}, G_{k_4} und mithin P_x einer der vier Punkte P_{k_1}, P_{k_2}, P_{k_3}, P_{k_4} ist. Nunmehr werden G_{k_1}, G_{k_2}, G_{k_3}, G_{k_4} von P aus durch diejenigen zwei Geraden projiziert, welche das aus den Doppelpunkten von $(i)^2$ bestehende Punktepaar von $(p)^2$ mit P verbinden, welche zwei Gerade also, weil $(P)^2$ zu $(p)^2$ perspektiv ist, ein Strahlenpaar in $(P)^2$ bilden; mithin müssen (nach Satz 12 in Nr. 22) g_{k_1}, g_{k_2}, g_{k_3}, g_{k_4} ein Strahlenquadrupel in $(P)^4$ bilden.

Die gestellte Aufgabe hat also im allgemeinen vier eigentliche Lösungen, nur wenn die gegebenen Punkte P_1 und P_2 zwei aufeinander folgende sind, hat die Aufgabe nur zwei eigentliche Lösungen.

Denn wenn P_1 ein einfacher Berührungspunkt des verlangten Kegelschnitts sein soll, so wird Q_1 der eine Doppelpunkt von $(i)^2$ sein und die Berührungspunkte der beiden aus Q_1 an p^2 gehenden Tangenten werden (nach II in Nr. 55) diejenigen beiden Punkte auf p^3 liefern, deren Tangentialpunkt P_1 ist, und die hierdurch gewonnenen Kegelschnitte werden offenbar ausgeartete sein. Hiernach wird dieser Fall wie folgt gelöst.

Aufgabe 21. Ein Punkt P_1 von p^3 sei gegeben, es soll ein solcher Punkt auf p^3 gefunden werden, welcher ein vierpunktiger Berührungspunkt eines p^3 in P_1 einfach berührenden Kegelschnitts sein soll.

Auflösung. Man ermittelt die beiden Schnittpunkte G_{k_1} und G_{k_2} von g_1 mit p^2 und deren durch P gehende Polaren g_{k_1} und g_{k_2}, welche letzte dasjenige Strahlenpaar in $(P)^2$ bilden, dessen Repräsentant g_1 ist; alsdann wird jeder der beiden Punkte P_{k_1} und P_{k_2}, welche in $(g_{k_1})^2$ und $(g_{k_2})^2$ zu P zugepaart sind, von der verlangten Art sein.

Die Ordinatenwinkel von P_{k_1} und P_{k_2} sind:
$$\omega_{k_1} = -\omega_1 : 2, \qquad \omega_{k_2} = (\pi - \omega_1) : 2.$$

Diese Aufgabe und Auflösung sind die Umkehrungen zu der Aufgabe 15 und deren Auflösung.

76. Aus Satz 32 folgt ferner:

Ist ein Punkt P_1 von p^3 gegeben, so gibt es auf p^3 fünf und nur fünf Punkte $P_{l_1}, P_{l_2}, P_{l_3}, P_{l_4}, P_{l_5}$, deren jeder ein fünfpunktiger Berührungspunkt eines durch P_1 gehenden Kegelschnitts mit p^3 ist. Die Ordinatenwinkel dieser fünf Punkte sind:
$$\omega_{l_1} = -\frac{\omega_1}{5}, \qquad \omega_{l_2} = \frac{\pi - \omega_1}{5}, \qquad \omega_{l_3} = \frac{2\pi - \omega_1}{5},$$
$$\omega_{l_4} = \frac{3\pi - \omega_1}{5}, \qquad \omega_{l_5} = \frac{4\pi - \omega_1}{5}.$$

Aus dem Satze 30 ergibt sich noch:

Die Ecken von ABC sind die einzigen drei Punkte auf p^3, in deren jedem p^3 von einem eigentlichen Kegelschnitt sechspunktig berührt wird.

Denn p^3 wird (nach Satz 30 und Nr. 72) dann und nur dann in einem Punkte P_i von einem Kegelschnitt sechspunktig berührt, wenn die Tangente t_i von p^2 in G_i durch einen Doppelpunkt derjenigen auf $(p)^2$ sich stützenden Involution geht, in der $Q_i \equiv p g_i$ einer der Doppelpunkte ist. Der verlangte Kegelschnitt ist aber (weil, wenn t_i durch Q_i geht und mithin P_i, der dann nach II (Nr. 55) mit seinem Tangentialpunkt zusammenfallen muß, ein Wendepunkt von p^3 ist, der verlangte Kegelschnitt in die doppelt zu zählende Wendetangente ausartet) nur dann ein eigentlicher, wenn Q_i und pt_i die beiden Doppelpunkte einer auf $(p)^2$ sich stützenden Involution sind und also ein Punktepaar in $(p)^2$ bilden; dies ist aber nur dann der Fall, wenn die P_i und seinen Tangentialpunkt von P aus projizierenden Geraden PQ_i und (P, pt_i) ein Strahlenpaar in $(P)^2$ bilden, also, weil zwei durch ein Strahlenpaar von $(P)^2$ projizierte Punkte von p^3 einen und denselben Tangentialpunkt haben (nach I in Nr. 54), wenn P_i mit einem der Wendepunkte von p^3 durch ein Strahlenpaar von $(P)^2$ projiziert wird, und mithin, weil die Wendepunkte P_a, P_b, P_c von P aus durch die in $(P)^2$ zu $p_A \equiv PA$, $p_B \equiv PB$, $p_C \equiv PC$ zugepaarten Strahlen p'_A, p'_B, p'_C projiziert werden (Nr. 5), nur dann, wenn P_i eine der drei Ecken von ABC ist. Dasselbe kann auch mit Hilfe der Ordinatenwinkel nachgewiesen werden.

Wir wollen hier noch die Lösung der folgenden Aufgabe angeben.

Aufgabe 22. Vier beliebige Punkte P_1, P_2, P_3, P_4 von p^3 seien gegeben, es soll ihr Gegenpunkt (Nr. 73) gefunden werden.

Auflösung. Man ermittelt etwa die Pole G_1 und G_2 von g_1 und g_2, verbindet etwa G_1 mit $Q_3 \equiv pg_3$ und G_2 mit $Q_4 \equiv pg_4$ und bestimmt die zweiten Schnittpunkte G_5 und G_6 von p^2 mit Q_3G_1 und Q_4G_2 und sodann den Schnittpunkt Q_7 von p mit G_5G_6; alsdann wird derjenige Punkt P_7, welcher in der von ABC auf $g_7 \equiv PQ_7$ erzeugten Involution $(g_7)^2$ zu P zugepaart ist, der gesuchte Gegenpunkt sein.

Denn nach Nr. 73 müssen auch die zwei weiteren Schnittpunkte P_5 und P_6 von p^3 mit dem in das Geradenpaar P_1P_3 und P_2P_4 ausgearteten Kegelschnitt mit dem Gegenpunkte von $P_1P_2P_3P_4$ in einer Geraden liegen. Nun sind nach II (Nr. 55) $G_5 \equiv (p^2, Q_1G_3)$ und $G_6 \equiv (p^2, Q_2G_4)$ die Pole der P_5 und P_6 von P aus projizierenden Geraden g_5 und g_6, mithin muß (ebenfalls nach II) der Gegenpunkt, der dritte Schnittpunkt von p^3 mit P_5P_6, von P aus durch $g_7 \equiv PQ_7$ ($Q_7 \equiv pG_5G_6$) projiziert werden und also P_7 sein.

Der Ordinatenwinkel des Gegenpunktes P_7 ist:
$$\omega_7 = \frac{2k+1}{2}\pi + \omega_1 + \omega_2 + \omega_3 + \omega_4.$$

Denn nach Satz 24 ist:
$$\omega_7 = \frac{2k_1+1}{2}\pi - \omega_5 - \omega_6,$$
$$\omega_5 = \frac{2k_2+1}{2}\pi - \omega_1 - \omega_3,$$
$$\omega_6 = \frac{2k_3+1}{2}\pi - \omega_2 - \omega_4,$$

also
$$\omega_7 = (k_1 - k_2 - k_3)\pi - \frac{\pi}{2} + \omega_1 + \omega_2 + \omega_3 + \omega_4$$
$$= \frac{2k+1}{2}\pi + \omega_1 + \omega_2 + \omega_3 + \omega_4.$$

Die gegebene Lösung behält ihre Gültigkeit auch dann noch bei, wenn mehrere der vier gegebenen Punkte oder sogar alle vier aufeinander folgen; nur muß alsdann das in Nr. 72 Behauptete berücksichtigt werden. Hiernach haben wir, wenn vier aufeinanderfolgende Punkte von p^3 in P_1 vereinigt liegen, im zweiten Schnittpunkte von p^2 mit $Q_1 G_1$, also nach II im Pole der den ersten Tangentialpunkt von P_1 aus P projizierenden Geraden, die Tangente an p^2 zu legen, diese mit p zum Schnitt zu bringen und diesen Schnittpunkt mit P durch eine Gerade zu verbinden; alsdann wird diese Gerade den Gegenpunkt der vier in P_1 vereinigt liegenden Punkte enthalten, welcher Gegenpunkt nach II der Tangentialpunkt des ersten Tangentialpunktes von P_1, also der zweite Tangentialpunkt von P_1 ist.

Alle in diesem und im vorhergehenden Paragraphen gefundenen Resultate und Konstruktionen gelten, dualisiert, für das zu p^3 duale Gebilde P^3.

§ 11.

77. Bisher haben wir (Nr. 48, 59) nur bewiesen, daß keine Gerade mehr als drei Punkte mit p^3 gemein hat, und daß, wenn eine Gerade einen Punkt mit p^3 gemein hat, dieselbe noch zwei Punkte (reelle oder imaginäre) mit p^3 gemein haben muß. Ob aber jede Gerade mit p^3 einen und mithin drei Punkte gemein haben muß, blieb dahin gestellt. Diese Frage wird aber durch die folgende Überlegung leicht erledigt.

Nach Definition (Nr. 46) wird p^3 von dem in der von ABC auf einem Strahle g_x von P erzeugten Punktinvolution $(g_x)^2$ zu

P zugepaarten Punkte P_x beschrieben, wenn g_x den ganzen Strahlenbüschel um P stetig durchläuft. Nun ist auf g_x in jeder seiner Lagen nur ein einziger solcher Punkt P_x vorhanden, und die Punktinvolution $(g_x)^2$ wird durch die Schnittpunkte von g_x mit den drei Seiten von ABC in der oben (Nr. 4) angegebenen Weise festgelegt, welche Schnittpunkte gleichzeitig mit g_x stetig aufeinander folgen. Mithin muß p^3 aus einem **einzigen stetigen und geschlossenen** Linienzuge bestehen (abgesehen natürlich von dem isolierten Doppelpunkte P).

Nehmen wir nun irgend zwei reelle Punkte von p^3, etwa die Eckpunkte A und B, und irgendeine durch keinen dieser Punkte gehende reelle Gerade, von der wir wissen, daß sie mit p^3 drei reelle Punkte gemein hat, etwa die Polare p von P, so muß p, wenn die ganze Kurve p^3 von A aus in derjenigen Richtung einmal durchlaufen wird, in der nach B gelangt wird bei der kleinst möglichen Anzahl von Überschreitungen durch p, entweder auf dem Hinwege von A nach B keinmal und auf dem Rückwege von B nach A dreimal überschritten werden, oder auf dem Hinwege einmal und auf dem Rückwege zweimal. In beiden Fällen kann man also von A nach B (der Kurve p^3 entlang) auf zwei Weisen gelangen: durch eine gerade Anzahl (0 oder 2) von Überschreitungen durch p und durch eine ungerade Anzahl (3 oder 1).

Nun wird die ganze Ebene durch p und irgendeine beliebige reelle Gerade l in zwei Gebiete geteilt, nämlich in die zwei Paar von p und l gebildeten Scheitelwinkel; und es führt dann eine ungerade Anzahl von Überschreitungen durch p und l von dem einen Gebiete in das zweite über, dagegen eine gerade Anzahl in das Ausgangsgebiet zurück; von einem Punkte des einen Gebietes kann man also zu einem Punkte desselben Gebietes nur durch eine gerade Anzahl von Überschreitungen durch p und l gelangen, dagegen zu einem Punkte des zweiten Gebietes nur durch eine ungerade Anzahl.

Geht nun l durch A oder B, so hat sie mit p^3 bereits diesen Punkt und mithin noch zwei gemein. Geht ferner l weder durch A noch durch B, so können dann nur zwei Fälle eintreten: erstens, A und B gehören einem und demselben der beiden durch p und l getrennten Ebenegebiete an, zweitens, A und B gehören verschiedenen dieser beiden Ebenegebiete an. Gehen wir nun im ersten Falle, wo A und B demselben Gebiete angehören, von A nach B

der Kurve p^3 entlang auf demjenigen Wege, auf dem p ungeradzählig überschritten wird, so muß auf diesem Wege, weil nur eine gerade Anzahl von Überschreitungen durch p und l in das Ausgangsgebiet zurückführt, notwendigerweise auch l ungeradzählig, also mindestens einmal überschritten werden; im zweiten Falle, wo A und B verschiedenen Gebieten angehören, gehen wir von A nach B der Kurve p^3 entlang auf demjenigen Wege, auf dem p geradzählig überschritten wird; alsdann muß auf diesem Wege, weil nur eine ungerade Anzahl von Überschreitungen durch p und l von dem einen Gebiete in das zweite überführt, l ungeradzählig, also mindestens einmal überschritten werden. Wir sehen also, daß jede beliebige reelle Gerade l mit p^3 mindestens einen reellen Punkt, nämlich den angegebenen Überschreitungspunkt, und mithin noch zwei Punkte, die auch konjugiert-imaginär sein können, gemein hat.

78. Nunmehr können wir (nach Nr. 46, 59, 60) den folgenden Satz aufstellen.

Satz 33. Der Ort p^3 derjenigen Punkte, welche einem auf keiner Seite von ABC liegenden reellen Punkte P zugepaart sind in den von ABC auf den sämtlichen durch P gehenden Geraden g erzeugten Punktinvolutionen $(g)^2$, welche Punkte also dem P konjugiert sind in bezug auf ABC, ist eine Kurve dritter Ordnung, von der P ein isolierter Doppelpunkt ist und die beiden konjugiert-imaginären Doppelstrahlen der von ABC erzeugten Strahleninvolution $(P)^2$ die Doppelpunktstangenten sind. Die Kurve p^3 ist ABC umschrieben und hat in dessen

Das aus denjenigen Strahlen bestehende Gebilde P^3, welche einer durch keine Ecke von ABC gehenden reellen Geraden p zugepaart sind in den von ABC um die sämtlichen auf p liegenden Punkte Q erzeugten Strahleninvolutionen $(Q)^2$, welche Strahlen also der p konjugiert sind in bezug auf ABC, ist ein Strahlenbüschel dritter Ordnung, umhüllt also eine Kurve dritter Klasse, von der p eine isolierte Doppeltangente ist und die beiden konjugiert-imaginären Doppelpunkte der von ABC erzeugten Punktinvolution $(p)^2$ die Doppeltangentenberüh-

Ecken dieselben Tangenten wie der Polarkegelschnitt p^2 von P, nämlich die drei vierten harmonischen Geraden AP_a, BP_b, CP_c zu bzw. $AP \equiv p_A$, $BP \equiv p_B$, $CP \equiv p_C$ in bezug auf je zwei Seiten von ABC; diese drei Tangenten von p^3 in den Ecken von ABC treffen die Gegenseiten in den Wendepunkten P_a, P_b, P_c von p^3, welche drei Punkte auf der Polare (in bezug auf ABC) p von P liegen. P und p sind also Zentrum und Achse der beiden perspektiven Dreiecke, welche von den drei aus den Wendepunkten an p^3 gehenden Tangenten und deren Berührungspunkte gebildet werden.

Kein Punkt von p^3 liegt im Innern des Polarkegelschnitts p^2 von P und umsomehr im Innern desjenigen Dreiecksgebietes von ABC, innerhalb dessen P liegt und welches Gebiet also (Nr. 2) ganz dem Innern von p^2 angehört.

Wir wollen p^3 die zu P in bezug auf ABC zu-

rungspunkte sind. Die von P^3 eingehüllte Kurve ist ABC eingeschrieben und ihre Berührungspunkte mit dessen Seiten sind dieselben wie die von dem Polarkegelschnitt P^2 von p, nämlich die drei vierten harmonischen Punkte ap_A, bp_B, cp_C zu bzw. $ap \equiv P_a$, $bp \equiv P_b$, $cp \equiv P_c$ in bezug auf je zwei Ecken von ABC; diese drei Berührungspunkte von P^3 in den Seiten von ABC mit den Gegenecken verbunden liefern die drei Rückkehrtangenten p_A, p_B, p_C von P^3, welche letztere durch den Pol (in bezug auf ABC) P von p gehen. p und P sind also Achse und Zentrum der beiden perspektiven Dreiecke, welche von den drei auf den Rückkehrtangenten liegenden Berührungspunkten und deren Tangenten gebildet werden.

Jeder Strahl (Tangente) von P^3 schneidet den Polarkegelschnitt P^2 von p in zwei reellen Punkten und muß also in dasjenige Dreiecksgebiet von ABC eindringen, innerhalb dessen P und mithin (Nr. 2) der ganze Polarkegelschnitt P^2 liegt.

Wir wollen P^3 den zu p in bezug auf ABC zuge-

gehörige Kurve dritter Ordnung nennen. | hörigen Strahlenbüschel dritter Ordnung nennen.

Ist die Gerade p rechts die Polare (in bezug auf ABC) des Punktes P links, so besteht der Büschel P^3 rechts aus den Polaren (in bezug auf ABC) der sämtlichen Punkte der Kurve p^3 links; und zwar ist ein Strahl p_i von P^3 die Polare desjenigen Punktes P_i von p^3, welcher durch den P mit Q_i, dem Schnittpunkte von p mit p_i, verbindenden Strahl g_i von P aus projiziert wird.

Daß kein Punkt von p^3 innerhalb p^2 liegt, erkennt man in folgender Weise: Die Schnittpunkte von p^2 mit einem jeden Strahle g_i von P bilden, weil P das Zentrum der durch $(P)^2$ auf p^2 induzierten krummen Punktinvolution $(p^2)^2$ ist (Nr. 7), ein Punktepaar in $(p^2)^2$ und mithin nach Satz 1 (Nr. 7), weil ein Punktepaar von $(p^2)^2$ aus den Polen eines Strahlenpaares von $(P)^2$ besteht, auch ein Punktepaar in der von ABC auf g_i erzeugten Punktinvolution $(g_i)^2$. Nun ist $(g_i)^2$ wie alle von ABC erzeugten Involutionen elliptisch (Nr. 4) und zwei Paare einer elliptischen Involution werden stets durcheinander getrennt; mithin muß der auf g_i liegende Punkt P_i von p^3, der in $(g_i)^2$ zu P zugepaarte Punkt, auf derjenigen der beiden durch die Schnittpunkte von g_i mit p^2 begrenzten Strecken von g_i liegen, welche außerhalb p^2 verläuft, da P auf der innerhalb p^2 verlaufenden Strecke von g_i liegt (nach Nr. 2).

Daß ferner die Strahlen von P^3 aus den Polaren der Punkte von p^3 bestehen, ergibt sich wie folgt: Nach Satz 1 muß der Pol eines Strahles p_i von P^3, weil (nach Definition von P^3) p_i zu p in $(Q_i)^2$ zugepaart ist, mit dem Pole P von p in einer durch Q_i gehenden Geraden liegen, also in $g_i \equiv PQ_i$; und zwar muß dieser Pol derjenige Punkt von g_i sein, welcher zu P in $(g_i)^2$ zugepaart ist, mithin der von P aus durch g_i projizierte Punkt P_i von p^3.

79. Die Tatsache, die wir soeben erkannten, nämlich, daß die Polare p_i eines von P aus durch den Strahl g_i projizierten Punktes P_i von p^3 durch den Schnittpunkt Q_i von g_i mit p gehen muß und umgekehrt, wenn die Polare p_i eines Punktes P_i von g_i durch $Q_i \equiv gp_i$ geht, P_i nach Satz 1 in $(g_i)^2$ zu P zugepaart sein muß und mithin ein Punkt von p^3, liefert nun einen zweiten Beweis dafür, daß jede beliebige reelle oder imaginäre Gerade l

mit p^3 drei Punkte und nur drei gemein hat, und gestattet zugleich die Aufgabe: die gemeinschaftlichen Punkte einer beliebigen Geraden mit p^3 zu bestimmen, auf die Ermittlung der drei gemeinschaftlichen Tangenten zweier Kegelschnitte, von denen die vierte gemeinschaftliche Tangente bekannt ist, zurückzuführen.

Ist nämlich eine beliebige Gerade l gegeben und ist die Punktreihe $l(R)$ die Spur des Strahlenbüschels $P(g)$ auf l, so ist die Punktreihe $p(Q)$, die Spur von $P(g)$ auf der Polare p von P, zu $l(R)$ perspektiv und mithin nach Nr. 2 zu dem Büschel der Polaren $L^2(r)$, dem Büschel der Tangenten um den Polarkegelschnitt L^2 von l, projektiv, wobei einer Tangente r_i von L^2 derjenige Punkt Q_i auf p entspricht, der mit dem Pole R_i von r_i in einem durch P gehenden Strahle, also in $g_i \equiv PR_i$ liegt; und es gehen dann bekanntlich drei und nur drei Tangenten von L^2 durch die entsprechenden Punkte der projektiven Punktreihe $p(Q)$, von welchen drei Tangenten, wenn l und mithin auch L^2 reell ist, mindestens eine reell ist, die beiden andern aber auch konjugiert-imaginär sein können. Nun liegt, wie wir sahen, ein Punkt $R_i \equiv lg_i$ dann und nur dann auf p^3, wenn die Polare r_i von R_i durch $Q_i \equiv pg_i$ geht, wenn also r_i, die Tangente an L^2, durch den entsprechenden Punkt Q_i von $p(Q)$ geht. Mithin hat jede beliebige Gerade l mit p^3 drei und nur drei Punkte gemein, von denen, wenn l reell ist, mindestens einer reell ist, die beiden andern auch konjugiert-imaginär sein können.

Zugleich haben wir die folgende Lösung der

Aufgabe 23. Die drei Schnittpunkte von p^3 mit einer gegebenen Geraden l zu bestimmen.

Auflösung. Man bestimmt die Schnittpunkte Q_x und Q_y von p, der Polare von P, mit den beiden Geraden PL_b und PL_c, wo $L_b \equiv (l, CA)$ und $L_c \equiv (l, AB)$, verbindet Q_x mit C und Q_y mit B und ermittelt sodann die drei gemeinschaftlichen Tangenten des Polarkegelschnitts (in bezug auf ABC) L^2 von l und desjenigen Kegelschnitts $\varkappa^2$, der von den vier Geraden p, BC, BQ_y, CQ_x tangiert wird und den Schnittpunkt (p, PA) zum Berührungspunkt in p hat (wo eine gemeinschaftliche Tangente von L^2 und $\varkappa^2$ bereits bekannt ist, nämlich die Dreieckseite BC); alsdann werden die Pole (in bezug auf ABC) dieser drei gemeinschaftlichen Tangenten die gesuchten Schnittpunkte von p^3 mit l sein.

Denn der Büschel der Tangenten $L^2(r)$, der zu $p(Q)$ projektiv ist, schneidet BC, die als Seite von ABC Tangente eines jeden Polarkegelschnitts einer Geraden ist, in eine zu $p(Q)$ projektive Punktreihe. Diese beiden projektiven Punktreihen auf p und BC erzeugen nun einen Kegelschnitt, welcher von p und BC tangiert wird und ebenso von Q_xC und Q_yB (da Q_x mit L_b und Q_y mit L_c in je einer durch P gehenden Geraden liegen und C der Schnittpunkt von CA, der Polare von $L_b \equiv (l, CA)$, mit BC ist und B der Schnittpunkt von AB, der Polare von $L_c \equiv (l, AB)$, mit BC und mithin Q_xC und Q_yB Verbindungsgeraden entsprechender Punkte der beiden projektiven, den Kegelschnitt erzeugenden Punktreihen sind) und in p den Schnittpunkt (p, PA) zum Berührungspunkt hat (da die Polare des Schnittpunktes von l mit PA, ebenso wie die Polare p von P, durch den vierten harmonischen Punkt zu (PA, BC) in bezug auf B und C, also durch $P_a \equiv (p, BC)$, gehen muß und mithin dem gemeinschaftlichen Punkte P_a von p und BC, als BC angehörig, der Punkt (p, PA) in p entspricht) und folglich mit $\varkappa^2$ identisch sein muß. Nun liegt ein Punkt $R_i \equiv l\,g_i$ dann und nur dann auf p^3, wenn die Polare r_i von R_i, die Tangente von L^2, durch den entsprechenden Punkt $Q_i \equiv p\,g_i$ der zu $L^2(r)$ projektiven Punktreihe $p(Q)$ geht, wenn also r_i zwei entsprechende Punkte der beiden projektiven Punktreihen auf p und BC verbindet, mithin wenn r_i, die Tangente an L^2, zugleich Tangente an $\varkappa^2$ ist.

80. Aus dem Satze 33 ergibt sich nun:

Satz 34. Sind P und p Pol und Polare in bezug auf ABC, p^3 und P^3 die zu P bzw. der zu p in bezug auf ABC zugehörige Kurve bzw. Strahlenbüschel dritter Ordnung, so ist

| p^3 | P^3 |

die Enveloppe desjenigen (ABC umschriebenes bzw. eingeschriebenes) Kegelschnittsystems, welches aus den Polarkegelschnitten (in bezug auf ABC)

| der sämtlichen Punkte der von P^3 eingehüllten Kurve dritter Klasse besteht. | der sämtlichen Tangenten der Kurve p^3 besteht. |

Denn jeder Punkt P_i von p^3, der nach Satz 33 der Pol des Strahles p_i von P^3 ist, ist der vierte Schnittpunkt zweier aufeinanderfolgender Kegelschnitte jenes (ABC umschriebenes) Systems, nämlich der vierte Schnittpunkt der Polarkegelschnitte derjenigen beiden aufeinanderfolgenden Punkte der von P^3 eingehüllten Kurve, in denen diese Kurve von p_i berührt wird.

Ferner ergibt sich aus Satz 33:

Satz 35. Sind P und p Pol und Polare in bezug auf ABC, so bilden

die Tangente t_i im Punkte P_i von p^3 und die Verbindungsgerade von P_i mit dem Berührungspunkte $\mathfrak{U}_i$ des Strahles p_i von P^3 (wo p_i die Polare von P_i in bezug auf ABC ist), also t_i und $P_i \mathfrak{U}_i$ ein Strahlenpaar in der von ABC erzeugten Involution $(P_i)^2$.

der Berührungspunkt $\mathfrak{U}_i$ des Strahles p_i von P^3 und der Schnittpunkt von p_i mit der Tangente t_i im Punkte P_i von p^3 (wo P_i der Pol von p_i in bezug auf ABC ist), also $\mathfrak{U}_i$ und $p_i t_i$ ein Punktepaar in der von ABC erzeugten Involution $(p_i)^2$.

Denn die Tangente t_i von p^3 in P_i, die zwei aufeinanderfolgende Punkte von p^3, also nach Satz 33 zwei Pole der beiden aufeinanderfolgenden, im Berührungspunkte $\mathfrak{U}_i$ von p_i sich schneidenden Strahlen von P^3 verbindet, ist zugleich die Tangente im Punkte P_i des Polarkegelschnitts (in bezug auf ABC) $\mathfrak{u}_i^2$ von $\mathfrak{U}_i$ (was auch aus Satz 34 folgt); mithin müssen nach Hilfssatz 2 (Nr. 52) t_i und $P_i \mathfrak{U}_i$ ein Paar in $(P_i)^2$ bilden.

Zugleich haben wir die folgende Konstruktion für die Tangente in irgendeinem Punkte P_i von p^3 gewonnen.

Auflösung 4 der Aufgabe 3 (Nr. 51). Man ermittelt den Pol G_i der Geraden $g_i \equiv PP_i$, sodann auf der Geraden $g_i^{(1)} \equiv PG_i$, dem ersten Repräsentanten von g_i, den Punkt $P_i^{(1)}$ von p^3, welcher Punkt $P_i^{(1)}$ zu P zugepaart ist in der von ABC erzeugten Punktinvolution $(g_i^{(1)})^2$, und darauf die Tangente t_i im Punkte P_i desjenigen Kegelschnitts, welcher durch die fünf Punkte A, B, C, P_i und $P_i^{(1)}$ geht; alsdann wird diese Tangente zugleich die gesuchte Tangente von p^3 in P_i sein.

Diese Konstruktion ergibt sich folgendermaßen: Wie wir eben sahen, haben p^3 und $\mathfrak{u}_i^2$ eine gemeinsame Tangente in P_i, und $\mathfrak{u}_i^2$, der Polarkegelschnitt von $\mathfrak{U}_i$, ist ABC umschrieben und geht durch P_i und $P_i^{(1)}$; da durch den Berührungspunkt $\mathfrak{U}_i$ des Strahles p_i von P^3 außer p_i noch derjenige Strahl $p_i^{(1)}$ von P^3 geht, welcher von p in dem zum Punkte $Q_i^{(1)}$, zum ersten Repräsentanten von $Q_i \equiv pp_i$, in der von ABC erzeugten Punktinvolution $(p)^2$ zugepaarten Punkte geschnitten wird (dual der Aufl. 3 der Aufg. 5 in Nr. 61), und durch diesen letzten Schnittpunkt der Strahl $g_i^{(1)}$, der erste Repräsentant von $g_i \equiv PP_i \equiv PQ_i$, geht (nach Satz 14 in Nr. 23) und mithin nach Satz 33 $P_i^{(1)}$ der Pol von $p_i^{(1)}$ ist. Folglich brauchen wir nur die Tangente in P_i desjenigen Kegelschnitts zu bestimmen, welcher durch die fünf Punkte $A, B, C, P_i, P_i^{(1)}$ geht und somit mit $\mathfrak{u}_i^2$ identisch ist.

81. Wir wollen nun zeigen, daß unsere Kurve p^3 und Strahlenbüschel P^3 auch Erzeugnisse je zweier gewisser projektiver Gebilde sind und mithin keine andere als eine der bekannten Kurven dritter Ordnung mit isoliertem Doppelpunkt bzw. einer der bekannten Strahlenbüschel dritter Ordnung mit isoliertem Doppelstrahl sind.

Nach Satz 24 (Nr. 53) liegt nämlich der von P aus durch den Strahl g_i projizierte Punkt P_i von p^3 zugleich auf t_i, der Tangente am Polarkegelschnitt p^2 von P im Pole G_i von g_i. Nun ist aber (Nr. 2) der Strahlenbüschel $P(g)$ zu der krummen Punktreihe seiner Pole auf p^2, also zu $p^2(G)$, und mithin auch zu dem die letzte umhüllenden Büschel der Tangenten, also zu $p^2(t)$, projektiv. Somit haben wir:

Die Kurve p^3 ist das Erzeugnis zweier projektiver Büschel erster und zweiter Ordnung, nämlich des Strahlenbüschels $P(g)$ und des Büschels $p^2(t)$ der Tangenten um den Polarkegelschnitt p^2 von P, wo einer Tangente t_i von p^2, deren Berührungspunkt G_i ist, die durch P gehende Polare g_i von G_i entspricht.

Der Büschel P^3 ist das Erzeugnis zweier projektiver Punktreihen erster und zweiter Ordnung, nämlich der geraden Punktreihe $p(Q)$ und der krummen Punktreihe $P^2(U)$ auf dem Polarkegelschnitt P^2 von p, wo einem Punkte U_i von P^2, dessen Tangente q_i ist, der auf p liegende Pol Q_i von q_i entspricht.

Ferner ist p^3 auch das Erzeugnis desjenigen Kegelschnittbüschels, welcher aus den Polarkegelschnitten q^2 der sämtlichen auf der Polare p von P liegenden Punkte Q besteht und dessen vier Grundpunkte A, B, C und P sind, und des zu ihm projektiven Strahlenbüschels $P(g)$, dessen Grundpunkt P also zugleich einer der Grundpunkte des Kegelschnittbüschels ist, und wo einem Kegelschnitte q_i^2 des Kegelschnittbüschels, dem Polarkegelschnitt des Punktes Q_i, der durch Q_i gehende Strahl g_i von P entspricht.

Ferner ist P^3 auch das Erzeugnis derjenigen Kegelschnittschar, welche aus den Polarkegelschnitten G^2 der sämtlichen durch den Pol P von p gehenden Geraden g besteht und deren vier Grundtangenten die Seiten von ABC und p sind, und der zu ihr projektiven Punktreihe $p(Q)$, deren Träger p also zugleich eine der Grundtangenten der Schar ist, und wo einem Kegelschnitt G_i^2 der Schar, dem Polarkegelschnitt der Geraden g_i, der zugleich auf g_i liegende Punkt Q_i von p entspricht.

Denn der von P aus durch g_i projizierte Punkt P_i von p^3 liegt zugleich auch auf dem Polarkegelschnitt q_i^2 von $Q_i \equiv p\,g^i$ (Nr. 56). Nun bilden aber (nach Satz 15 meiner Diss. S. 74) die Polarkegelschnitte q^2 der sämtlichen auf p liegenden Punkte Q einen durch A, B, C und P gehenden Kegelschnittbüschel, welcher zu der Punktreihe $p(Q)$ und mithin auch zu dem $p(Q)$ von P aus projizierenden Strahlenbüschel $P(g)$ projektiv ist.

Endlich ist p^3 auch das Erzeugnis einer auf $(P)^2$, die von ABC um P erzeugte Involution, sich stützenden hyperbolischen Straheninvolution $(I)^2$, deren Doppelstrahlen also ein Paar in $(P)^2$ bilden, und des zu ihr projektiven Strahlenbüschels um denjenigen Punkt P_i von p^3, welcher durch den in $(P)^2$ zu dem

Endlich ist P^3 auch das Erzeugnis einer auf $(p)^2$, die von ABC auf p erzeugte Involution, sich stützenden hyperbolischen Punktinvolution $(i)^2$, deren Doppelpunkte also ein Paar in $(p)^2$ bilden, und der zu ihr projektiven Punktreihe auf demjenigen Strahl p_i von P^3, welcher von p in dem in $(p)^2$ zu dem ersten Reprä-

ersten Repräsentanten der Doppelstrahlen von $(I)^2$ zugepaarten Strahl g_i von P aus projiziert wird, und wo den die Strahlen PA, PB, PC, PP_i enthaltenden Paaren von $(I)^2$ der Reihe nach die Strahlen P_iA, P_iB, P_iC und die Tangente von p^3 in P_i im Büschel um P_i entsprechen (wodurch die Projektivität zwischen $(I)^2$ und dem Büschel um P_i immer bestimmt ist).

sentanten der Doppelpunkte von $(i)^2$ zugepaarten Punkte Q_i getroffen wird, und wo den die Punkte $P_a \equiv (p, BC)$, $P_b \equiv (p, CA)$, $P_c \equiv (p\,AB)$, $Q_i \equiv (p\,p_i)$ enthaltenden Paaren von $(i)^2$ der Reihe nach die Punkte (p_i, BC), (p_i, CA), (p_i, AB) und der Berührungspunkt von P^2 in p_i in der Punktreihe auf p_i entsprechen (wodurch die Projektivität zwischen $(i)^2$ und der Punktreihe auf p_i immer bestimmt ist).

Dies folgt aus dem ersten Ergebnisse in Nr. 63 und aus dem oben (Nr. 69) Auseinandergesetzten, nämlich daß der von einer Geraden r um P_i beschriebene Strahlenbüschel $P_i(r)$ zu demjenigen Strahlenbüschel $P(g_s)$, welcher von dem vierten harmonischen Strahle g_s zu dem festen Strahle g_i in bezug auf das die beiden weitern Schnittpunkte von r mit p^3 von P aus projizierende Strahlenpaar von $(I)^2$ beschrieben wird, und mithin auch zu der von diesem Strahlenpaare beschriebenen Involution $(I)^2$ selbst projektiv ist. In dieser Projektivität entsprechen aber, weil p^3 durch A, B, C und P_i geht, den PA, PB, PC, PP_i enthaltenden Strahlenpaaren von $(I)^2$ der Reihe nach die Strahlen P_iA, P_iB, P_iC und die Tangente von p^3 in P_i im Büschel um P_i. Hierdurch ist nun die Projektivität immer bestimmt, wenn auch etwa PB und PC ein Strahlenpaar in $(I)^2$ bilden sollen; da dann P_i der dritte Schnittpunkt P_a von BC mit p^3 sein müssen wird und also die beiden Strahlen $PP_i \equiv PP_a$ und PA, die das durch PB und PC harmonisch getrennte Strahlenpaar von $(P)^2$ bilden (Nr. 4 und 5), die Doppelstrahlen von $(I)^2$ sein werden; mithin gehören immer die vier Strahlen PA, PB, PC, PP_i mindestens drei voneinander verschiedenen Paaren von $(I)^2$ an.

Die Kurve p^3 ist auch der Ort der Berührungspunkte der aus P an die

Der Büschel P^2 wird auch aus den Tangenten in den Schnittpunkten von p

sämtlichen Kegelschnitte derjenigen Schar gehenden Tangenten, welche Schar aus den Polarkegelschnitten G^2 der durch P gehenden Geraden g besteht und deren Grundtangenten also die Seiten von ABC und die Polare p von P sind.

mit den sämtlichen Kegelschnitten desjenigen Büschels gebildet, welcher aus den Polarkegelschnitten q^2 der auf p liegenden Punkte Q besteht und dessen Grundpunkte also die Ecken von ABC und der Pol P von p sind.

Denn nach Hilfssatz 2 (Nr. 52) muß rechts die Tangente in einem Schnittpunkte Q_x von p mit etwa dem Polarkegelschnitt q_i^2 von Q_i derjenige Strahl von Q_x sein, welcher in der von ABC um Q_x erzeugten Involution $(Q_x)^2$ dem Strahle $Q_x Q_i$, also p, zugepaart ist, und mithin der durch Q_x gehende Strahl von P^3. (Siehe auch meine Diss. Nr. 25, S. 70.)

82. Nunmehr wollen wir zeigen, daß auch, umgekehrt, jede beliebige Kurve dritter Ordnung mit isoliertem Doppelpunkte der Ort derjenigen Punkte ist, welche dem isolierten Doppelpunkte zugepaart sind in den von einem gewissen Dreiecke auf den sämtlichen durch den Doppelpunkt gehenden Geraden in der oben (Nr. 4) angegebenen Weise erzeugten Punktinvolutionen zweiten Grades und welche Punkte also dem isolierten Doppelpunkte konjugiert sind in bezug auf jenes Dreieck (Nr. 46), und mithin eine solche Kurve ist, wie die von uns behandelte p^3, und daß dual jeder beliebige Strahlenbüschel dritter Ordnung mit isoliertem Doppelstrahle ein solcher ist, wie der von uns behandelte P^3.

Ist nämlich C^3 eine beliebige Kurve dritter Ordnung mit einem isolierten Doppelpunkte, der etwa P heiße, und sind W_1, W_2, W_3 die bekanntlich in einer Geraden liegenden Wendepunkte von C^3, w_1, w_2, w_3 deren harmonische Polaren und X, Y, Z der Reihe nach die Berührungspunkte der aus W_1, W_2, W_3 an C^3 gehenden Tangenten, so gehen bekanntlich YZ durch W_1, ZX durch W_2, XY durch W_3, w_1 durch X, w_2 durch Y, w_3 durch Z und es schneiden sich außerdem w_1, w_2, w_3 im Doppelpunkte P; mithin muß, weil w_1 von W_1 durch W_2 und W_3 und mithin durch XY und XZ, w_2 von W_2 usw. harmonisch getrennt sind, die Gerade $W_1 W_2 W_3$ die Polare von P in bezug auf das Dreieck

XYZ sein; W_1, W_2, W_3 sind also die Schnittpunkte der Seiten von XYZ mit der Polare von P in bezug auf XYZ. Konstruieren wir nun die dem Punkte P in bezug auf das Dreieck XYZ zugehörige (Satz 33 in Nr. 78) Kurve dritter Ordnung p^3, so geht diese Kurve nach Satz 33 durch XYZ, hat P zum isolierten Doppelpunkt und die Schnittpunkte der Seiten von XYZ mit der Polare von P in bezug auf XYZ, also W_1, W_2, W_3, zu den Wendepunkten und wird in X, Y, Z von XW_1, YW_2, ZW_3 tangiert. Demnach hat C^3 neun Punkte und außerdem noch den isolierten Doppelpunkt P mit p^3 gemein und muß also mit dieser identisch sein.

Wir sehen also, daß jede beliebige Kurve dritter Ordnung mit isoliertem Doppelpunkte der Ort derjenigen Punkte ist, welche dem isolierten Doppelpunkte konjugiert sind in bezug auf das Dreieck der Berührungspunkte der drei aus den Wendepunkten an die Kurve gehenden Tangenten, und also als die dem isolierten Doppelpunkte in bezug auf jenes Dreieck zugehörige Kurve dritter Ordnung aufgefaßt werden kann; und dual für einen beliebigen Strahlenbüschel dritter Ordnung mit isoliertem Doppelstrahle.

Alle für p^3 und P^3 gefundenen Resultate gelten mithin für beliebige Kurven und Strahlenbüschel dritter Ordnung mit isoliertem Doppelpunkte bzw. Doppelstrahle.

§ 12.

83. Der Hilfssatz 1 (Nr. 47), auf dem sich unsere ganze Untersuchung der p^3 und P^3 stützt, gewährt uns auch ein Kriterium der Realität und der Lage der drei gemeinschaftlichen Punkte einer beliebigen durch keine Ecke von ABC gehenden Geraden und p^3 bzw. der drei gemeinschaftlichen Strahlen eines beliebigen auf keiner Seite von ABC liegenden Punktes und P^3.

Sind nämlich P_i, P_k, P_l die drei Schnittpunkte irgendeiner durch keine Ecke von ABC gehenden Geraden l mit p^3 (und sind also nach unserer Bezeichnung $g_i \equiv PP_i$, $g_k \equiv PP_k$, $g_l \equiv PP_l$ und G_i, G_k, G_l deren Pole $v_{kl} \equiv G_k G_l$, $v_{li} \equiv G_l G_i$, $v_{ik} \equiv G_i G_k$ und V_{kl}, V_{li}, V_{ik} deren Pole), so müssen nach dem Hilfssatze 1 die drei Pole V_{kl}, V_{li}, V_{ik} auf l liegen. Weil aber die von ABC um V_{kl} erzeugte Strahleninvolution $(V_{kl})^2$ zu den von ABC auf g_k und g_l erzeugten Punktinvolutionen $(g_k)^2$ und

$(g_l)^2$ perspektiv ist und ebenso $(V_{li})^2$ zu $(g_l)^2$ und $(g_i)^2$, $(V_{ik})^2$ zu $(g_i)^2$ und $(g_k)^2$ (nach Satz 3 in Nr. 10) und die Gerade l, auf der V_{kl}, V_{li}, V_{ik} liegen, durch die zu P in $(g_i)^2$, $(g_k)^2$, $(g_l)^2$ zugepaarten Punkte P_i, P_k, P_l geht, so muß die Gerade l zu der Verbindungsgeraden $V_{kl}P$ zugepaart sein in $(V_{kl})^2$, zu $V_{li}P$ in $(V_{li})^2$ und zu $V_{ik}P$ in $(V_{ik})^2$. Es gehen daher die drei Strahlen $V_{kl}P$, $V_{li}P$, $V_{ik}P$ des zu l in bezug auf ABC zugehörigen Strahlenbüschels dritter Ordnung L^3 durch P, den isolierten Doppelpunkt von p^3.

Nun sind nach Nr. 56 P_iV_{kl}, P_kV_{li}, P_lV_{ik} die drei Paar Schnittpunkte von l mit den Polarkegelschnitten q_i^2 von $Q_i \equiv pg_i$, q_k^2 von $Q_k \equiv pg_k$, q_l^2 von $Q_l \equiv pg_l$, welche Polarkegelschnitte einem und demselben Büschel angehören, nämlich dem aus den Polarkegelschnitten der sämtlichen auf p liegenden Punkte bestehenden Kegelschnittbüschel (dessen Grundpunkte A, B, C und P sind). Mithin sind P_iV_{kl}, P_kV_{li}, P_lV_{ik} drei Punktepaare einer Involution, nämlich der durch jenes Kegelschnittbüschel in l eingeschnitten oder, was dasselbe ist, der durch das Viereck $ABCP$ der Grundpunkte jenes Kegelschnittbüschels auf l festgelegten Involution. Es muß daher, wenn zwei der drei Punkte P_i, P_k, P_l oder alle drei einander unendlich benachbart sind oder wenn zwei dieser drei Punkte konjugiert-imaginär sind, das Nämliche auch von den drei andern Punkten V_{kl}, V_{li}, V_{ik} und mithin auch von den diese drei Punkte mit P verbindenden Strahlen $V_{kl}P$, $V_{li}P$, $V_{ik}P$ gelten; und umgekehrt (dasselbe kann auch in derselben Weise bewiesen werden, wie oben in Nr. 50). Also haben wir:

Satz 36. Eine beliebige, durch keine Ecke von ABC gehende reelle Gerade l hat mit p^3, der zu P in bezug auf ABC zugehörigen Kurve dritter Ordnung, einen reellen und zwei konjugiert-imaginäre Punkte gemein, oder drei reelle und voneinander verschiedene, oder drei reelle, von denen zwei aber unendlich benachbart sind, wo l also eine Tangente an p^3 ist, oder endlich drei reelle, einander unendlich benachbarte, wo l also eine der drei Wendetangenten an p^3 ist, je nachdem von den drei gemeinschaftlichen Strahlen von P, dem isolierten Doppelpunkte von p^3, und L^3, dem zu l in bezug auf ABC zugehörigen Strahlenbüschel dritter Ordnung, einer reell und die beiden andern konjugiert-imaginär sind, oder alle drei reell und voneinander verschieden, oder alle drei reell, deren zwei aber unendlich benachbart sind, wo P also ein Berührungspunkt von L^3 ist, oder endlich alle drei reell und einander unendlich benachbart sind, wo P also einer der drei Rückkehrpunkte von L^3 ist; und umgekehrt.

84. Diesem Kriterium können wir noch eine andere Fassung geben.

Nach dem Ergebnisse in Nr. 62 wird nämlich jeder reelle Strahl l_i von L^3 durch die beiden auf ihm liegenden Berührungspunkte (außer seinem eigenen) von L^3 in zwei Strecken geteilt, von denen eine, und zwar die von l getroffene Strecke nur solche Punkte enthält, durch die nur ein einziger reeller Strahl von L^3, nämlich der Strahl l_i selbst, geht, und die andere Strecke nur solche Punkte enthält, durch die drei reelle Strahlen von L^3, also außer l_i noch zwei reelle, gehen. Weil nun die Strahlen des Büschels dritter Ordnung L^3 die ganze Ebene überdecken und stetig aufeinander folgen und die Berührungspunkte von L^3 gleichfalls stetig aufeinander folgen und eine von L^3 eingehüllte Kurve dritter Klasse bilden, so müssen auf jeder beliebigen reellen Geraden d der Ebene von L^3 sowohl die nur je einen reellen Strahl von L^3 enthaltenden Punkte, die die Schnittpunkte von d mit den von l getroffenen Strecken der Strahlen von L^3 sind, wie auch die je drei reelle Strahlen von L^3 enthaltenden Punkte, welche letztere die Schnittpunkte von d mit den von l nicht getroffenen Strecken der Strahlen von L^3 sind, je stetig aufeinander folgen; und zwar werden die ersteren Punkte von den letzteren, wenn eventuell auf d Punkte beider Art vorhanden sind, durch Berührungspunkte von L^3 getrennt sein müssen. Man kann daher von einem Punkte der einen Art zu keinem Punkte der andern Art gelangen, ohne die von L^3 eingehüllte Kurve dritter Klasse zu überschreiten. Mithin werden in der Ebene von L^3 die kontinuierlichen Bereiche der Punkte der einen Art von den kontinuierlichen Bereichen der Punkte der zweiten Art durch die von L^3 eingehüllte Kurve dritter Klasse, die die gemeinsame Grenze dieser Bereiche ist, getrennt. Wir können nunmehr sagen, daß die Punkte der ersten Art, nämlich die nur je einen reellen Strahl von L^3 enthaltenden Punkte, innerhalb der von L^3 eingehüllten Kurve liegen, dagegen die Punkte der zweiten Art außerhalb.

Hiernach geht der Satz 36 über in

Satz 37. Eine beliebige, durch keine Ecke von ABC gehende reelle Gerade l hat mit p^3, der zu P in bezug auf ABC zugehörigen Kurve dritter Ordnung, einen reellen und zwei konjugiert-imaginäre Punkte gemein, oder drei reelle und voneinander verschiedene, oder ist eine einfache Tangente an p^3, oder ist endlich eine Wendetangente an p^3, je nachdem P, der isolierte Doppelpunkt von p^3, innerhalb, oder außerhalb, oder auf der von L^3, dem zu l in bezug auf ABC zugehörigen Strahlenbüschel dritter Ordnung, eingehüllten Kurve dritter Klasse liegt, ohne ein Rückkehrpunkt derselben zu sein, oder endlich ein Rückkehrpunkt dieser Kurve ist; und umgekehrt.

In jedem der letzten zwei Sätze steht die Umkehrung dem direkten dual gegenüber.

85. Die drei Punkte, in denen eine durch keine Ecke von ABC gehende Gerade l von p^3 geschnitten wird, und die drei durch P gehenden Strahlen von L^3 stehen (nach Nr. 83) in folgendem Zusammenhang:

Satz 38. Jeder der drei Schnittpunkte einer durch keine Ecke von ABC gehenden Geraden l mit p^3 ist zu einem der drei Schnittpunkte von l mit den durch P, den isolierten Doppelpunkt von p^3, gehenden Strahlen von L^3, dem zu l in bezug auf ABC zugehörigen Strahlenbüschel dritter Ordnung, zugepaart in der durch das vollständige Viereck $ABCP$ in l eingeschnittenen Punktinvolution. Oder, was auf dasselbe herauskommt: Jeder der drei durch P gehenden Strahlen von L^3 ist zu einem der drei Verbindungsgeraden von P mit den auf l liegenden Punkte von p^3 zugepaart in der um P durch das vollständige Vierseit $abcl$ festgelegten Strahleninvolution $(abc \equiv ABC)$.

Dieser Satz liefert nun die erstfolgende lineare Lösung der

Aufgabe 24. Einen der drei Schnittpunkte von p^3 mit einer beliebigen, durch keine Ecke von ABC gehenden Geraden l zu bestimmen, wenn einer der drei durch P gehenden Strahlen von L^3 bekannt ist.

Auflösung 1. Man ermittelt denjenigen Punkt auf l, welcher zu dem Schnittpunkte des bekannten, durch P

gehenden Strahles von L^3 mit l zugepaart ist in der durch das Viereck $ABCP$ in l eingeschnittenen Involution; dieser Punkt wird einer der Schnittpunkte von l mit p^3 sein.

Auflösung 2. Man ermittelt die Polare (in bezug auf ABC) des Schnittpunktes von l mit dem bekannten, durch P gehenden Strahle von L^3, bringt diese Polare zum Schnitt mit p, der Polare von P, und verbindet den letzten Schnittpunkt mit P durch eine Gerade; alsdann wird der Schnittpunkt dieser Geraden mit l zugleich einer der Schnittpunkte von l mit p^3 sein.

Die zweite Lösung ergibt sich daraus, daß der Schnittpunkt von l mit dem bekannten, durch P gehenden Strahle von L^3, welcher Schnittpunkt etwa V_{kl} sei, nach Nr. 83 auf dem Polarkegelschnitt q_i^2 von Q_i liegt und seine Polare v_{kl} also durch Q_i geht, wo Q_i der Schnittpunkt von p mit demjenigen Strahle g_i ist, welcher den auf l liegenden Punkt P_i von p^3 mit P verbindet.

Wenn also alle drei durch P gehenden Strahlen von L^3 bekannt sind, kann man, wie eben gezeigt, durch lineare Konstruktionen alle drei auf l liegenden Punkte von p^3 ausfindig machen. Sind aber nur zwei jener drei Strahlen bekannt, so ermittelt man auf diesem Wege zwei der drei Schnittpunkte von l mit p^3, der dritte wird dann wie in der linearen Aufgabe 4 (Nr. 61) gefunden. Ist endlich nur einer jener drei Strahlen bekannt, so ermittelt man einen der drei Schnittpunkte von l mit p^3 wie in der linearen Aufgabe 24, sodann die beiden andern Punkte wie in der quadratischen Aufgabe 1 (Nr. 51, 61).

86. Wenden wir den Satz 37 auf die unendlich ferne Gerade s_∞ an, was aber nur dann gestattet ist, wenn keine der Ecken von ABC im Unendlichen liegt, so ergibt sich:

Satz 39. Sind alle drei Ecken von ABC eigentliche Punkte der Ebene und ist P irgendein auf keiner Seite von ABC liegender Punkt der Ebene, so ist die zu P in bezug auf ABC zugehörige Kurve dritter Ordnung p^3 unvollständig hyperbolisch, überschüssig hyperbolisch oder parabolisch - hyperbolisch oder endlich eine divergierende Parabel, je nachdem P innerhalb, außerhalb oder auf derjenigen Kurve dritter Klasse, welche von dem zu der unendlich fernen Geraden s_∞ in bezug auf ABC zugehörigen Strahlenbüschel S_∞^3 eingehüllt wird, liegt, ohne jedoch ein Rückkehrpunkt dieser Kurve zu sein, oder endlich ein Rückkehrpunkt derselben ist. Die Kurve p^3 ist sicher überschüssig hyperbolisch, wenn P innerhalb des Dreiecks ABC liegt.

Das letzte ergibt sich aus dem spätern Satze 40 (Nr. 87), da in diesem Falle P mit dem Schwerpunkte S von ABC, dem Pole von s_∞ in bezug auf ABC, in einem und demselben Dreiecksgebiete liegen.

Weil die Wendepunkte von p^3 die Schnittpunkte von p, der Polare von P in bezug auf ABC, mit den Seiten von ABC sind (Satz 33 in Nr. 78) und der Pol der unendlich fernen Geraden s_∞ in bezug auf ABC der Schwerpunkt S von ABC ist, so erhellt:

Auf der unendlich fernen Geraden s_∞ liegt dann und nur dann einer der drei Wendepunkte von p^3 oder alle drei, wenn P auf einer der drei Mittellinien von ABC liegt bzw. wenn P der Schwerpunkt S von ABC ist.

Ist nun einer der drei durch P gehenden Strahlen von S_∞^3 bekannt, so können, wie in voriger Nummer gezeigt wurde, sämtliche Asymptotenrichtungen von p^3 ermittelt werden, sodann die Asymptoten selbst und die Tangentialpunkte der unendlich fernen Punkte von p^3 und also auch die Begleiterin der unendlich fernen Geraden s_∞ wie in den Aufgaben 3 und 5 (Nr. 51, 61).

87. Wir wollen noch ein positives Kriterium der Realität aller drei Schnittpunkte einer reellen Geraden mit p^3 angeben; dieses lautet:

Satz 40. Jede reelle Gerade, deren Pol (in bezug auf ABC) innerhalb des P, den isolierten Doppelpunkt von p^3, enthaltenden Dreiecksgebietes von ABC liegt, was aber dann und nur dann eintritt, wenn die Gerade in jenes Dreiecksgebiet (die Begrenzung mitgerechnet) nicht eindringt (s. Nr. 1), hat mit p^3 drei reelle, und zwar voneinander verschiedene Punkte gemein.

Beweis. Ist etwa l eine solche Gerade, liegt also ihr Pol L mit P im Innern eines und desselben Dreiecksgebietes (wonach l

sicher durch keine Ecke von ABC gehen kann), so ist (nach Nr. 2) der ganze Polarkegelschnitt L^2 von l im Innern dieses Dreiecksgebietes enthalten, während dieses Innere ganz dem Innern des Polarkegelschnitts p^2 von P angehört. Es liegen daher alle Punkte G von p^2 außerhalb L^2 und folglich (s. Satz 7 meiner Dissertation, S. 52) muß l sämtliche Polarkegelschnitte c^2 der auf p^2 liegenden Punkte G in je zwei reellen und voneinander verschiedenen Punkten schneiden. Nun muß aber die reelle Gerade l mit p^3 mindestens einen reellen Punkt, etwa den von P aus durch g_i projizierten Punkt P_i, gemein haben und mithin (weil l, wie wir soeben sahen, den Polarkegelschnitt g_i^2 von G_i, von dem auf p^2 liegenden Pole von g_i, in zwei reellen und voneinander verschiedenen Punkten schneidet) nach Satz 23 in Nr. 51 noch zwei reelle und voneinander verschiedene Punkte, von denen mindestens einer, etwa der von P aus durch g_k projizierte Punkt P_k, von P_i verschieden sein muß (der andere wäre nur dann dem P_i unendlich benachbart, wenn einer der beiden Schnittpunkte von l mit g_i^2 T_i wäre). Es muß aber auch der andere der letzten zwei gemeinschaftlichen Punkte von l und p^3, der von P_k verschiedene, von P_i verschieden sein; denn l schneidet auch den Polarkegelschnitt g_k^2 von G_k in zwei reellen und voneinander verschiedenen Punkten, und folglich müssen auch die beiden Schnittpunkte (außer P_k) von l mit p^3, welche, wie wir sahen, von P_k verschieden sind und von denen einer P_i ist, voneinander verschieden sein. Es sind also alle drei Schnittpunkte von l mit p^3 reell und voneinander verschieden, was zu beweisen war.

§ 13.

88. Mit Hilfe der Sätze 33 (Nr. 78), 28 und 29 (Nr. 70) läßt sich nun ein neues Kriterium der Realität und der Lage der drei gemeinsamen Punkte irgendeiner Geraden und p^3 bzw. der drei gemeinsamen Strahlen irgendeines Punktes und P^3 ableiten.

Sind nämlich P und p Pol und Polare in bezug auf ABC, so besteht P^3, der zu p in bezug auf ABC zugehörige Strahlenbüschel dritter Ordnung, aus den Polaren der Punkte von p^3, der zu P in bezug auf ABC zugehörigen Kurve dritter Ordnung (Satz 33); mithin hat irgendein Punkt K mit P^3 diejenigen drei Strahlen p_i, p_k, p_l und nur diejenigen drei gemein, welche die

Polaren (in bezug auf ABC) der drei weitern (außer den Ecken von ABC, die gemeinsame Punkte der p^3 und des Polarkegelschnitts eines jeden Punktes sind) gemeinsamen Punkte P_i, P_k, P_l von k^2, dem Polarkegelschnitt von K in bezug auf ABC, und p^3 sind.

Leiten wir nun in der in Satz 28 angegebenen Weise aus dem Polarkegelschnitt k^2, der mit p^3 die Ecken von ABC gemein hat, etwa den durch die Punkte $P'_b \equiv p\,p_B \equiv p(PB)$ und $P'_c \equiv p\,p_C \equiv p(PC)$ und mithin nach Satz 28, weil A selbst der Pol von PA ist, auch durch A gehenden Kegelschnitt $\varkappa^2$ ab, so wird nach Satz 28 k^2 mit p^3 außer den Ecken von ABC noch diejenigen drei Punkte P_i, P_k, P_l und nur diejenigen drei gemein haben, welche von P, dem isolierten Doppelpunkte von p^3, aus durch die Polaren g_i, g_k, g_l (in bezug auf ABC) der drei weiteren (außer der Ecke A) gemeinsamen Punkte G_i, G_k, G_l von $\varkappa^2$ und p^2, dem Polarkegelschnitt von P in bezug auf ABC, projiziert werden.

Folglich haben wir:

I. Ein beliebiger Punkt K hat mit P^3 diejenigen drei Strahlen p_i, p_k, p_l und nur diejenigen drei gemein, welche die Polaren (in bezug auf ABC) derjenigen drei Punkte P_i, P_k, P_l von p^3 sind, welche Punkte von P, dem isolierten Doppelpunkte von p^3, aus durch die Polaren g_i, g_k, g_l (in bezug auf ABC) der drei weiteren (außer A) Schnittpunkte G_i, G_k, G_l von $\varkappa^2$ und p^2 projiziert werden.

Oder, wenn man beachtet, daß nach Satz 33 die P_i, P_k, P_l von P aus projizierenden Strahlen g_i, g_k, g_l durch die Schnittpunkte $Q_i \equiv p\,p_i$, $Q_k \equiv p\,p_k$, $Q_l \equiv p\,p_l$ gehen müssen, wenn P_i, P_k, P_l die Pole von p_i, p_k, p_l sind:

II. Ein beliebiger Punkt K hat mit P^3 diejenigen drei Strahlen p_i, p_k, p_l und nur diejenigen drei gemein, welche von p in denjenigen Punkten Q_i, Q_k, Q_l geschnitten werden, in welchen Punkten der Reihe nach p zugleich von den durch P gehenden Polaren g_i, g_k, g_l (in bezug auf ABC) der drei weiteren (außer A) Schnittpunkte G_i, G_k, G_l von $\varkappa^2$ und p^2 geschnitten wird.

89. Nun ist der Büschel der Polaren l um den Punkt K zu der krummen Punktreihe der Pole L auf dem Polarkegelschnitt k^2 projektiv (Nr. 2), wo in dieser Projektivität den drei gemeinsamen

Strahlen p_i, p_k, p_l von K und P^3 die drei weiteren (außer den Ecken von ABC) Schnittpunkte P_i, P_k, P_l von k^2 und p^3 entsprechen müssen; da die Pole der Strahlen von P^3 auf p^3 liegen. Ferner sind (nach Nr. 70) die beiden Punktreihen auf k^2 und $\varkappa^2$ projektiv, wenn jedem Punkte L von k^2 derjenige Punkt A auf $\varkappa^2$ zugewiesen wird, welcher von P_b' aus durch die Polare des zweiten Schnittpunktes von BL mit $p_b'^2$, dem durch B gehenden Polarkegelschnitt von P_b', projiziert wird; wo in dieser Projektivität den drei weiteren (außer den Ecken von ABC) Schnittpunkten P_i, P_k, P_l von k^2 und p^3 die drei weiteren (außer A) Schnittpunkte G_i, G_k, G_l von $\varkappa^2$ und p^2 entsprechen müssen, da nach Nr. 70 die drei letzteren Schnittpunkte G_i, G_k, G_l von P_b' aus durch diejenigen drei Geraden projiziert werden, welche die Polaren der zweiten Schnittpunkte von $p_b'^2$ und der drei Verbindungsgeraden BP_i, BP_k, BP_l sind.

Folglich ist auch der Strahlenbüschel $K(l)$ zu der krummen Punktreihe $\varkappa^2(A)$ projektiv, wenn jedem Strahle l von K derjenige Punkt A von $\varkappa^2$ zugewiesen wird, der von P_b' aus durch die Polare des zweiten Schnittpunktes von BL (wo L der Pol von l ist) und $p_b'^2$ projiziert wird; und in dieser Projektivität werden den drei gemeinsamen Strahlen p_i, p_k, p_l von K und P^3 die drei weiteren (außer A) Schnittpunkte G_i, G_k, G_l von $\varkappa^2$ und p^2 entsprechen.

Mithin haben wir nach I (Nr. 88), da aufeinanderfolgenden Elementen in einem von zwei projektiven Gebilden stets aufeinanderfolgende Elemente im zweiten Gebilde entsprechen müssen:

Satz 41. Sind P und p Pol und Polare in bezug auf ABC, p^3 und P^3 die zu P bzw. der zu p in bezug auf ABC zugehörige Kurve bzw. Strahlenbüschel dritter Ordnung, und ist

| l irgendeine beliebige Gerade, so hat l mit p^3 | K irgendein beliebiger Punkt, so hat K mit P^3 |

einen reellen und zwei konjugiert imaginäre

| Punkte | Strahlen |

gemein, oder drei reelle und voneinander verschiedene, oder drei reelle, von denen zwei unendlich benachbart sind (wo also

| l eine Tangente von p^3 ist), | K ein Berührungspunkt von P^3 ist), |

oder endlich drei reelle unendlich benachbarte (wo also

| l eine Wendetangente von p^3 ist), | K ein Rückkehrpunkt von P^3 ist), |

je nachdem der aus dem Polarkegelschnitt (in bezug auf ABC)

| L^2 von l abgeleitete, von p'_B, p'_C und mithin auch von der Seite a tangierte Kegelschnitt $\varLambda^2$ mit P^2, dem Polarkegelschnitt von p in bezug auf ABC, außer a noch eine reelle und zwei konjugiert-imaginäre Tangenten | k^2 von K abgeleitete, durch P'_b, P'_c und mithin auch durch die Ecke A gehende Kegelschnitt $\varkappa^2$ mit p^2, dem Polarkegelschnitt von P in bezug auf ABC, außer A noch einen reellen und zwei konjugiert-imaginäre Punkte |

gemein hat, oder drei reelle und voneinander verschiedene, oder drei reelle, von denen zwei unendlich benachbart sind

| (wo also $\varLambda^2$ von P^2 in einem nicht auf a gelegenen Punkte einfach oder im Berührungspunkte von a | (wo also $\varkappa^2$ von p^2 in einem von A verschiedenen Punkte einfach oder in A |

dreipunktig berührt wird), oder endlich drei reelle unendlich benachbarte (wo also

| $\varLambda^2$ von P^2 in einem nicht auf a gelegenen Punkte dreipunktig oder im Berührungspunkte von a vierpunktig berührt wird). | $\varkappa^2$ von p^2 in einem von A verschiedenen Punkte dreipunktig oder in A vierpunktig berührt wird). |

Bemerkung. Eine Ausnahme hiervon machen nur (links) die durch P gehenden Geraden und (rechts) die auf p liegenden Punkte, indem dann die zwei gemeinsamen konjugiert-imaginären Punkte der Geraden und p^3 in einem einzigen reellen Punkte, nämlich im isolierten Doppelpunkte P von p^3, zusammenfallen, und dual rechts (vgl. oben Nr. 59).

90. Den aus dem Polarkegelschnitt k^2 von K abgeleiteten Kegelschnitt $\varkappa^2$ können wir auch, ohne Vermittlung von k^2, direkt konstruieren, wenn nur der Punkt K gegeben ist.

Nach Nr. 70 wird der abgeleitete, durch P'_b, P'_c und mithin auch durch A gehende Kegelschnitt $\varkappa^2$ aus dem ABC umschriebenen Polarkegelschnitt k^2 dadurch gewonnen, daß man zu jedem Punkte L von k^2 den Schnittpunkt A der beiden durch P'_b bzw. durch P'_c gehenden Polaren der zweiten Schnittpunkte von BL mit $p_b^{\prime 2}$ und von CL mit $p_c^{\prime 2}$ ermittelt; der Ort dieser Schnittpunkte A wird dann der Kegelschnitt $\varkappa^2$ sein. Nun ist die Polare eines jeden auf BL liegenden Punktes von BL durch die beiden übrigen Ecken C und A harmonisch getrennt; mithin muß die durch K gehende Polare l eines Punktes L von k^2 und ebenso die durch P'_b gehende Polare des zweiten Schnittpunktes von BL mit $p_b^{\prime 2}$ von BL durch C und A harmonisch getrennt sein. Folglich muß die durch P'_b gehende Polare des zweiten Schnittpunktes von BL und $p_b^{\prime 2}$ durch L_b, den Schnittpunkt der Dreiecksseite $b \equiv CA$ und l, gehen und also mit der Geraden $P'_b L_b$ identisch sein. In derselben Weise erkennt man, daß die durch P'_c gehende Polare des zweiten Schnittpunktes von CL und $p_c^{\prime 2}$ mit der Geraden $P'L_c$, wo $L_c \equiv cl \equiv (AB)l$ ist, identisch sein muß. Mithin ist A der Schnittpunkt der beiden Geraden $P'_b L_b$ und $P'_c L_c$.

Folglich erhalten wir den abgeleiteten Kegelschnitt $\varkappa^2$ auch dadurch, daß wir zu jedem Strahle l von K, der von den Dreieckseiten b und c in den Punkten L_b und L_c geschnitten wird, den Schnittpunkt A der beiden Geraden $P'_b L_b$ und $P'_c L_c$ ermitteln; der Ort dieser Schnittpunkte A wird dann $\varkappa^2$ sein.

Es müssen daher die beiden Schnittpunkte (b, KP'_c) und (c, KP'_b) auf $\varkappa^2$ liegen. Denn, wenn ein Strahl l von K durch P'_c geht, wenn also $l \equiv KP'_c$ ist, muß $P'_c L_c \equiv (P'_c, lc) \equiv KP'_c \equiv l$ und mithin $A \equiv (P'_b L_b, P'_c L_c) \equiv (P'_b L_b, l) \equiv L_b \equiv lb \equiv (KP'_c, b)$ sein; und ebenso muß, wenn $l \equiv KP'_b$ ist, der entsprechende Punkt $A \equiv (KP'_b, c)$ sein. Ferner müssen die Tangenten von $\varkappa^2$ in den beiden Punkten P'_b und P'_c diejenigen beiden Geraden sein, von denen die eine P'_b mit dem Schnittpunkte (b, KP_c) verbindet und die andere P'_c mit dem Schnittpunkte (c, KP_b), wo $P_b \equiv pb$ und $P_c \equiv pc$ ist. In der Tat liegt auf jeder durch P'_b gehenden Geraden x außer P'_b noch ein zweiter Punkt von $\varkappa^2$, nämlich derjenige Punkt A, welcher dem Strahle $l \equiv (K, xb)$ entspricht, dagegen liegt auf der Geraden $P'_b(b, KP_c)$ außer P'_b mehr kein Punkt von $\varkappa^2$; da, wenn $x \equiv P'_b(b, KP_c)$ ist und mithin dann $l \equiv (K, xb) \equiv K(b, KP_c) \equiv KP_c$ und $L_c \equiv lc \equiv P_c$, der entsprechende Punkt $A \equiv (P'_b L_b, P'_c L_c) \equiv (P'_b L_b, P'_c P_c) \equiv (P'_b L_b, p)$ $\equiv P'_b$ sein muß; und ebenso liegt auf der Geraden $P'_c(c, KP_b)$ außer P'_c mehr kein Punkt von $\varkappa^2$.

Wir sehen also,

daß der Kegelschnitt $\varkappa^2$ durch die fünf Punkte A, P'_b, P'_c, (b, KP'_c), (c, KP'_b) geht und in P'_b und P'_c von den Geraden $P'_b(b, KP_c)$ und $P'_c(c, KP_b)$ tangiert wird, wodurch $\varkappa^2$ schon überbestimmt ist.

Zugleich sehen wir (da nach Nr. 70 die Schnittpunkte G_i, G_k, G_l von $\varkappa^2$ und p^2 zugleich die Schnittpunkte der durch P'_b und P'_c gehenden Polaren der zweiten Schnittpunkte von BP_i mit p'^2_b und von CP_i mit p'^2_c bzw. von BP_k mit p'^2_b und von CP_k mit p'^2_c bzw. von BP_l mit p'^2_b und von CP_l mit p'^2_c sein müssen), daß die Aussage I (Nr. 88) auch durch die folgende ersetzt werden kann.

III. Ein beliebiger Punkt K hat mit P^3 diejenigen drei Strahlen p_i, p_k, p_l und nur diejenigen drei gemein, welche die drei Schnittpunkte der Dreieckseite b mit den drei Geraden $P'_b G_i$, $P'_b G_k$, $P'_b G_l$ der Reihe nach mit den drei Schnittpunkten der Dreieckseite c mit den drei Geraden $P'_c G_i$, $P'_c G_k$, $P'_c G_l$ verbinden, also $b(P'_b G_i)$ mit $c(P'_c G_i)$, $b(P'_b G_k)$ mit $c(P'_c G_k)$ und $b(P'_b G_l)$ mit $c(P' G_l)$, wo G_i, G_k, G_l die drei weiteren (außer A) Schnittpunkte von $\varkappa^2$ mit p^2 sind.

91. Zugleich haben wir neue Lösungen einiger früheren Aufgaben gewonnen; diese Lösungen wollen wir aber wieder nur für p^3 angeben, für P^3 müssen sie dualisiert werden.

Auflösung 2 der Aufgabe 23 (Nr. 79). Man verbindet den Schnittpunkt lp'_C mit der Ecke B und lp'_B mit C durch die Geraden (B, lp'_C) und (C, lp'_B), wo $p'_B \equiv PP_b \equiv P(bp)$ und $p'_C \equiv PP_c \equiv P(cp)$, sodann ermittelt man die drei weiteren gemeinsamen Tangenten q_i, q_k, q_l desjenigen Kegelschnitts $\varLambda^2$, welcher von den fünf Geraden a, p'_B, p'_C, (B, lp'_C) und (C, lp'_B) tangiert wird, und des Polarkegelschnitts P^2 von p (in bezug auf ABC), von welchen beiden Kegelschnitten eine gemeinsame Tangente, nämlich die Dreieckseite a, bekannt ist, bringt dann q_i, q_k, q_l zum Schnitt mit etwa p'_B und verbindet diese drei Schnittpunkte mit B durch Gerade; alsdann werden die drei Schnittpunkte P_i, P_k und P_l dieser Geraden $B(p'_B q_i)$, $B(p'_B q_k)$ und $B(p'_B q_l)$ mit l die gesuchten gemeinsamen Punkte von l und p^3 sein.

Diese Lösung ergibt sich unmittelbar aus der Aussage III (Nr. 90), wenn dieselbe dualisiert wird.

Sind ein oder zwei Schnittpunkte von l und p^3 bekannt, so können dementsprechend eine oder zwei der gemeinsamen Tangenten von A^2 und P^2 nach III linear ermittelt werden, und es kommt dann nur noch auf die Ermittlung der zwei noch unbekannten Tangenten bzw. der einen noch unbekannten Tangente an. Diese Ermittlung kann aber durch die folgende Bemerkung vereinfacht werden.

Das von P an A^2 gehende Tangentenpaar $p'_B p'_C$, das von P an P^2 gehende, aus den beiden konjugiert-imaginären Doppelstrahlen der von ABC erzeugten Involution $(P)^2$ bestehende (Nr. 2) Tangentenpaar, das P mit den beiden Schnittpunkten $a q_i$ und $q_k q_l$ verbindende Geradenpaar und das P mit den beiden Schnittpunkten $a q_k$ und $q_l q_i$ verbindende Geradenpaar bilden vier Strahlenpaare derjenigen Involution $(I)^2$ um P, welche von dem aus den gemeinsamen Tangenten von A^2 und P^2 gebildeten vollständigen Vierseit $a q_i q_k q_l$ erzeugt wird; die beiden Doppelstrahlen von $(I)^2$ sind also $p_A \equiv PA$ und $p'_A \equiv PP_a$ (wo $P_a \equiv ap$ ist), da $p_A p'_A$ dasjenige Strahlenpaar von $(P)^2$ ist, das durch p'_B und p'_C harmonisch getrennt ist (Nr. 4). Ferner muß die Verbindungsgerade der beiden Pole der Geraden $P(q_k q_l)$ in bezug auf A^2 und P^2 durch den Schnittpunkt $q_k q_l$ gehen, da jeder jener beiden Pole von $P(q_k q_l)$ durch die beiden gemeinsamen Tangenten q_k und q_l der Kegelschnitte A^2 und P^2 harmonisch getrennt sein muß.

Hieraus ergeben sich nun die folgenden Lösungen:

Auflösung 3 der Aufgabe 1 (Nr. 51). Man verbindet P_i mit den Ecken B und C durch die Geraden $BP_i \equiv p_{iB}$, $CP_i \equiv p_{iC}$, dann die beiden Schnittpunkte $p'_B p_{iB}$ und $p'_C p_{iC}$ durch die Gerade q_i; sodann ermittelt man denjenigen durch P gehenden Strahl x, welcher von $P(a q_i)$, dem P mit dem Schnittpunkte der Dreiecksseite a und q_i verbindenden Strahle, durch p_A und p'_A harmonisch getrennt ist, und dessen beide Pole X' und X'' in bezug auf P^2, den Polarkegelschnitt von p, und denjenigen Kegelschnitt, welcher von a, p'_B, p'_C, q_i und etwa der Geraden $(B, r\, p'_C)$ tangiert wird (wobei nach Nr. 2 der Pol X' von x in bezug auf P^2 der Schnittpunkt von p mit dem zu x in $(P)^2$ zugepaarten Strahle sein wird), und dann die beiden aus $x(X'X'')$, dem Schnittpunkte von x und der X' mit X'' verbindenden Geraden, an P^2 gehenden Tangenten q_k und q_l; alsdann verbindet man etwa die Ecke B mit den beiden Schnittpunkten $q_k p'_B$ und $q_l p'_B$ durch die Geraden $B(q_k p'_B)$ und $B(q_l p'_B)$ und bringt diese beiden Geraden zum Schnitt mit der Geraden r in den Punkten P_k und P_l; diese Punkte P_k und P_l werden dann die gesuchten Schnittpunkte von r und p^3 sein.

Auflösung 3 der Aufgabe 4 (Nr. 61). Man verbindet die beiden Punkte P_k und P_l von r mit den Ecken B und C durch die Geraden $BP_k \equiv p_{kB}$, $CP_k \equiv p_{kC}$, $BP_l \equiv p_{lB}$ und $CP_l \equiv p_{lC}$, dann die beiden Schnittpunkte $p'_B p_{kB}$ und $p'_C p_{kC}$ durch die Gerade q_k und die beiden Schnittpunkte $p'_B p_{lB}$ und $p'_C p_{lB}$ durch die Gerade q_l; sodann ermittelt man die beiden durch P gehenden Strahlen x und y, welche der Reihe nach von $P(q_k q_l)$ und $P(a\, q_k)$ durch p_A und p'_A harmonisch getrennt sind; alsdann verbindet man die beiden Schnittpunkte ax und $q_l y$ durch die Gerade q_i und darauf den Schnittpunkt $q_i p'_B$ mit B durch die Gerade $B(q_i p'_B)$, der Schnittpunkt P_i dieser Gerade mit r wird dann der gesuchte dritte gemeinsame Punkt von r und p^3 sein.

Bemerkt man nun, daß nach Satz 41 (Nr. 89) eine Gerade l dann und nur dann eine Tangente an p^3 ist, wenn zwei der drei weiteren (außer a) gemeinsamen Tangenten von A^2 und P^2 unendlich benachbart sind und also A^2 von P^2 in einem nicht auf a gelegenen Punkte berührt wird oder (was, wie aus I in Nr. 88 zu entnehmen ist, nur dann eintreten kann, wenn l durch den auf a liegenden Wendepunkt $P_a \equiv pa$ geht) im Berührungspunkte von a mindestens dreipunktig berührt wird; und ferner, daß, wenn A^2 von P^2 einfach oder dreipunktig berührt wird, dann in derjenigen auf $(P)^2$ sich stützenden Strahleninvolution $(I)^2$, deren Doppelstrahlen p_A und p'_A sind, in der die beiden aus P an A^2 gehenden Tangenten p'_B und p'_C ein Paar bilden und welche Involution also mit der von dem aus den gemeinsamen

Tangenten von A^2 und P^2 gebildeten vollständigen Vierseit um P erzeugten identisch sein muß, die beiden Geraden, welche P mit dem gemeinsamen Berührungspunkte von A^2 und P^2 und dem Schnittpunkte der beiden übrigen gemeinsamen Tangenten von A^2 und P^2 verbinden bzw. welche P mit dem gemeinsamen dreipunktigen Berührungspunkte von A^2 und P^2 und dem Schnittpunkte der gemeinsamen Tangente in diesem Berührungspunkte und der übrigen gemeinsamen Tangente von A^2 und P^2 verbinden, und die beiden Geraden, welche P mit den beiden Schnittpunkten der Tangente im gemeinsamen Berührungspunkte (von A^2 und P^2) und der beiden übrigen gemeinsamen Tangenten (von A^2 und P^2) verbinden, je ein Strahlenpaar bilden (vgl. Nr. 72) so ergeben sich noch die folgenden Lösungen.

Auflösung 4 der Aufgabe 2 (Nr. 51). Man verbindet P mit B und C durch die Geraden p_{iB} und p_{iC} und dann die beiden Schnittpunkte $p'_B p_{iB}$ und $p'_C p_{iC}$ durch die Gerade q_i sodann ermittelt man den vierten harmonischen Strahl x zu $P(aq_i)$, dem P mit dem Schnittpunkte der Dreieckseite a und q_i verbindenden Strahle, in bezug auf p_A und p'_A und darauf die beiden Schnittpunkte U_{i_1} und U_{i_2} von x mit P^2 dem Polarkegelschnitt von p, und die beiden Tangenten q_{i_1} und q_{i_2} von P^2 in U_{i_1} und U_{i_2}; alsdann verbindet man die Schnittpunkte $q_{i_1} p'_B$ und $q_{i_2} p'_B$ mit B und die Schnittpunkte $q_{i_1} p'_C$ und $q_{i_2} p'_C$ mit C und bringt dann die Verbindungsgeraden $B(q_{i_1} p'_B)$ und $C(q_{i_1} p'_C)$ zum Schnitt im Punkte P_{i_1} und $B(q_{i_2} p'_B)$ mit $C(q_{i_2} p'_C)$ zum Schnitt im Punkte P_{i_2}. Die beiden Geraden $P_i P_{i_1}$ und $P_i P_{i_2}$ sind dann die gesuchten, von P an p^3 gehenden Tangenten; und zwar sind P_{i_1} und P_{i_2} ihre Berührungspunkte mit p^3.

Auflösung 5 der Aufgabe 3 (Nr. 51). Man verbindet die beiden Schnittpunkte $p'_B p_{iB}$ und $p'_C p_{iC}$ (wo $p_{iB} \equiv B P_i$ und $p_{iC} \equiv C P_i$ sind) durch die Gerade q_i, welche Gerade eine Tangente von P^2 sein wird (nach III in Nr. 90, dualisiert) sodann ermittelt man den Berührungspunkt U_i von q_i mit P und darauf die zweite (außer a) durch B gehende Tangente p desjenigen Kegelschnitts, welcher von den vier Geraden a p'_B, p'_C und q_i berührt wird und U_i zum Berührungspunkt in q_i hat (wodurch der Kegelschnitt vollständig bestimmt ist) alsdann wird $P_i(\mu\, p'_B)$, die P_i mit dem Schnittpunkte $\mu\, p'_B$ verbindende Gerade, die gesuchte Tangente von p^3 in P_i sein.

Auflösung 6 derselben Aufgabe. Man ermittelt, ebenso wie in der vorgehenden Auflösung 5, q_i und ihren Berührungspunkt U_i mit P^2, sodann die beiden vierten harmonischen Strahlen x und y zu PU_i bzw. zu $P(a\, q_i)$, dem P mit dem Schnittpunkte der Dreieckseite a und q_i verbindenden Strahle, in bezug auf p_A und p'_A; alsdann verbindet man die beiden Schnittpunkte xa und yq_i durch eine Gerade q_{i_1} und bringt $B(q_{i_1} p'_B)$, die B mit dem Schnittpunkte $q_{i_1} p'_B$ verbindende Gerade, zum Schnitt mit $C(q_{i_1} p'_C)$, der C mit dem Schnittpunkte $q_{i_1} p'_C$ verbindenden Geraden, im Punkte P_{i_1}. Die Verbindungsgerade $P_i P_{i_1}$ wird dann die gesuchte Tangente von p^3 in P_i sein; und zwar wird dann P_{i_1} der Tangentialpunkt von P_i sein.

Auflösung 7 derselben Aufgabe. Man ermittelt, ebenso wie in der Auflösung 6, q_i und den vierten harmonischen Strahl x zum Strahle $P(a\, q_i)$ in bezug auf p_A und p'_A, sodann die zweite (außer q_i) aus dem Schnittpunkte xq_i an P^2 gehende Tangente q_{i_1} und bringt, ebenso wie in der Auflösung 6, die beiden Geraden $B(q_{i_1} p'_B)$ und $C(q_{i_1} p'_C)$ zum Schnitt im Punkte P_{i_1}; alsdann wird P_{i_1} der Tangentialpunkt von P_i und die Gerade $P_i P_{i_1}$ die gesuchte Tangente von p^3 in P_i sein.

Auflösung 8 derselben Aufgabe. Man ermittelt wieder q_i, sodann die Polare q_{i_1} (in bezug auf ABC) des Schnittpunktes Q von p und q_i und bringt die beiden Geraden $B(q_{i_1} p'_B)$ und $C(q_{i_1} p'_C)$ zum Schnitt im Punkte P_{i_1}; alsdann wird P_{i_1} der Tangentialpunkt von P_i usw.

Die letzte Lösung erhellt folgendermaßen. Bezeichnet man die Tangente von p^3 in P_i mit t_i und den Tangentialpunkt von P_i, also den weiteren (außer P_i) Schnittpunkt von t_i und p^3, mit P_x, und ist T_i^2 der aus dem Polarkegelschnitt $\mathfrak{T}_i^2$ (in bezug auf ABC) von t_i abgeleitete, von p'_B und p'_C und mithin auch von a tangierte Kegelschnitt, so müssen nach II (dualisiert) in Nr. 88 die P_i und P_x von P aus projizierenden Geraden g_i und g_x der Reihe nach durch die auf p liegenden Pole Q_i und Q_x (in bezug auf ABC) der gemeinsamen Tangenten q_i und q_x von T_i^2 und P^2 gehen. Nun ist aber nach der Auflösung 3 der Aufgabe 5 (Nr. 61) g_x, der den Tangentialpunkt P_x (von P_i) aus P projizierende Strahl, dem ersten Repräsentanten von g_i zugepaart in der von ABC erzeugten Strahleninvolution $(P)^2$, und mithin muß nach Satz 14 (Nr. 23) Q_x der erste Repräsentant von Q_i, also der Schnittpunkt Q_{i_1} von p und q_i sein. Folglich muß die weitere (außer a und q_i) gemeinsame Tangente q_x von T_i^2 und P^2, die die Polare von $Q_x \equiv Q_{i_1}$ ist, mit der in der Auflösung 8 angegebenen Polare q_{i_1} von Q_{i_1} und nunmehr nach III (Nr. 90) auch der Tangentialpunkt P_x von P_i, also der weitere Schnittpunkt von t_i und p^3, mit dem in der Auflösung 8 ermittelten Punkte P_{i_1} identisch sein.

Ist der Punkt P_i mit einer der beiden Ecken B und C identisch, wo dann p_{iB} bzw. p_{iC} unbestimmt wird, so hat man in allen diesen Auflösungen p_{iB} und p'_B bzw. p_{iC} und p'_C durch p_{iA} und p'_A zu ersetzen; und ist P_i mit dem Wendepunkte $Pa \equiv ap$ von p^3 identisch, wo dann q_i von a nicht verschieden sein wird, so hat man wieder p_{iB} und p'_B oder p_{iC} und p'_C durch p_{iA} und p'_A zu ersetzen, oder man wird dann (die letzten vier Auflösungen ausgenommen) den Berührungspunkt von a mit P^2 bestimmen, welcher Berührungspunkt dann als der Schnittpunkt von a und q_i anzusehen ist. Nur die letzten Auflösungen 6, 7, 8 versagen, wenn P_i einer der drei Wendepunkte von p^3 ist.

§ 14.

92. Wir gehen nun über zu der Untersuchung des Büschels der Tangenten von p^3 und der von P^3 eingehüllten Kurve dritter Klasse.

Sind nämlich P und p Pol und Polare in bezug auf ABC, P^3 der zu p in bezug auf ABC zugehörige Strahlenbüschel dritter Ordnung, und ist l irgendeine Gerade, so ist ein Punkt K von l dann und nur dann ein einfacher Berührungspunkt bzw. ein Rückkehrpunkt von P^3, wenn $\varkappa^2$, der aus dem Polarkegelschnitt k^2 (in bezug auf ABC) von K abgeleitete, durch P'_b, P'_c und folglich auch durch A gehende Kegelschnitt, von p^2, dem Polarkegelschnitt von P in bezug auf ABC, in einem von A verschiedenen Punkte einfach bzw. dreipunktig oder in A dreipunktig bzw. vierpunktig berührt wird (Satz 41 in Nr. 89).

Nun bilden (nach Nr. 90) die aus den Polarkegelschnitten k^2 der sämtlichen auf l liegenden Punkte K abgeleiteten, durch P'_b,

P'_c und A gehenden Kegelschnitte $\varkappa^2$ einen Kegelschnittbüschel $\mathfrak{L}(\varkappa^2)$, dessen vier Grundpunkte A, P'_b, P'_c, A sind, wo A der Schnittpunkt der beiden P'_b mit $L_b \equiv bl$ und P'_c mit $L_c \equiv cl$ verbindenden Geraden ist.

[Beiläufig bemerken wir, daß dieser Kegelschnittbüschel $\mathfrak{L}(\varkappa^2)$ zu der geraden Punktreihe $l(K)$ projektiv ist, wenn jedem Punkte K von l der aus seinem Polarkegelschnitt k^2 abgeleitete $\varkappa^2$ zugewiesen wird. In der Tat ist (nach Nr. 90) die Tangente eines Kegelschnitts $\varkappa^2$ von $\mathfrak{L}(\varkappa^2)$ im Grundpunkte P'_b die P'_b mit dem Schnittpunkte von b und KP_c verbindende Gerade $P'_b(b, KP_c)$, wo K derjenige Punkt von l ist, aus dessen Polarkegelschnitt jener Kegelschnitt $\varkappa^2$ abgeleitet ist. Wenn also K die Gerade l durchläuft, so beschreibt die Gerade KP_c einen zu der Punktreihe $l(K)$ perspektiven Strahlenbüschel um P_c, der dann zu dem von der Tangente des dem K zugehörigen Kegelschnitts $\varkappa^2$ um P'_b beschriebenen Strahlenbüschel perspektiv ist, da homologe Strahlen dieser beiden Büschel auf b sich schneiden. Folglich ist die Punktreihe $l(K)$ zu dem Strahlenbüschel erster Ordnung der Tangenten der Kegelschnitte des Büschels $\mathfrak{L}(\varkappa^2)$ im Grundpunkte P'_b und mithin auch zum Kegelschnittbüschel $\mathfrak{L}(\varkappa^2)$ selbst projektiv.]

Wenn also l kein Strahl von P^3 ist und mithin A (nach III in Nr. 90) kein Punkt von p^2, so geht p^2 nur durch den einen Grundpunkt A des Kegelschnittbüschels $\mathfrak{L}(\varkappa^2)$, da die beiden Grundpunkte P'_b und P'_c von $\mathfrak{L}(\varkappa^2)$ auf der ganz außerhalb p^2 verlaufenden Geraden p (Nr. 2) liegen, und p^2 hat daher mit jedem Kegelschnitte des Büschels $\mathfrak{L}(\varkappa^2)$ außer A noch drei Punkte gemein, welche ein Dreieck bilden; und die Seiten dieser sämtlichen Dreiecke umhüllen bekanntlich[1] einen und denselben und, wie man leicht einsieht, eigentlichen (nicht ausartenden) Kegelschnitt $\mathfrak{L}^2$, welcher zugleich dem Dreieck $P'_b P'_c A$ eingeschrieben ist.

Soll nun ein Kegelschnitt $\varkappa^2$ des Büschels $\mathfrak{L}(\varkappa^2)$ in einem von A verschiedenen Punkte G_i einfach oder in einem von A nicht verschiedenen Punkte G_i dreipunktig von p^2 berührt werden, und hat folglich dann $\varkappa^2$ außer A und G_i noch einen von G_i verschiedenen Punkt $G_i^{(1)}$ mit p^2 gemein, so wird die Tangente t_i im Berührungspunkte G_i von $\varkappa^2$ und p^2 eine Seite des aus den drei

---

[1] Siehe Steiner-Schröter, Synthetische Geometrie, Teil II, § 40, Nr. 177.

weiteren (außer A) gemeinsamen Punkten von $\varkappa^2$ und p^2 gebildeten Dreiecks sein; und die beiden anderen Seiten dieses Dreiecks, welche die beiden unendlich benachbarten, im Berührungspunkte G_i liegenden gemeinsamen Punkte von $\varkappa^2$ und p^2 mit $G_i^{(1)}$ verbinden, werden zwei unendlich benachbarte Strahlen des Punktes $G_i^{(1)}$ sein. Folglich wird dann t_i, die Tangente im Berührungspunkte G_i von $\varkappa^2$ und p^2, auch eine Tangente von $\mathfrak{L}^2$ sein, G_i aber kein Punkt von $\mathfrak{L}^2$; dagegen wird $G_i^{(1)}$, der von G_i verschiedene gemeinsame Punkt von $\varkappa^2$ und p^2, auch ein Punkt von $\mathfrak{L}^2$ sein, und zwar der Berührungspunkt der zweiten (außer t_i) von G_i an $\mathfrak{L}^2$ gehenden Tangente. Hat, umgekehrt, $\mathfrak{L}^2$ mit p^2 die Tangente t_i gemein, wobei aber der Berührungspunkt G_i von t_i mit p^2 kein Punkt von $\mathfrak{L}^2$ ist, so muß t_i zwei der drei weiteren (außer A) gemeinsamen Punkte desjenigen Kegelschnitts $\varkappa^2$ von $\mathfrak{L}(\varkappa^2)$, welcher außer durch die vier Grundpunkte A, P_b', P_c', A von $\mathfrak{L}(\varkappa^2)$ noch durch G_i geht (und, wenn G_i von A nicht verschieden ist, von p^2 in A berührt wird), und p^2 verbinden, also müssen zwei dieser drei gemeinsamen Punkte in G_i unendlich benachbart liegen, und der dritte dieser gemeinsamen Punkte muß der Berührungspunkt $G_i^{(1)}$ der zweiten (außer t_i) aus G_i an $\mathfrak{L}^2$ gehenden Tangente sein; da im Berührungspunkte $G_i^{(1)}$ diejenigen beiden unendlich benachbarten Tangenten von $\mathfrak{L}^2$ sich schneiden, welche die beiden unendlich benachbarten in G_i liegenden gemeinsamen Punkte von $\varkappa^2$ und p^2 mit dem dritten (außer A) gemeinsamen Punkte von $\varkappa^2$ und p^2 verbinden. Folglich wird dann $\mathfrak{L}^2$, der mit p^2 die Tangente t_i gemein hat, mit p^2 auch denjenigen Punkt $G_i^{(1)}$ gemein haben, welcher der Berührungspunkt der zweiten (außer t_i) aus G_i an $\mathfrak{L}^2$ gehenden Tangente ist; und derjenige Kegelschnitt $\varkappa^2$ des Büschels $\mathfrak{L}(\varkappa^2)$, welcher durch G_i geht, wird in G_i, wenn G_i von A verschieden ist, einfach oder, wenn G_i von A nicht verschieden ist, dreipunktig von p^2 berührt werden und außerdem noch durch den gemeinsamen Punkt $G_i^{(1)}$ von $\mathfrak{L}^2$ und p^2 gehen. Und hat $\mathfrak{L}^2$ mit p^2 einen Punkt $G_i^{(1)}$ gemein, ohne daß $\mathfrak{L}^2$ von p^2 in diesem Punkte berührt wird, so muß der zweite Schnittpunkt G_i von p^2 mit der Tangente von $\mathfrak{L}^2$ in $G_i^{(1)}$ ein einfacher Berührungspunkt, wenn G_i von A verschieden ist, oder ein dreipunktiger Berührungspunkt, wenn G_i von A nicht verschieden ist, von p^2 mit demjenigen Kegelschnitt $\varkappa^2$ von $\mathfrak{L}(\varkappa^2)$ sein, welcher außer den vier Grundpunkten A, P_b', P_c', A noch den Punkt $G_i^{(1)}$ enthält (da die beiden unendlich benachbarten in der Tangente an $\mathfrak{L}^2$ in $G_i^{(1)}$ liegenden Tangenten von $\mathfrak{L}^2$ den gemeinsamen Punkt $G_i^{(1)}$ von $\varkappa^2$ und p^2 mit den zwei weiteren (außer A) gemeinsamen Punkten von $\varkappa^2$ und p^2 verbinden und mithin die letzteren zwei gemeinsamen Punkte in G_i unendlich benachbart liegen müsssen), und die Tangente t_i im Berührungspunkte G_i von $\varkappa^2$ und p^2 muß dann auch eine Tangente von $\mathfrak{L}^2$ sein, wobei aber G_i kein Punkt von $\mathfrak{L}^2$ sein kann, da durch G_i außer t_i noch die Tangente von $\mathfrak{L}^2$ in $G_i^{(1)}$ geht.

Soll ferner ein Kegelschnitt $\varkappa^2$ des Büschels $\mathfrak{L}(\varkappa^2)$ in einem von A verschiedenen Punkte G_i dreipunktig oder in einem von A nicht verschiedenen Punkte G_i vierpunktig von p^2 berührt werden, so werden die drei Tangenten von $\mathfrak{L}^2$, welche je zwei der drei weiteren (außer A) gemeinsamen Punkte von $\varkappa^2$ und p^2 verbinden, der gemeinsamen Tangente t_i von $\varkappa^2$ und p^2 in G_i unendlich benachbart sein, und zwei dieser drei Tangenten von $\mathfrak{L}^2$ schneiden sich in G_i, also muß dann $\mathfrak{L}^2$ von p^2 in G_i berührt werden (und zwar einfach). Wird, umgekehrt, $\mathfrak{L}^2$ von p^2 in G_i berührt, so müssen die beiden unendlich benachbarten gemeinsamen Tangenten von $\mathfrak{L}^2$ und p^2, die sich in G_i schneiden, G_i mit je einem der zwei weiteren (außer A) gemeinsamen Punkte desjenigen Kegelschnitts $\varkappa^2$ von $\mathfrak{L}(\varkappa^2)$, welcher außer durch A, P_b', P_c', A noch durch G_i geht, und p^2 verbinden; folglich müssen dann die drei weiteren (außer A) gemeinsamen Punkte von $\varkappa^2$ und p^2 in G_i unendlich benachbart liegen, und somit $\varkappa^2$ von p^2 in G_i dreipunktig, wenn G_i von A verschieden ist, oder vierpunktig, wenn G_i von A nicht verschieden ist, berührt werden.

Mithin ist ein Punkt K von l, wo l kein Strahl von P^3 ist, dann und nur dann ein einfacher Berührungspunkt von P^3, wenn $\varkappa^2$ (der aus dem Polarkegelschnitt k^2 von K abgeleitete, durch A, P_b', P_c', A gehende Kegelschnitt) durch denjenigen p^2 nicht aber (dem eigentlichen — nicht ausartenden — Kegelschnitt) $\mathfrak{L}^2$ angehörenden Punkt G_i geht, welcher der Berührungspunkt von p^2 mit einer gemeinsamen Tangente t_i von p^2 und $\mathfrak{L}^2$ ist, oder (was nur gleichzeitig mit diesem stattfinden wird) wenn $\varkappa^2$ durch einen gemeinsamen Punkt $G_i^{(1)}$ von p^2 und $\mathfrak{L}^2$ geht (wobei $G_i^{(1)}$ der Berührungspunkt der zweiten (außer t_i) von G_i an $\mathfrak{L}^2$ gehenden Tangente sein müssen wird); der Punkt K ist aber dann und nur dann ein Rückkehrpunkt von P^3, wenn $\varkappa^2$ durch einen Berührungspunkt G_i von p^2 mit $\mathfrak{L}^2$ geht. Dabei muß, wenn der angegebene

Punkt (G_i eventuell $G_i^{(1)}$) von A nicht verschieden ist, $\varkappa^2$ derjenige Kegelschnitt sein, welcher durch A, P_b', P_c', A geht und in A von p^2 berührt wird.

93. Zugleich sahen wir, daß, wenn $\mathfrak{L}^2$ mit p^2 eine Tangente t_i gemein hat, dann der Berührungspunkt $G_i^{(1)}$ der zweiten (außer t_i) aus G_i, dem Berührungspunkte von t_i mit p^2, an $\mathfrak{L}^2$ gehenden Tangente auch ein Punkt von p^2 sein muß, also $G_i^{(1)}$ ein gemeinsamer Punkt von $\mathfrak{L}^2$ und p^2; und umgekehrt, wenn $G_i^{(1)}$ ein gemeinsamer Punkt von $\mathfrak{L}^2$ und p^2 ist, dann die Tangente t_i von p^2 in G_i, im zweiten Schnittpunkte von p^2 mit der Tangente von $\mathfrak{L}^2$ in $G_i^{(1)}$, auch eine Tangente von $\mathfrak{L}^2$ sein muß; und daß dann derjenige $A P_b' P_c' A$ umschriebene Kegelschnitt $\varkappa^2$, welcher durch einen der beiden Punkte G_i und $G_i^{(1)}$ geht, zugleich auch durch den zweiten dieser Punkte gehen muß und in G_i von p^2 (einfach oder dreipunktig, je nachdem G_i von A verschieden ist oder nicht) berührt werden muß. Hierbei muß (s. oben Nr. 91 die Herleitung der Auflösung 8 der Aufgabe 3) $G_i^{(1)}$ der Pol der Geraden PG_i in bezug auf ABC sein; da der durch $G_i^{(1)}$ gehende Kegelschnitt $\varkappa^2$ von p^2 in G_i berührt wird (einfach bzw. dreipunktig) und mithin nach Satz 41 (Nr. 89) derjenige Punkt K von l, durch den v_i und $p_i^{(1)}$ gehen, der Berührungspunkt von P^3 in p_i ist. Es sind daher (nach Nr. 1) G_i und $G_i^{(1)}$ dann und nur dann unendlich benachbarte Punkte, wenn einer und mithin auch der zweite dieser Punkte in einer der Ecken von ABC zu liegen kommt. Folglich (da $\mathfrak{L}^2$ von p^2 in G_i oder in $G_i^{(1)}$ nur dann berührt wird, wenn G_i und $G_i^{(1)}$ unendlich benachbart sind) kann $\mathfrak{L}^2$ von p^2 nur in einer der Ecken von ABC berührt werden, und alsdann wird $\varkappa^2$ von p^2 im Berührungspunkte von $\mathfrak{L}^2$ und p^2 dreipunktig oder vierpunktig (je nachdem dieser Berührungspunkt eine der beiden Ecken B und C oder die Ecke A ist) berührt.

94. Aus dem letzten Ergebnisse in Nr. 92 und III in Nr. 90 folgt nun:

I. Ist l irgendeine Gerade, die aber kein Strahl von P^3 ist, A der (dann nicht auf p^2 liegende) Schnittpunkt der beiden Geraden $P_b' L_b$ und $P_c' L_c$ ($L_b \equiv bl$, $L_c \equiv cl$), $\mathfrak{L}(\varkappa^2)$ der dem Viereck $A P_b' P_c' A$ umschriebene Kegelschnittbüschel (dessen Kegelschnitte $\varkappa^2$ die aus den Polarkegelschnitten k^2

der sämtlichen auf l liegenden Punkte K abgeleiteten durch P'_b und P'_c gehenden sind), $\mathfrak{L}^2$ derjenige eigentliche (nicht ausartende) Kegelschnitt, welcher von den Seiten der sämtlichen aus den je drei weiteren (außer A) Schnittpunkten des Polarkegelschnitts p^2 (von P) und der Kegelschnitte des Büschels $\mathfrak{L}(\varkappa^2)$ gebildeten Dreiecke eingehüllt wird, so hat l mit der von P^3 eingehüllten Kurve diejenigen vier Punkte $\mathfrak{U}_q$, $\mathfrak{U}_r$, $\mathfrak{U}_s$, $\mathfrak{U}_t$ und nur diejenigen vier gemein, in welchen der Reihe nach l von den vier die je zwei Schnittpunkte $(b, P'_b G_q)$ mit $(c, P'_c G_q)$, $(b, P'_b G_r)$ mit $(c, P'_c G_r)$, $(b, P'_b G_s)$ mit $(c, P'_c G_s)$ und $(b, P'_b G_t)$ mit $(c, P'_c G_t)$ verbindenden Geraden p_q, p_r, p_s und p_t (die vier Strahlen von P^3 sind und $\mathfrak{U}_q$, $\mathfrak{U}_r$, $\mathfrak{U}_s$, $\mathfrak{U}_t$ zu ihren Berührungspunkten haben) geschnitten wird, wo G_q, G_r, G_s, G_t der Reihe nach die Berührungspunkte von p^2 mit den vier gemeinsamen Tangenten t_q, t_r, t_s, t_t von $\mathfrak{L}^2$ und p^2 sind, oder (was stets dieselben vier Punkte $\mathfrak{U}_q$, $\mathfrak{U}_r$, $\mathfrak{U}_s$, $\mathfrak{U}_t$ liefert) in welchen Punkten $\mathfrak{U}_q$, $\mathfrak{U}_r$, $\mathfrak{U}_s$, $\mathfrak{U}_t$ der Reihe nach l von den vier die je zwei Schnittpunkte $(b, P'_b G_q^{(1)})$ mit $(c, P'_c G_q^{(1)})$, $(b, P'_b G_r^{(1)})$, mit $(c, P'_c G_r^{(1)})$, $(b, P'_b G_s^{(1)})$ mit $(c, P'_c G_s^{(1)})$ und $(b, P'_b G_t^{(1)})$ mit $(c, P'_c G_t^{(1)})$ verbindenden Geraden $p_q^{(1)}$, $p_r^{(1)}$, $p_s^{(1)}$ und $p_t^{(1)}$ (die gleichfalls Strahlen von P^3 sind) geschnitten wird, wo $G_q^{(1)}$, $G_r^{(1)}$, $G_s^{(1)}$, $G_t^{(1)}$ die vier gemeinsamen Punkte von $\mathfrak{L}^2$ und p^2 sind (und wo stets nach Nr. 93 $G_q^{(1)}$, $G_r^{(1)}$, $G_s^{(1)}$, $G_t^{(1)}$ der Reihe nach die Pole der Geraden PG_q, PG_r, PG_s, PG_t in bezug auf ABC sein werden). Dabei wird, wenn $\mathfrak{L}^2$ von p^2 in einem Punkte G_q berührt wird (was nach Nr. 93 nur dann eintreten kann, wenn G_q eine der Ecken von ABC ist), wenn also zwei der gemeinsamen Tangenten und zwei der gemeinsamen Punkte von $\mathfrak{L}^2$ und p^2 in t_q bzw. in G_q unendlich benachbart liegen, der G_q entsprechende gemeinsame Punkt $\mathfrak{U}_q$ von l und der von P^3 eingehüllten Kurve ein Rückkehrpunkt von P^3 sein, also ein solcher Punkt, der für zwei Punkte der von P^3 eingehüllten Kurve zu zählen ist.

95. Wir wollen nun zeigen, daß der Kegelschnitt $\mathfrak{L}^2$ auch, ohne Hilfe des Kegelschnittbüschels $\mathfrak{L}(\varkappa^2)$, direkt konstruiert werden kann, wenn nur die Gerade l gegeben ist.

Wie schon oben (Nr. 92) erwähnt, wird $\mathfrak{L}^2$ von den Seiten des Dreiecks $P'_b P'_c A$, also von den drei Geraden $P'_b P'_c \equiv p$, $P'_b A \equiv P'_b L_b$ und $P'_c A \equiv P'_c L_c$ tangiert; außerdem muß aber nach I (Nr. 94) $\mathfrak{L}^2$ mit p^2 die vier Tangenten t_q, t_r, t_s, t_t gemein haben, wenn $\mathfrak{U}_q$, $\mathfrak{U}_r$, $\mathfrak{U}_s$, $\mathfrak{U}_t$ die gemeinsamen Punkte der von P^ε eingehüllten Kurve und l sind (wobei, wenn ein oder zwei dieser gemeinsamen Punkte ein bzw. zwei Rückkehrpunkte von P^ε sind, jeder Rückkehrpunkt für zwei gemeinsame Punkte zu zählen ist und auf der diesem Rückkehrpunkte entsprechenden gemeinsamen Tangente (von $\mathfrak{L}^2$ und p^2) $\mathfrak{L}^2$ von p^2 berührt wird). Nehmen wir nun an Stelle des dem Viereck $A P'_b P'_c A$ umschriebenen Kegelschnittbüschels $\mathfrak{L}(\varkappa^2)$, dessen Kegelschnitte $\varkappa^2$ die aus den sämtlichen Polarkegelschnitten k^2 der auf l liegenden Punkte K abgeleiteten durch P'_b, P'_c und mithin auch durch A und A gehenden Kegelschnitte sind, den dem Viereck $B P'_c P'_a M$ umschriebenen Kegelschnittbüschel (wo $P'_a \equiv p p_A \equiv p(PA)$ und M der Schnittpunkt der beiden Geraden $P'_c L_c$ und $P'_a L_a \equiv P'_a(al)$ ist), dessen Kegelschnitte die aus den sämtlichen Polarkegelschnitten k^2 der auf l liegenden Punkte K abgeleiteten durch P'_c, P'_a und mithin (nach Satz 28 in Nr. 70 und nach Nr. 90) auch durch B und M gehenden Kegelschnitte sind, so wird (ganz analog wie vorher $\mathfrak{L}^2$) derjenige Kegelschnitt $\mathfrak{M}^2$, welcher von den Seiten der sämtlichen aus den je drei weiteren (außer B) Schnittpunkten des Polarkegelschnitts p^2 (von P) und der Kegelschnitte des $B P'_c P'_a M$ umschriebenen Büschels gebildeten Dreiecke eingehüllt wird, von den Seiten des Dreiecks $P'_c P'_a M$, also von den drei Geraden $P'_c P'_a \equiv p$, $P'_c M \equiv P'_c L_c$ und $P'_a M \equiv P'_a L_a$ tangiert werden und außerdem mit p^2 die vier Tangenten t_q, t_r, t_s, t_t gemein haben müssen. Folglich wird $\mathfrak{M}^2$ mit $\mathfrak{L}^2$ identisch sein müssen, da diese beiden Kegelschnitte die sechs Tangenten p, $P'_c L_c$, t_q, t_r, t_s, t_t gemein haben; und $\mathfrak{L}^2 \equiv \mathfrak{M}^2$ wird also von den vier Geraden p, $P'_a L_a$, $P'_b L_b$, $P'_c L_c$ tangiert.

Nun wird p von p^2 (nach Nr. 2) in den beiden Doppelpunkten der von ABC erzeugten Involution $(p)^2$ und von einem jeden Kegelschnitt des $A P'_b P'_c A$ umschriebenen Büschels $\mathfrak{L}(\varkappa^2)$ in den beiden Punkten P'_b und P'_c geschnitten; und mithin müssen die beiden Geraden, von denen die eine A mit einem der drei weiteren Schnittpunkte des p^2 und irgendeines Kegelschnitts von $\mathfrak{L}(\varkappa^2)$ verbindet und die andere Gerade (die Tangente an $\mathfrak{L}^2$ ist) die zwei übrigen dieser Schnittpunkte, durch ein Punktepaar derjenigen auf $(p)^2$ sich stützenden Involution $(i)^2$ gehen, von welcher Involution $P'_b P'_c$ ein Punktepaar ist, also (weil nach Nr. 4 das Punktepaar $P_a P'_a$ von $(p)^2$ durch P'_b und P'_c harmonisch getrennt wird) von welcher Involution die beiden Doppelpunkte P_a und P_a sind. Folglich geht aus jedem Punkte Q_i von p außer p selbst noch eine zweite Tangente an $\mathfrak{L}^2$, nämlich diejenige, welche (wenn etwa Q'_i der zu Q_i in $(i)^2$ zugepaarte Punkt ist und der durch den zweiten Schnittpunkt der Geraden $A Q'_i$ und p^2 gehende Kegelschnitt des $A P'_b P'_c A$ umschriebenen Büschels $\mathfrak{L}(\varkappa^2)$ mit $\varkappa_i^2$ bezeichnet wird) die beiden weiteren Schnittpunkte von $\varkappa_i^2$ und p^2 verbindet; dagegen geht aus dem in $(i)^2$ dem Schnittpunkte (p, AA) zugepaarten Punkt Q_l außer p selbst mehr keine Tangente an $\mathfrak{L}^2$, da A kein Punkt von p^2 ist und mithin derjenige durch den zweiten Schnittpunkt von AA und p^2 gehende Kegelschnitt des $A P'_b P'_c A$ umschriebenen Büschels $\mathfrak{L}(\varkappa^2)$, welcher Kegelschnitt mit AA drei Punkte gemein hat, in das Geradenpaar AA und $P'_b P'_c \equiv p$ ausarten muß und folglich die die beiden weiteren Schnittpunkte dieses ausgearteten Kegelschnitts und p^2 verbindende Gerade die Gerade p selbst ist. Mithin ist der in $(i)^2$ dem Schnittpunkte (p, AA) zugepaarte Punkt Q_l, also der vom Schnittpunkte (p, AA) durch P_a und P'_a harmonisch getrennte Punkt, der Berührungspunkt der Tangente p von $\mathfrak{L}^2$.

Wir sehen also,

daß der Kegelschnitt $\mathfrak{L}^2$ von den vier Geraden p, $P'_a L_a$, $P'_b L_b$, $P'_c L_c$ tangiert wird und denjenigen Punkt Q_l auf p zum Berührungspunkt hat, welcher vom Schnittpunkte (AA, p) durch P_a und P'_a harmonisch getrennt wird; wodurch $\mathfrak{L}^2$ vollständig bestimmt ist.

96. Nunmehr können wir den folgenden Satz aufstellen:

Satz 42. Sind in bezug auf ABC P und p Pol und Polare,

P^2 der Polarkegelschnitt von p, p^3 die zu P zugehörige Kurve dritter Ordnung, K irgendein beliebiger Punkt, der aber auf p^3 nicht liegt, k_A, k_B, k_C die Verbindungs-	p^2 der Polarkegelschnitt von P, P^3 der zu p zugehörige Strahlenbüschel dritter Ordnung, l irgendeine beliebige Gerade, die aber kein Strahl von P^3 ist, L_a, L_b, L_c die

geraden von K mit den Eckpunkten A, B, C, g_K diejenige durch P gehende Gerade, die vom Schnittpunkte $a\,(p'_B k_B,\ p'_C k_C)$ durch die beiden (durch P gehenden) Geraden p_A und p'_A harmonisch getrennt ist, $\mathfrak{k}^2$ derjenige Kegelschnitt, der durch die vier Punkte P, $p'_A k_A$, $p'_B k_B$, $p'_C k_C$ hindurch geht und g_K zur Tangente in P hat, und bezeichnet man die Geraden, welche drei veränderliche Punkte P_1, P_2, P_3 von p^3 mit P verbinden, mit g_1, g_2, g_3, die Schnittpunkte pg_1, pg_2, pg_3 mit Q_1, Q_2, Q_3 und die P^2 tangierenden Polaren (bezüglich ABC) von Q_1, Q_2, Q_3 mit q_1, q_2, q_3, so liegen je drei solche Punkte P_1, P_2, P_3 von p^3 und nur solche drei mit K in je einer Geraden, für die das P^2 umschriebene Dreieck $q_1 q_2 q_3$ (der entsprechenden Tangenten von P^2) zugleich $\mathfrak{k}^2$ eingeschrieben ist.

Die Punktetripel von p^3, die mit K in je einer Geraden liegen, werden von P aus durch Strahlentripel einer kubischen Involution projiziert.

Schnittpunkte von l mit den Seiten a, b, c von ABC, Q_l derjenige Punkt von p, der von der Geraden $A\,(P'_b L_b,\ P'_c L_c)$ durch die beiden (auf p liegenden) Punkte P_a und P'_a harmonisch getrennt ist, $\mathfrak{L}^2$ derjenige Kegelschnitt, der von den vier Geraden p, $P'_a L_a$, $P'_b L_b$, $P'_c L_c$ tangiert wird und Q_l zum Berührungspunkte in p hat, und bezeichnet man die Punkte, in denen drei veränderliche Strahlen p_1, p_2, p_3 von P^3 von p geschnitten werden, mit Q_1, Q_2, Q_3, die Geraden PQ_1, PQ_2, PQ_3, mit g_1, g_2, g_3 und die auf p^2 liegenden Pole (bezüglich ABC) von g_1, g_2, g_3 mit G_1, G_2, G_3, so schneiden sich je drei solche Strahlen p_1, p_2, p_3 von P^3 und nur solche drei in je einem Punkte von l, für die das p^2 eingeschriebene Dreieck $G_1 G_2 G_3$ (der entsprechenden Punkte von p^2) zugleich $\mathfrak{L}^2$ umschrieben ist.

Die Strahlentripel von P^3, von denen jedes durch einen Punkt von l geht, werden von p in den Punktetripeln einer kubischen Involution geschnitten.

Denn rechts gehen dann und nur dann p_1, p_2, p_3 durch einen Punkt K von l, wenn der aus dem Polarkegelschnitt k^2 von K

abgeleitete, durch P'_b, P'_c und A gehende Kegelschnitt $\varkappa^2$ mit p^2 außer A noch die Punkte G_1, G_2, G_3 gemein hat (II in Nr. 88), also (nach Nr. 92) dann und nur dann, wenn die Seiten des Dreiecks $G_1 G_2 G_3$ $\mathfrak{L}^2$ tangieren. Was ferner die kubische Involution anbetrifft, vgl. weiter unten Ende Nr. 102.

97. Aus dem in Nr. 95 gefundenen Resultate ergibt sich nun: Ist die Gerade l kein Strahl von P^3, wo dann der Schnittpunkt $A \equiv (P'_b L_b, P'_c L_c)$ kein Punkt von p^2 und mithin $\mathfrak{L}^2$, wie schon oben (Nr. 92) erwähnt, ein eigentlicher (nicht ausartender) Kegelschnitt ist, so können die drei Geraden $P'_a L_a$, $P'_b L_b$ und $P'_c L_c$, die drei Tangenten von $\mathfrak{L}^2$ sind, nicht durch einen und denselben Punkt gehen. Ist aber l ein Strahl von P^3, so muß dann $A \equiv (P'_b L_b, P'_c L_c)$ nach III (Nr. 90) ein Punkt von p^2 sein, und zwar nach II (Nr. 88) derjenige Punkt von p^2, welcher der Pol (in bezug auf ABC) der P mit dem Schnittpunkte von p und l verbindenden Geraden ist; alsdann muß aber ganz analog, wenn wir P'_a an Stelle von P'_c nehmen, auch der Schnittpunkt der beiden Geraden $P'_a L_a$ und $P'_b L_b$ derjenige Punkt von p^2 sein, welcher der Pol (in bezug auf ABC) der P mit dem Schnittpunkte (pl) verbindenden Geraden ist. Es schneiden sich also dann alle drei Geraden $P'_a L_a$, $P'_b L_b$, $P'_c L_c$ in einem und demselben Punkte, nämlich im Pole (in bezug auf ABC) der Geraden (P, pl). Mithin haben wir das folgende Kriterium gewonnen:

Satz 43. Ist p^3 die zu P in bezug auf ABC zugehörige Kurve dritter Ordnung und K irgendein Punkt, so ist K dann und nur dann ein Punkt von p^3, wenn die drei Schnittpunkte $(p'_A k_A)$, $(p'_B k_B)$, $(p'_C k_C)$ auf einer und derselben Geraden liegen; und zwar ist dann diese Gerade die P^2, den Polarkegelschnitt der Polare p von P, tangierende Polare des Schnittpunktes (p, KP), welcher letzte Punkt dann

Ist P^3 der zu p in bezug auf ABC zugehörige Strahlenbüschel dritter Ordnung und l irgendeine Gerade, so ist l dann und nur dann ein Strahl von P^3, wenn die drei Geraden $P'_a L_a$, $P'_b L_b$, $P'_c L_c$ durch einen und denselben Punkt gehen; und zwar ist dann dieser Punkt der auf p^2, dem Polarkegelschnitt des Pols P von p, liegende Pol der Geraden $P(lp)$, welche letzte Gerade dann auch den Pol L von l

auch auf der Polare k von K liegt und der Repräsentant des Punktepaares P, K ist. | enthält und der Repräsentant des Strahlenpaares p, l ist.

Letztes ergibt sich aus der Bemerkung, daß wenn l ein Strahl von P^3 ist, auf der Geraden (P, pl) auch der Pol L (in bezug auf ABC) von l liegen muß (Satz 33 in Nr. 78).

Beachtet man nun, daß eine Gerade l dann und nur dann ein Strahl von P^3 ist, wenn p und l einander zugepaart sind in der von ABC um ihren Schnittpunkt (pl) erzeugten Strahleninvolution zweiten Grades (Nr. 46), und daß p eine durch keine Ecke von ABC gehende Gerade ist (ebenda), so ergibt sich aus Satz 43, indem p und l als irgend zwei beliebige Gerade, von denen aber mindestens eine durch keine Ecke von ABC geht, aufgefaßt werden:

Satz 44. Zwei Punkte K und L, von denen mindestens einer auf keiner Seite von ABC liegt, | Zwei Strahlen m und n, von denen mindestens einer durch keine Ecke von ABC geht,

sind dann und nur dann einander zugepaart in der von ABC

auf ihrer Verbindungsgeraden KL erzeugten Punktinvolution zweiten Grades, wenn die drei Schnittpunkte $(k'_A l_A)$, $(k'_B l_B)$, $(k'_C l_C)$ | um ihren Schnittpunkt (mn) erzeugten Strahleninvolution zweiten Grades, wenn die drei Geraden $M'_a N_a$, $M'_b N_b$, $M'_c N_c$

und folglich (wie man sofort einsieht) auch die drei

Schnittpunkte $(k_A l'_A)$, $(k_B l'_B)$, $(k_C l'_C)$ auf einer und derselben Geraden liegen; und zwar ist dann diese Gerade die Polare (in bezug auf ABC) des Schnittpunktes (kl), welcher letzte dann auf der Geraden KL liegt und der Repräsentant des Punktepaares K, L ist; hierbei sind $k_A \equiv KA$, $k_B \equiv KB$, $k_C \equiv KC$, k'_A der vierte harmonische | Geraden $M_a N'_a$, $M_b N'_b$, $M_c N'_c$ durch einen und denselben Punkt gehen; und zwar ist dann dieser Punkt der Pol (in bezug auf ABC) der Geraden MN, welche letzte dann durch den Schnittpunkt (mn) geht und der Repräsentant des Strahlenpaares m, n ist; hierbei sind $M_a \equiv ma$, $M_b \equiv mb$, $M_c \equiv mc$, M'_a der vierte harmonische

Strahl zu k_A in bezug auf k_B und k_C usw., $l_A \equiv LA$ usw. und endlich k und l die Polaren von K und L in bezug auf ABC.

Punkt zu M_a in bezug auf M_b und M_c usw., $N_a \equiv na$ usw. und endlich M und N die Pole von m und n in bezug auf ABC.

98. Ist aber die Gerade l ein reeller gewöhnlicher Strahl von P^3, so liegen auf l sein eigener Berührungspunkt, in welchem l die von P^3 eingehüllte Kurve einfach berührt, und noch zwei reelle vom ersteren und voneinander verschiedene einfache Berührungspunkte von P^3; und dasselbe (abgesehen von der Realität der Berührungspunkte) gilt auch, wenn l ein imaginärer Strahl von P^3 ist (s. oben Nr. 62 und Ende Nr. 59). Ist ferner l ein Rückkehrstrahl von P^3, so liegt auf l sein eigener Berührungspunkt, in welchem ein Rückkehrpunkt (also ein mit zwei Punkten der von P^3 eingehüllten Kurve äquivalenter Punkt) und ein einfacher Punkt derselben Kurve unendlich benachbart liegen, und noch ein reeller vom ersteren verschiedener einfacher Berührungspunkt von P^3 (Nr. 62). Ist endlich l der isolierte Doppelstrahl p von P^3, so berührt l die von P^3 eingehüllte Kurve doppelt, nämlich in den beiden konjugiert-imaginären Doppelpunkten der von ABC erzeugten Involution $(p)^2$ (Satz 33 in Nr. 78). Und zwar haben wir nach der Auflösung 7 der Aufgabe 3 und der Auflösung 4 der Aufgabe 2 in Nr. 91 (dualisiert):

II. Ist l irgendein Strahl von P^3, A der Schnittpunkt der beiden Geraden $P'_b L_b$ und $P'_c L_c$, welcher Punkt dann auch auf der Geraden $P'_a L_a$ und auf p^2 liegt (Satz 43), Q_l der von der Geraden AA durch P_a und P'_a harmonisch getrennte Punkt von p, so wird die von P^3 eingehüllte Kurve von l in demjenigen Punkte $\mathfrak{U}$ einfach berührt, in dem l von der die beiden Schnittpunkte $(b, P'_b G)$ und $(c, P'_c G)$ verbindenden Geraden (die auch selbst ein Strahl von P^3 ist) geschnitten wird, wo G der zweite (außer A) Schnittpunkt der Geraden $Q_l A$ und p^2 ist; außerdem hat die von P^3 eingehüllte Kurve mit l diejenigen beiden Punkte $\mathfrak{U}_1$ und $\mathfrak{U}_2$ und nur diejenigen beiden gemein, in denen l von den beiden die je zwei Schnittpunkte $(b, P'_b G_1)$ mit $(c, P'_c G_1)$, $(b, P'_b G_2)$ mit $(c, P'_c G_2)$ verbindenden Geraden p_1 und p_2 (die zwei Strahlen von P^3 sind und $\mathfrak{U}_1, \mathfrak{U}_2$ zu ihren Berührungspunkten haben) geschnitten wird, wo G_1 und G_2 die Berührungspunkte der beiden aus Q_l an p^2 gehenden Tangenten t_1 und t_2 sind. Hierbei wird, wenn eine der letzten beiden Tangenten t_1 und t_2 mit der Geraden $Q_l A$ zusammenfällt (wo dann l außer dem Berührungspunkt $\mathfrak{U}$ mit der von P^3 eingehüllten Kurve nur noch einen von $\mathfrak{U}$ verschiedenen Punkt dieser Kurve enthalten und also ein Rückkehrstrahl von P^3 sein wird), einer der beiden im Berührungspunkte $\mathfrak{U}$ der von P^3 eingehüllten Kurve und l unendlich benachbart liegenden Punkte ein Rückkehrpunkt von P^3 sein.

Diese Aussage ist der Aussage I (Nr. 94) ähnlich; denn, wenn l ein Strahl von P^3 ist und mithin die drei Geraden $P'_a L_a$, $P'_b L_b$, $P'_c L_c$ durch A gehen, muß der von diesen drei Geraden tangierte und p im Punkte Q_l berührende Kegelschnitt $\mathfrak{L}^2$ in das Punktepaar A, Q_l ausarten.

99. Wie wir sehen, hat jede Gerade, mag sie ein Strahl von P^3 sein oder nicht, vier Punkte mit der von P^3 eingehüllten Kurve gemein; diese Kurve ist also von der vierten Ordnung. Dual ist der Büschel der Tangenten der Kurve p^3 von der vierten Ordnung, und p^3 ist daher eine Kurve vierter Klasse.

Zugleich haben wir nach Satz 43 (Nr. 97), I (Nr. 94), II (Nr. 98) und Nr. 95 das folgende Kriterium gewonnen.

Satz 45. Ist p^3 die dem Punkte P in bezug auf ABC zugehörige Kurve dritter Ordnung, K irgendein reeller Punkt, $\varkappa$ die Verbindungsgerade der beiden Schnittpunkte $p'_B k_B$ und $p'_C k_C$, g_K der vom Schnittpunkte $a\varkappa$ durch p_A und p'_A harmonisch getrennte Strahl von P, P^2 der Polarkegelschnitt der Polare p von P in bezug auf ABC, und liegt der Schnittpunkt $p'_A k_A$ nicht auf $\varkappa$, so gehen dann und nur dann durch K keine unend-

Ist P^3 der der Geraden p in bezug auf ABC zugehörige Strahlenbüschel dritter Ordnung, l irgendeine reelle Gerade, A der Schnittpunkt der beiden Geraden $P'_b L_b$ und $P'_c L_c$, Q_l der von der Geraden AA durch P_a und P'_a harmonisch getrennte Punkt von p, p^2 der Polarkegelschnitt des Poles P von p in bezug auf ABC, und geht die Gerade $P'_a L_a$ nicht durch A, so hat dann und nur dann l keine unendlich benachbarte Punkte mit der

lich benachbarte Tangenten an p^3 (K ist also kein Punkt von p^3); alsdann gehen von K an p^3 1) zwei Paar konjugiert-imaginärer einfacher Tangenten, oder 2) ein

von P^3 eingehüllten Kurve vierter Ordnung gemein; alsdann hat l mit dieser Kurve 1) zwei Paar konjugiert-imaginärer einfacher Punkte gemein, oder 2) ein

Paar konjugiert-imaginärer einfacher und zwei reelle voneinander verschiedene einfache, oder 3) vier reelle voneinander verschiedene einfache, oder 4) ein Paar konjugiert-imaginärer einfacher und

eine Wendetangente,

einen Rückkehrpunkt,

oder 5) zwei reelle voneinander verschiedene einfache und eine Wendetangente, oder endlich 6) zwei Wendetangenten, je nachdem $\mathfrak{k}^2$, der dem Viereck

einen Rückkehrpunkt, oder endlich 6) zwei Rückkehrpunkte, je nachdem $\mathfrak{L}^2$, der dem Vierseit

$P(p'_A k_A)(p'_B k_B)(p'_C k_C)$
umschriebene und in P von g_K tangierte Kegelschnitt, mit P^2

$p(P'_a L_a)(P'_b L_b)(P'_c L_c)$
eingeschriebene und p in Q_l berührende Kegelschnitt, mit p^2

1) zwei Paar konjugiert-imaginärer Tangenten oder Punkte gemein hat, oder 2) ein Paar konjugiert-imaginärer und zwei reelle voneinander verschiedene, oder 3) vier reelle voneinander verschiedene, oder 4) ein Paar konjugiert-imaginärer und zwei reelle unendlich benachbarte, oder 5) vier reelle, von denen zwei unendlich benachbart und die übrigen zwei von diesen und voneinander verschieden sind, oder endlich 6) vier reelle, von denen zweimal zwei unendlich benachbart sind, wo also

$\mathfrak{k}^2$ mit P^2

$\mathfrak{L}^2$ mit p^2

eine doppelte reelle Berührung hat.

Liegt aber auch der Schnittpunkt $p'_A k_A$ auf $\varkappa$, so gehen von K an p^3 vier reelle Tangenten,

Geht aber $P'_a L_a$ durch $\varLambda$, so hat l mit der von P^3 eingehüllten Kurve vier reelle Punkte,

von denen zwei unendlich benachbart und die übrigen zwei von diesen und voneinander verschieden sind (wo also

K ein gewöhnlicher Punkt von p^3 ist), oder zwei reelle unendlich eine eine Wendetangente und die andere eine einfache Tangente ist, und noch eine von diesen verschiedene reelle Tangente (wo also K ein Wendepunkt von p^3 sein wird), je nachdem der Schnittpunkt $(g_K \varkappa)$ kein Punkt von P^2 ist oder nicht.	l eine gewöhnliche Tangente dieser Kurve benachbarte, von denen einer ein Rückkehrpunkt und der andere ein einfacher Punkt ist, und noch einen von diesen verschiedenen reellen Punkt (wo also l eine Rückkehrtangente dieser Kurve sein wird) gemein, je nachdem die Gerade $Q_l A$ keine Tangente von p^2 ist oder nicht.

Hierbei sei nochmals (s. oben Nr. 93) hervorgehoben, daß $\mathfrak{L}^2$ und p^2 (und ebenso $\mathfrak{k}^2$ und P^2) stets ebensoviel reelle Tangenten, wie reelle Punkte gemein haben.

100. Nunmehr können wir das folgende negative Kriterium der Imaginärität der sämtlichen Schnittpunkte einer Geraden und der von P^3 eingehüllten Kurve aufstellen.

Satz 46. Liegt ein Punkt K nicht in demjenigen der vier durch ABC getrennten Gebiete der Ebene, innerhalb dessen P liegt, so müssen mindestens zwei der von K an p^3 gehenden Tangenten reell sein.	Dringt eine Gerade l in dasjenige Dreiecksgebiet von ABC ein, welches den Pol P von p in bezug auf ABC enthält, so müssen mindestens zwei der Schnittpunkte von l und der von P^3 eingehüllten Kurve reell sein.

In der Tat liegt das P enthaltende Dreiecksgebiet ganz innerhalb des Polarkegelschnitts p^2 (Nr. 2), und mithin können, wenn l in dieses Dreiecksgebiet eindringt, mindestens zwei der Schnittpunkte L_a, L_b, L_c von l und den Seiten von ABC, durch welche die Tangenten $P'_a L_a$, $P'_b L_b$, $P'_c L$ von $\mathfrak{L}^2$ gehen und welche Schnittpunkte also sicher keine inneren Punkte von $\mathfrak{L}^2$ sind, sicher keine äußeren Punkte von p^2 sein. Es kann also dann p^2 nicht ganz im Innern von $\mathfrak{L}^2$ liegen, und mithin müssen p^2 und $\mathfrak{L}^2$ mindestens zwei reelle Punkte gemein haben; denn $\mathfrak{L}^2$ und p^2, die nie reelle

Tangenten, ohne reelle Punkte, gemein haben, können bekanntlich nicht auseinander liegen, und der Kegelschnitt $\mathfrak{L}^2$, der von der ganz außerhalb p^2 liegenden (Nr. 2) Geraden p berührt wird, kann nicht ganz im Innern von p^2 liegen. Folglich muß dann nach Satz 45 l mit der von P^3 eingehüllten Kurve mindestens zwei reelle Punkte gemein haben.

Für die Entscheidung über die Realität der Schnittpunkte einer Geraden und der von P^3 eingehüllten Kurve wird manchmal die folgende Bemerkung von Nutzen sein.

Der Schnittpunkt der drei Geraden $A(P'_b L_b, P'_c L_c)$, $B(P'_c L_c, P'_a L_a)$, $C(P'_a L_a, P'_b L_b)$ liegt auf p^2 und innerhalb $\mathfrak{L}^2$.

In der Tat gehen durch den Schnittpunkt $Q_l \equiv l p$ der isolierte Doppelstrahl p und noch ein einziger einfacher Strahl p_l von P^3; mithin muß nach I in Nr. 88 (s. auch Bemerkung zu Satz 41 in Nr. 89) $\varkappa_l^2$, der aus dem Polarkegelschnitt q_l^2 von Q_l abgeleitete durch P'_b, P'_c, A und $(P'_b L_b, P'_c L_c) \equiv A$ gehende Kegelschnitt, durch die konjugiert-imaginären Schnittpunkte von p und p^2 und den auf p^2 liegenden Pol G_l von $g_l \equiv P Q_l$ (in bezug auf ABC) gehen. Nunmehr muß aber $\varkappa_l^2$, weil er mit p vier Punkte, nämlich P'_b, P'_c und die beiden konjugiert-imaginären Schnittpunkte von p und p^2 gemein hat, in das Geradenpaar p und $A(P'_b L_b, P'_c L_c)$ ausarten; folglich muß G_l der zweite Schnittpunkt (außer A) der Geraden $A(P'_b L_b, P'_c L_c)$ und p^2 sein. In derselben Weise erkennt man, wenn P'_c und P'_a an Stelle von P'_b und P'_c genommen werden (wo dann L_b, L_c und A durch L_c, L_a und B ersetzt werden müssen), daß der Pol G_l von $g_l \equiv P Q_l$ der zweite Schnittpunkt von $B(P'_c L_c, P'_a L_a)$ und p^2 sein muß; ebenso muß aber G_l der zweite Schnittpunkt von $C(P'_a L_a, P'_b L_b)$ und p^2 sein. Nunmehr müssen die Seiten des Dreiecks der drei weiteren (außer A) Schnittpunkte von p^2 mit $\varkappa_l^2$, dem ausgearteten Kegelschnitt des dem Viereck $P'_b P'_c A (P'_b L_b, P'_c L_c)$ umschriebenen Büschels $\mathfrak{L}(\varkappa^2)$, drei Tangenten des Kegelschnitts $\mathfrak{L}^2$ sein (Nr. 92); mithin gehen durch G_l zwei konjugiert-imaginäre Tangenten von $\mathfrak{L}^2$, nämlich die beiden G_l mit den konjugiert-imaginären Schnittpunkten von p und p^2 verbindenden Geraden, und G_l muß daher innerhalb $\mathfrak{L}^2$ liegen. Wir sehen also, daß die drei Geraden $A(P'_b L_b, P'_c L_c)$, $B(P'_c L_c, P'_a L_a)$, $C(P'_a L_a, P'_b L_b)$ in den auf p^2 und innerhalb $\mathfrak{L}^2$ liegenden Punkt G_l konvergieren, was zu beweisen war.

101. Wir können nun auch das folgende Kriterium aufstellen.

Satz 47. Sind P_i, P_k, P_l, P_m vier Punkte von p^3, q_i, q_k, q_l, q_m diejenigen Tangenten an P^2 (dem Polarkegelschnitt der Polare p von P in bezug auf ABC), welche die je zwei Schnittpunkte $p'_B p_{iB}$ und $p'_C p_{iC}$ bzw. $p'_B p_{kB}$ und $p'_C p_{kC}$ bzw. $p'_B p_{lB}$ und $p'_C p_{lC}$ bzw. $p'_B p_{mB}$ und $p'_C p_{mC}$ ($p_{iB} \equiv BP_i$, $p_{iC} \equiv CP_i$, $p_{kB} \equiv BP_k$, $p_{kC} \equiv CP_k$, $p_{lB} \equiv BP_l$, $p_{lC} \equiv CP_l$, $p_{mB} \equiv BP_m$, $p_{mC} \equiv CP_m$) verbinden (und welche Tangenten die Polaren der vier Schnittpunkte Q_i, Q_k, Q_l, Q_m von p und der Verbindungsgeraden $g_i \equiv PP_i$, $g_k \equiv PP_k$, $g_l \equiv PP_l$, $g_m \equiv PP_m$ in bezug auf ABC sein müssen), $q_i^{(1)}$, $q_k^{(1)}$, $q_l^{(1)}$, $q_m^{(1)}$ die gleichfalls P^2 tangierenden Polaren der vier Punkte $Q_i^{(1)} \equiv p q_i$, $Q_k^{(1)} \equiv p q_k$, $Q_l^{(1)} \equiv p q_l$, $Q_m^{(1)} \equiv p q_m$ in bezug auf ABC, U_i, U_k, U_l, U_m die Berührungspunkte von P^2 mit den Tangenten q_i, q_k, q_l, q_m, so konvergieren die vier Tangenten von p^3 in P_i, P_k, P_l, P_m dann und nur dann in einen Punkt, wenn P, U_i, U_k, U_l, U_m, $q_i q_i^{(1)}$, $q_k q_k^{(1)}$, $q_l q_l^{(1)}$, $q_m q_m^{(1)}$ neun Punkte eines und desselben Kegelschnitts sind, wo dann $q_i^{(1)}$, $q_k^{(1)}$, $q_l^{(1)}$, $q_m^{(1)}$ die Tangenten dieses Kegel-

Sind p_q, p_r, p_s, p_t vier Strahlen von P^3, G_q, G_r, G_s, G_t diejenigen auf p^2 (dem Polarkegelschnitt des Pols P von p in bezug auf ABC) liegenden Punkte, in denen die je zwei Geraden $P'_b P_{qb}$ und $P'_c P_{qc}$ bzw. $P'_b P_{rb}$ und $P'_c P_{rc}$ bzw. $P'_b P_{sb}$ und $P'_c P_{sc}$ bzw. $P'_b P_{tb}$ und $P'_c P_{tc}$ ($P_{qb} \equiv p_q b$, $P_{qc} \equiv p_q c$, $P_{rb} \equiv p_r b$, $P_{rc} \equiv p_r c$, $P_{sb} \equiv p_s b$, $P_{sc} \equiv p_s c$, $P_{tb} \equiv p_t b$, $P_{tc} \equiv p_t c$) sich schneiden (und welche Punkte die Pole der vier P mit den Schnittpunkten $Q_q \equiv p p_q$, $Q_r \equiv p p_r$, $Q_s \equiv p p_s$, $Q_t \equiv p p_t$ verbindenden Geraden g_q, g_r, g_s, g_t in bezug auf ABC sein müssen), $G_q^{(1)}$, $G_r^{(1)}$, $G_s^{(1)}$, $G_t^{(1)}$ die gleichfalls auf p^2 liegenden Pole der vier Geraden $g_q^{(1)} \equiv PG_q$, $g_r^{(1)} \equiv PG_r$, $g_s^{(1)} \equiv PG_s$, $g_t^{(1)} \equiv PG_t$ in bezug auf ABC, t_q, t_r, t_s, t_t die Tangenten an p^2 in G_q, G_r, G_s, G_t, so liegen die vier Berührungspunkte von p_q, p_r, p_s, p_t mit der von P^3 eingehüllten Kurve dann und nur dann in einer Geraden, wenn p, t_q, t_r, t_s, t_t, $G_q G_q^{(1)}$, $G_r G_r^{(1)}$, $G_s G_s^{(1)}$, $G_t G_t^{(1)}$ neun Tangenten eines und desselben Kegelschnitts sind, wo dann $G_q^{(1)}$, $G_r^{(1)}$, $G_s^{(1)}$, $G_t^{(1)}$ die Berührungspunkte dieses Kegel-

schnitts in den Punkten $q_i q_i^{(1)}$, $q_k q_k^{(1)}$, $q_l q_l^{(1)}$, $q_m q_m^{(1)}$ sein werden.

schnitts mit den Tangenten $G_q G_q^{(1)}$, $G_r G_r^{(1)}$, $G_s G_s^{(1)}$, $G_t G_t^{(1)}$ sein werden.

Denn liegen die Berührungspunkte von p_q, p_r, p_s, p_t mit der von P^3 eingehüllten Kurve in einer Geraden l, so müssen nach I (Nr. 94) t_q, t_r, t_s, t_t und dann (nach Nr. 93) auch $G_q G_q^{(1)}$, $G_r G_r^{(1)}$, $G_s G_s^{(1)}$ $G_t G_t^{(1)}$ Tangenten eines und desselben Kegelschnitts $\mathfrak{L}^2$ sein, welcher letzte auch von p tangiert (Nr. 95) und von den Tangenten $G_q G_q^{(1)}$, $G_r G_r^{(1)}$, $G_s G_s^{(1)}$, $G_t G_t^{(1)}$ in bzw. $G_q^{(1)}$, $G_r^{(1)}$, $G_s^{(1)}$, $G_t^{(1)}$ berührt wird (Nr. 93). Und, umgekehrt, wenn p, t_q, t_r, t_s, t_t, $G_q G_q^{(1)}$, $G_r G_r^{(1)}$, $G_s G_s^{(1)}$, $G_t G_t^{(1)}$ einen und denselben Kegelschnitt tangieren, so muß dieser Kegelschnitt mit demjenigen Kegelschnitt $\mathfrak{L}^2$ identisch sein, welcher aus der die beiden Berührungspunkte der Strahlen p_q und p_r von P^3 verbindenden Geraden l in der in I (Nr. 94) angegebenen Weise hervorgeht; da diese beiden Kegelschnitte nach I (Nr. 94) und Nr. 93 die fünf Tangenten p, t_q, t_r, $G_q G_q^{(1)}$, $G_r G_r^{(1)}$ gemein haben. Folglich muß dann nach I (Nr. 94) l auch durch die Berührungspunkte der Strahlen p_s und p_t von P^3 gehen.

102. Nach dem soeben aufgestellten Satze müssen die Kegelschnitte $\mathfrak{L}^2$, welche aus allen durch den Berührungspunkt $\mathfrak{u}_r$ eines von den Rückkehrstrahlen verschiedenen Strahles p_r von P^3 gehenden Geraden l in der in I (Nr. 94) angegebenen Weise hervorgehen, sämtlich von den drei Geraden p, t_r, $G_r G_r^{(1)}$ berührt werden, und zwar von $G_r G_r^{(1)}$ im Punkte $G_r^{(1)}$ und also eine Kegelschnittschar $\mathfrak{u}_r(\mathfrak{L}^2)$ bilden, von der zwei Grundtangenten in $G_r G_r^{(1)}$ unendlich benachbart liegen. Nunmehr hat jeder Kegelschnitt der Schar $\mathfrak{u}_r(\mathfrak{L}^2)$ mit dem Polarkegelschnitt p^2, der nur von der einen Grundtangente t_r dieser Schar tangiert wird, noch drei weitere Tangenten gemein, welche ein Dreieck bilden; und die Eckpunkte dieser sämtlichen Dreiecke liegen (vgl. oben Nr. 92) auf einem Kegelschnitt x^2, welcher durch $G_r^{(1)}$ geht und von p im Schnittpunkte $(p, G_r G_r^{(1)})$ berührt wird und welcher, wie wir sofort zeigen werden, außer $G_r^{(1)}$ noch die Eckpunkte von ABC mit p^2 gemein haben muß. Denn verbindet man $\mathfrak{u}_r$ mit dem Rückkehrpunkte des Rückkehrstrahles $p_A \equiv PA$ von P^3 durch eine Gerade l, so muß nach I in Nr. 94 (weil die P mit dem Schnittpunkte $(p p_A)$ verbindende Gerade mit p_A zusammenfällt und A der Pol von p_A in bezug auf ABC ist) der aus dieser Geraden l

hervorgehende Kegelschnitt $\mathfrak{L}^2$ von p^2 in A berührt werden, und mithin ist A ein Schnittpunkt von zwei weiteren (außer t_r) gemeinsamen unendlich benachbarten Tangenten dieses Kegelschnitts $\mathfrak{L}^2$ und p^2, also ein Punkt von x^2; ebenso müssen aber auch B und C Punkte von x^2 sein. Der Schnittpunkt $(p, G_r G_r^{(1)})$ ist aber nach Satz 18 (Nr. 28) der Pol der Geraden g_r (welche P mit dem Schnittpunkte $Q_r \equiv pp_r$ verbindet und die Polare von G_r in bezug auf ABC ist) in bezug auf p^2 und mithin (nach Nr. 2) derjenige Punkt Q_r' von p, der zu $pg_r \equiv Q_r \equiv pp_r$ zugepaart ist in der von ABC erzeugten Punktinvolution $(p)^2$. Folglich muß der Polarkegelschnitt $u_r'^2$ von U_r' in bezug auf ABC (wo U_r' der Berührungspunkt des Polarkegelschnitts P^2 von p mit der P^2 tangierenden Polare q_r' von Q_r' in bezug auf ABC ist), welcher ABC umschrieben ist und (weil U_r' auf q_r' liegt) durch $Q_r' \equiv (p, G_r G_r^{(1)})$ geht und (weil U_r' auf dem Polarkegelschnitt P^2 von p liegt) von p in Q_r' berührt wird (s. Satz 7 meiner Dissertation, S. 52), mit dem obigen Kegelschnitt x^2 identisch sein.

Zu bemerken sei noch, daß in U_r' (weil $u_r'^2 \equiv x^2$ durch den Pol $G_r^{(1)}$ von $g_r^{(1)} \equiv PG_r$ in bezug auf ABC geht) der erste Repräsentant $g_r^{(1)}$ von g_r und (weil nach Hilfssatz 2 in Nr. 52, dualisiert, der Berührungspunkt U_r' der Tangente q_r' des Polarkegelschnitts P^2 von p dem Schnittpunkte (pq_r') zugepaart ist in der von ABC erzeugten Involution $(q_r')^2$, nach Nr. 5 die von ABC erzeugte Strahleninvolution $(Q_r')^2$ zu $(q_r')^2$ perspektiv ist und mithin $Q_r' U_r'$ zu p in $(Q_r')^2$ zugepaart und also ein Strahl von P^3 ist) der durch Q_r' gehende Strahl von P^3 konvergieren müssen.

Beachtet man nun, daß die Seiten eines jeden der p^2 umschriebenen und $x^2 \equiv u_r'^2$ eingeschriebenen Dreiecke, welche Seiten die drei weiteren (außer t_r) gemeinsamen Tangenten eines Kegelschnitts $\mathfrak{L}^2$ der Schar $\mathfrak{u}_r(\mathfrak{L}^2)$ und p^2 sind, nach I (Nr. 94) p^2 in den Polen (in bezug auf ABC) solcher drei durch P gehenden Geraden berühren müssen, welche drei Geraden durch die Schnittpunkte von p mit solchen drei Strahlen von P^3, deren Berührungspunkte (mit der von P^3 eingehüllten Kurve) in einer durch $\mathfrak{u}_r$ gehenden Geraden liegen, hindurchgehen, so ergibt sich folgendes Resultat.

Satz 48. Ist $\mathfrak{U}_r$ der Berührungspunkt irgendeines von den Rückkehrstrahlen verschiedenen Strahles p_r von P^3,

Q_r der Schnittpunkt von p und p_r, Q'_r der zu Q_r in der von ABC erzeugten Punktinvolution $(p)^2$ zugepaarte Punkt, q'_r die dem Polarkegelschnitt P^2 von p tangierende Polare von Q'_r in bezug auf ABC, U'_r der Berührungspunkt von q'_r und P^2, u'^2_r der Polarkegelschnitt von U'_r und p^2 der Polarkegelschnitt des Pols P von p (alles in bezug auf ABC), und bezeichnet man die Punkte, in denen drei veränderliche Strahlen p_1, p_2, p_3 von P^3 von p geschnitten werden, der Reihe nach mit Q_1, Q_2, Q_3, die Verbindungsgeraden PQ_1, PQ_2, PQ_3 mit g_1, g_2, g_3, die auf p^2 liegenden Pole (in bezug auf ABC) von g_1, g_2, g_3 mit G_1, G_2, G_3, wo nach Satz 43 (Nr. 97) in G_1 $P'_a P_{1a}$, $P'_b P_{1b}$, $P'_c P_{1c}$, in G_2 $P'_a P_{2a}$, $P'_b P_{2b}$, $P'_c P_{2c}$ und in G_3 $P'_a P_{3a}$, $P'_b P_{3b}$, $P'_c P_{3c}$ ($P_{1a} \equiv p_1 a$, $P_{1b} \equiv p_1 b$, $P_{1c} \equiv p_1 c$, $P_{2a} \equiv p_2 a$ usw.) konvergieren müssen, und die Tangenten von p^2 in G_1, G_2, G_3 mit t_1, t_2, t_3, so liegen die Berührungspunkte je dreier solcher Strahlen p_1, p_2, p_3 von P^3 und nur solcher drei Strahlen mit $\mathfrak{U}_r$ in je einer Geraden, für die das p^2 umschriebene Dreieck $t_1 t_2 t_3$ (der entsprechenden drei Tangenten von p^2) zugleich u'^2_r eingeschrieben ist; und dual für die mit einer gegebenen Tangente von p^3 in je einen Punkt konvergierenden Tangenten von p^3.

Die Strahlentripel von P^3, deren Berührungspunkte mit $\mathfrak{U}_r$ in je einer Geraden liegen, werden von p in den Punktetripeln derjenigen kubischen Involution geschnitten, welche durch die zwei Punktetripel $Q_r Q'_{r'} Q'_{r''}$ und $Q'_r Q_r^{(1)'} Q_r^{(1)'}$ (wo also $Q_r^{(1)'}$ ein Doppelpunkt der kubischen Involution sein wird) festgelegt ist; wobei $Q'_{r'}$ und $Q'_{r''}$ dasjenige Punktepaar in $(p)^2$ bilden, dessen Repräsentant Q'_r ist, und $Q_r^{(1)'}$ derjenige Punkt von p ist, der dem ersten Repräsentanten $Q_r^{(1)}$ von Q_r zugepaart ist in $(p)^2$; und dual für p^3.

Das letztere erhellt folgendermaßen: Die Tripel der Seiten $t_1 t_2 t_3$ der p^2 um- und u'^2_r eingeschriebenen Dreiecke bilden bekanntlich eine kubische Involution im Büschel der Tangenten von p^2, mithin auch die Punktetripel $G_1 G_2 G_3$ in der zu diesem Tangentenbüschel perspektiven Punktreihe auf p^2 und nunmehr auch die Strahlentripel $g_1 g_2 g_3$ in dem zu dieser Punktreihe der Pole auf p^2 projektiven Büschel der Polaren um P und die

Punktetripel $Q_1 Q_2 Q_3$ in der zu diesem Büschel um P perspektiven Punktreihe auf p. In dieser kubischen Punktinvolution auf p müssen nun die Schnittpunkte Q_r $Q'_{r'}$ $Q'_{r''}$ von p mit denjenigen Strahlen p_r, $p'_{r'}$ und $p'_{r''}$ von P^3, deren Berührungspunkte nach I in Nr. 54 (dualisiert) mit $\mathfrak{U}_r$ in einer Geraden, nämlich auf p_r selbst, liegen, und die Schnittpunkte Q'_r und $Q_r^{(1)'}$ von p mit denjenigen Strahlen p'_r und $p_r^{(1)'}$ von P^3, deren Berührungspunkte nach I (Nr. 54) mit $\mathfrak{U}_r$ in einer Geraden, nämlich auf $p_r^{(1)'}$, liegen (wo, weil im Berührungspunkte von $p_r^{(1)'}$ zwei unendlich benachbarte gemeinsame Punkte von $p_r^{(1)'}$ und der von I^3 eingehüllten Kurve liegen, $p_r^{(1)'}$ und mithin auch $Q_r^{(1)'}$ doppelt zu zählen ist), je ein Punktetripel bilden.

103. Ebenso aber wie die aus den sämtlichen durch L_r, den Berührungspunkt eines von den Rückkehrstrahlen verschiedenen Strahles p_r von P^3, gehenden Geraden l in der in I (Nr. 94) angegebenen Weise hervorgehenden Kegelschnitte $\mathfrak{L}^2$, bilden auch die aus den sämtlichen durch irgendeinen ganz beliebigen Punkt K gehenden Geraden l in der nämlichen Weise hervorgehenden Kegelschnitte $\mathfrak{L}^2$ eine Schar $\mathfrak{k}(\mathfrak{L}^2)$, deren Grundtangenten nach Nr. 92 aus p und den drei Seiten des Dreiecks der drei weiteren (außer A) gemeinsamen Punkte des Polarkegelschnitts p^2 von P und $\varkappa^2$, des aus dem Polarkegelschnitt k^2 von K abgeleiteten durch P'_b und P'_c gehenden Kegelschnitts, bestehen.

[Beiläufig bemerken wir, daß diese Kegelschnittschar $\mathfrak{k}(\mathfrak{L}^2)$ zum Strahlenbüschel $K(l)$ projektiv ist, wenn jeder Geraden l von K der aus ihr hervorgehende Kegelschnitt $\mathfrak{L}^2$ zugewiesen wird. Denn, wenn l den Strahlenbüschel $K(l)$ durchläuft, so beschreiben die beiden Geraden $P'_b L_b$ und $P'_c L_c$, wo $L_b \equiv lb$ und $L_c \equiv lc$ ist, zwei zu $K(l)$ perspektive Strahlenbüschel um P'_b bzw. P'_c, deren perspektive Durchschnitte b bzw. c sind, und mithin der Schnittpunkt A von $P'_b L_b$ und $P'_c L_c$ eine zu $K(l)$ projektive krumme Punktreihe $\varkappa^2(A)$ auf dem durch A gehenden Kegelschnitt $\varkappa^2$ (Nr. 90); alsdann wird also die A von A aus projizierende Gerade einen zu $K(l)$ projektiven Strahlenbüschel um A beschreiben, und folglich wird auch die von Q_l, dem von AA durch P_a und P'_a harmonisch getrennten Punkte, beschriebene Punktreihe $p(Q_l)$ und somit auch die Kegelschnittschar $\mathfrak{k}(\mathfrak{L}^2)$ zu $K(l)$ projektiv sein müssen; da jeder Kegelschnitt $\mathfrak{L}^2$, der aus einer

Geraden l von K hervorgeht, nach Nr. 95 von der Grundtangente p in dem jener Geraden l entsprechenden Punkte Q_l berührt werden muß.]

Ist nun K einer der Rückkehrpunkte von P^3, so liegen alle drei weiteren (außer A) gemeinsamen Punkte von p^2 und $\varkappa^2$ unendlich benachbart (Satz 41 in Nr. 89), und zwar in einer der Ecken von ABC (Nr. 93), und die Seiten des Dreiecks dieser drei unendlich benachbarten Punkte, von welchen Seiten zwei unendlich benachbarte Tangenten von p^2 in einem der Ecken von ABC sind, müssen drei unendlich benachbarte Tangenten eines jeden aus einer Geraden l von K hervorgehenden Kegelschnitts $\mathfrak{L}^2$ sein. Die Schar der Kegelschnitte $\mathfrak{L}^2$, welche aus den sämtlichen durch einen Rückkehrpunkt von P^3 gehenden Geraden l hervorgehen, hat daher p und noch drei einander unendlich benachbarte Geraden, von welchen letzteren zwei p^2 in einer der Ecken von ABC tangieren, zu Grundtangenten. Jeder Kegelschnitt dieser Schar hat nun mit p^2 noch zwei weitere Tangenten gemein, welche bekanntlich eine Tangenteninvolution um p^2 bilden müssen. Die Achse dieser Tangenteninvolution muß, wenn der Rückkehrpunkt etwa $\mathfrak{U}_A$, der des Rückkehrstrahles $p_A \equiv PA$ von P^3, ist, die Dreieckseite $a \equiv BC$ sein. Denn derjenige Kegelschnitt $\mathfrak{L}^2$, welcher aus der die beiden Rückkehrpunkte $\mathfrak{U}_A$ und $\mathfrak{U}_B$ verbindenden Geraden l hervorgeht, muß (nach Satz 45 in Nr. 99 und I in Nr. 94) von p^2 außer in A noch in B berührt werden, und mithin muß B auf der Achse jener Tangenteninvolution liegen, ebenso aber auch C.

Mithin haben wir:

Satz 49. Ist $\mathfrak{U}_A$ der Rückkehrpunkt des Rückkehrstrahles $p_A \equiv PA$ von P^3, und sind p_1 und p_2 zwei veränderliche Strahlen von P^3, t_1 und t_2 die diesen Strahlen in der im Satze 48 angegebenen Weise entsprechenden Tangenten von p^2, so liegen die Berührungspunkte je zweier solcher Strahlen p_1 und p_2 von P^3 und nur solcher zwei Strahlen mit $\mathfrak{U}_A$ in je einer Geraden, deren entsprechende Tangenten t_1 und t_2 von p^2 sich auf der Dreieckseite a schneiden.

Die Strahlenpaare von P^3, deren Berührungspunkte mit $\mathfrak{U}_A$ in je einer Geraden liegen, werden also von p in den Punktepaaren derjenigen Involution geschnitten, deren Doppelpunkte $P'_b \equiv p\, p_B \equiv (p, PB)$ und $P'_c \equiv p\, p_c \equiv (p, PC)$ sind; und dual für p^3.

Dieser Satz ist im Satze 48 als Spezialfall enthalten, denn, wenn $\mathfrak{U}_r \equiv \mathfrak{U}_A$ ist, also $p_r \equiv p_A$, so ist $Q_r \equiv P'_a$, $Q'_r \equiv P_a \equiv p\, a$, $q'_r \equiv a$, $U'_r \equiv a\, p_A$ (Nr. 2) und u'^2_r artet (nach Nr. 2) in das Geradenpaar $A P_a$ und a aus, und dann wird stets, weil $A P_a$ Tangente an p^2 in A ist (Nr. 2), eine Seite von jedem p^2 um- und dem in $A P_a$ und a ausgearteten Kegelschnitt eingeschriebenen Dreieck $A P_a$ selbst sein.

Ferner haben wir nun nach I (Nr. 94):

Satz 50. Ist K irgendein ganz beliebiger Punkt, aber kein Berührungspunkt von P^3, $\varkappa^2$ der aus dem Polarkegelschnitt k^2 von K (in bezug auf ABC) abgeleitete, etwa durch P'_b und P'_c gehende Kegelschnitt, $\varkappa_1$, $\varkappa_2$, $\varkappa_3$ die Seiten des Dreiecks der drei weiteren (außer A) voneinander verschiedenen (nach Satz 41 in Nr. 89) gemeinsamen Punkte von $\varkappa^2$ und p^2, $\mathfrak{f}(\mathfrak{L}^2)$ diejenige Kegelschnittschar, deren Grundtangenten die vier (p^2 nicht tangierenden) Geraden p, $\varkappa_1$, $\varkappa_2$, $\varkappa_3$ sind, $\mathfrak{f}^3$ diejenige Kurve dritter Ordnung, auf der bekanntlich[1]) die Eckpunkte der sämtlichen aus den je vier gemeinsamen Tangenten von p^2 und der Kegelschnitte der Schar $\mathfrak{f}(\mathfrak{L}^2)$ gebildeten vollständigen Vierseite liegen, so liegen die Berührungspunkte von je vier solchen Strahlen p_1, p_2, p_3, p_4 von P^3 und nur von solchen vier mit K in je einer Geraden, deren entsprechende (Satz 48) Tangenten t_1, t_2, t_3, t_4 von p^2 zugleich auch einen und denselben Kegelschnitt der Schar $\mathfrak{f}(\mathfrak{L}^2)$ tangieren und also ein solches vollständiges Vierseit bilden, dessen sechs Eckpunkte auf $\mathfrak{f}^3$ liegen.

Die Strahlenquadrupel von P^3, deren Berührungspunkte mit K in je einer Geraden liegen, werden daher von p in den Punktequadrupel einer biquadratischen Involution geschnitten; und dual für p^3.

Nunmehr sind die Sätze 48 und 49 als Spezialfälle in diesem Satze enthalten; denn, wenn K ein Berührungspunkt $\mathfrak{U}_r$ von P^3 ist und dann p^2 von einer der Grundtangenten der Schar $\mathfrak{f}(\mathfrak{L}^2)$

---

[1]) Vgl. Steiner-Schröter, Synthetische Geometrie, T. II, § 63, Nr. 346.

tangiert wird, muß $\mathfrak{f}^3$, wie man sofort einsieht, in jene Grundtangente und den in Satz 48 angegebenen Kegelschnitt $u_r'^2$ zerfallen, und wenn K der Rückkehrpunkt $\mathfrak{U}_A$ von P^3 ist und dann p^2 in A von zwei in AP_a unendlich benachbart liegenden Grundtangenten der Schar $\mathfrak{f}(\mathfrak{L}^2)$ tangiert wird, muß $\mathfrak{f}^3$ in die doppelt zu zählende Gerade AP_a und die Dreiecksseite BC zerfallen.

Bemerkung. Die einem jeden Punkte K durch die von P^3 eingehüllte Kurve vierter Ordnung in der angegebenen Weise mittels der Kegelschnittschar $\mathfrak{f}(\mathfrak{L}^2)$ und p^2 zugeordnete Kurve dritter Ordnung $\mathfrak{f}^3$ muß stets ABC umschrieben sein. Denn derjenige Kegelschnitt $\mathfrak{L}^2$, welcher aus der K mit dem Rückkehrpunkte $\mathfrak{U}_A$ verbindenden Geraden l hervorgeht, wird von p^2 in A berührt; mithin schneiden sich in A zwei unendlich benachbarte gemeinsame Tangenten jenes Kegelschnitts $\mathfrak{L}^2$ der Schar $\mathfrak{f}(\mathfrak{L}^2)$ und p^2, und folglich muß A ein Punkt von $\mathfrak{f}^3$ sein; ebenso aber müssen auch B und C Punkte von $\mathfrak{f}^3$ sein. Wenn also K eine gerade Punktreihe l durchläuft, so muß die K zugeordnete Kurve dritter Ordnung $\mathfrak{f}^3$ einen Kurvenbüschel beschreiben. In der Tat muß der aus der festen Geraden l hervorgehende Kegelschnitt $\mathfrak{L}^2$ in jeder der Kegelschnittschare $\mathfrak{f}(\mathfrak{L}^2)$, die den Punkten K von l zugehören, enthalten sein, und mithin müssen die sechs Eckpunkte des aus den vier gemeinsamen Tangenten dieses Kegelschnitts $\mathfrak{L}^2$ und p^2 gebildeten vollständigen Vierseits auf jeder der Kurven $\mathfrak{f}^3$, welche den Punkten K von l zugeordnet sind, liegen; folglich müssen diese Kurven, die jene sechs Eckpunkte und außerdem noch die Eckpunkte von ABC gemein haben, einen Büschel von Kurven dritter Ordnung bilden.

104. Aus I in Nr. 94 und Nr. 95 (dualisiert) ergeben sich unmittelbar die folgenden Lösungen der

Aufgabe 25. Die vier aus einem gegebenen Punkte K an p^3 gehenden Tangenten zu ermitteln.

Auflösung 1. Man ermittelt die gemeinsamen Punkte U_q, U_r, U_s, U_t des Polarkegelschnitts P^2 von p (der Polare von P bezüglich ABC) und desjenigen Kegelschnitts $\mathfrak{f}^2$, der durch P, $p_A' k_A$, $p_B' k_B$, $p_C' k_C$ hindurchgeht und in P von g_K (der vom Schnittpunkte $a(p_B' k_B, p_C' k_C)$ durch p_A und p_A' harmonisch getrennten Geraden) tangiert wird (wobei $k_A \equiv KA$, $k_B \equiv KB$, $k_C \equiv KC$, $p_A \equiv PA$, $p_A' \equiv PP_a \equiv (P, pa)$,

$p'_B \equiv PP_b \equiv (P, pb)$, $p'_C \equiv PP_c \equiv (P, pc)$ sind), und die Tangenten q_q, q_r, q_s, q_t von P^2 in U_q, U_r, U_s, U_t; bringt sodann die Geraden $(B, p'_B q_q)$ und $(C, p'_C q_q)$ zum Schnitt im Punkte P_q, $(B, p'_B q_r)$ und $(C, p'_C q_r)$ in P_r, $(B, p'_B q_s)$ und $(C, p'_C q_s)$ in P_s, $(B, p'_B q_t)$ und $(C, p'_C q_t)$ in P_t; alsdann werden die Geraden KP_q, KP_r, KP_s, KP_t die vier von K an p^3 gehenden Tangenten sein, und zwar werden sie p^3 in bzw. P_q, P_r, P_s, P_t berühren.

Auflösung 2. Man ermittelt die gemeinsamen Tangenten $q_q^{(1)}$, $q_r^{(1)}$, $q_s^{(1)}$, $q_t^{(1)}$ der nämlichen Kegelschnitte P^2 und $\mathfrak{k}^2$, und bringt die Geraden $(B, p'_B q_q^{(1)})$ und $(C, p'_C q_q^{(1)})$ zum Schnitt in $P_q^{(1)}$, $(B, p'_B q_r^{(1)})$ und $(C, p'_C q_r^{(1)})$ in $P_r^{(1)}$, $(B, p'_B q_s^{(1)})$ und $(C, p'_C q_s^{(1)})$ in $P_s^{(1)}$, $(B, p'_B q_t^{(1)})$ und $(C, p'_C q_t^{(1)})$ in $P_t^{(1)}$; alsdann werden die Geraden $KP_q^{(1)}$, $KP_r^{(1)}$, $KP_s^{(1)}$, $KP_t^{(1)}$ die vier aus K an p^3 gehenden Tangenten sein, und zwar werden dann $P_q^{(1)}$, $P_r^{(1)}$, $P_s^{(1)}$, $P_t^{(1)}$ nicht die Berührungspunkte, sondern die weiteren (dritten) Schnittpunkte dieser Tangenten mit p^3 sein.

MIX
Papier aus verantwortungsvollen Quellen
Paper from responsible sources
FSC® C105338

If you have any concerns about our products,
you can contact us on
ProductSafety@springernature.com

In case Publisher is established outside the EU,
the EU authorized representative is:
**Springer Nature Customer Service Center GmbH
Europaplatz 3, 69115 Heidelberg, Germany**

Printed by Libri Plureos GmbH
in Hamburg, Germany